最新研磨技術

The Newest Polishing Technology

《普及版／ Popular Edition》

監修 谷　泰弘

シーエムシー出版

巻　頭　言

三種の神器と言えば，皇位継承の象徴として天皇家に受け継がれている三種類の宝物，八咫鏡（やたのかがみ），天叢雲剣（あめのむらくものつるぎ），八尺瓊勾玉（やさかにのまがたま）であるが，これらはいずれも磨き物，すなわち磨かれて初めてその品物としての価値を高める品物である。この三種の神器に象徴されるように，研磨はものづくり日本にとって非常に重要な技術であり，品物の付加価値を高める技術として重宝されてきたのである。また研磨という作業は磨製石器に見られるように，人間が営みを始めて以来行ってきた技術であり，非常に伝統のある技術である。磨製石器は打製石器よりも場合によってはその切れ味が劣るものの，再現性の高い石器を供給することのできる最先端技術として確立していた。研磨技術は鏡面を得ることのできる加工技術として長く位置づけられてきたが，最近になってその特異的な加工メカニズムや化学的作用が注目され，加工ダメージの均質な面や加工ダメージの残らない面を製作できる加工技術として半導体基板の製造技術などに採用されるようになってきている。

このようにその重要性にもかかわらず，同じ機械加工の切削加工や研削加工に比較すると，その加工特性の制御因子の数が多く，しかも機械的除去作用のみならず，化学的除去作用も付加されることから，体系化が難しく，研磨加工を総合的に学べる書籍も非常に少ないのが実情である。こうした中で平成7年より小生がカリキュラム編成者となって財団法人神奈川科学技術アカデミーにおいて研磨技術に関する学習コースを毎年開催してきている。その学習コースは研磨技術の基礎から応用までコンパクトにまとめ上げたものとなっており，毎回多数の受講者を得ている。本書はそのコースを基本に構成したものであり，従来の同等の分野を扱った類書と大きく異なる点は，研磨技術を研磨機械，研磨工具，加工技術の３つの観点から説明を加えている点と，洗浄と加工面の評価技術を加えている点である。洗浄は研磨後の表面から汚れを除去するために必須の技術であり，加工面の評価技術は研磨面が目的を満足する面となっているかを評価し，加工の達成度を明確にするうえで非常に重要な技術である。本書が従来の研磨技術に関する書籍の不足を補完できるものとなれば幸いである。

2012年８月

立命館大学　谷　泰弘

普及版の刊行にあたって

本書は2012年に『最新研磨技術』として刊行されました。普及版の刊行にあたり、内容は当時のままであり加筆・訂正などの手は加えておりませんので、ご了承ください。

2019年6月

シーエムシー出版　編集部

執筆者一覧（執筆順）

谷　泰弘	立命館大学　理工学部　機械工学科　教授
河西敏雄	埼玉大学ベンチャー　㈱河西研磨技術特別研究室　代表取締役 埼玉大学名誉教授
杉下　寛	浜井産業㈱　技術部　部長
横山英樹	㈱フジミインコーポレーテッド　機能材事業本部　副本部長
伊藤　潤	㈱フジミインコーポレーテッド　機能材事業本部　生産技術部
古澤真治	日立造船㈱　精密機械本部　マテリアルビジネスユニット 営業部　部長
広川良一	九重電気㈱　伊勢原事業所　化成品部　取締役化成品部長
繁田好胤	ニッタハース㈱　技術部門　本部長
村田順二	立命館大学　理工学部　機械工学科　助教
清宮紘一	㈱トップテクノ　取締役
安永暢男	元 東海大学　教授
進村武男	宇都宮大学　学長
鄒　艶華	宇都宮大学大学院　工学研究科　准教授
桐野宙治	㈱クリスタル光学　技術開発部　取締役　技術開発部長
森田　昇	千葉大学　大学院工学研究科　教授

執筆者の所属表記は、2012年当時のものを使用しております。

目　次

第１章　研磨加工技術総論　河西敏雄

第２章　研磨加工機械　杉下　寛

第3章　研磨材　横山英樹，伊藤　潤

第4章　研磨工具

第5章 各種研磨技術

第6章 洗浄技術 **桐野宙治**

第７章　加工面の評価技術　　森田　昇

第1章　研磨加工技術総論

河西敏雄*

1　はじめに

我々の回りには，「…研磨」と称する様々な研磨がある。接頭語のように部品名，工作物材料名，工具名，研磨機名，形状，加工精度や加工品質，加工原理，…などを付けて用いられてきた。ここではガラスレンズなどの製作で用いられる粗面研磨のラッピングと鏡面研磨のポリシングをおもな研磨として取り上げ，これらの基本になる加工原理，さらに改善の過程やそこから派生した新たな研磨などについて述べる。

2　研磨の基本的な加工操作

研磨は，加工面の外観から粗面研磨と鏡面研磨に大別できる。そこでは，図1の研磨における基本操作に示すように，ラップ，ポリシングパッド（ポリシャ），砥石などの工具面に研磨剤や研磨液を供給し，それらに工作物を加圧しつつ擦り合せることで実行される。工作物は，加工条件

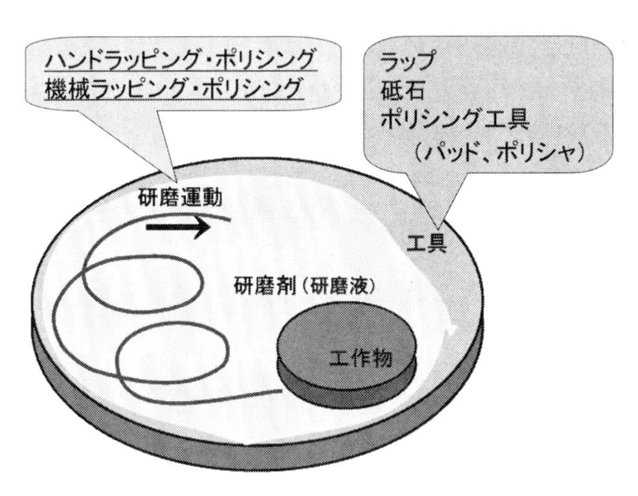

図1　研磨における基本操作

＊　Toshio Kasai　埼玉大学ベンチャー　㈱河西研磨技術特別研究室　代表取締役
埼玉大学名誉教授

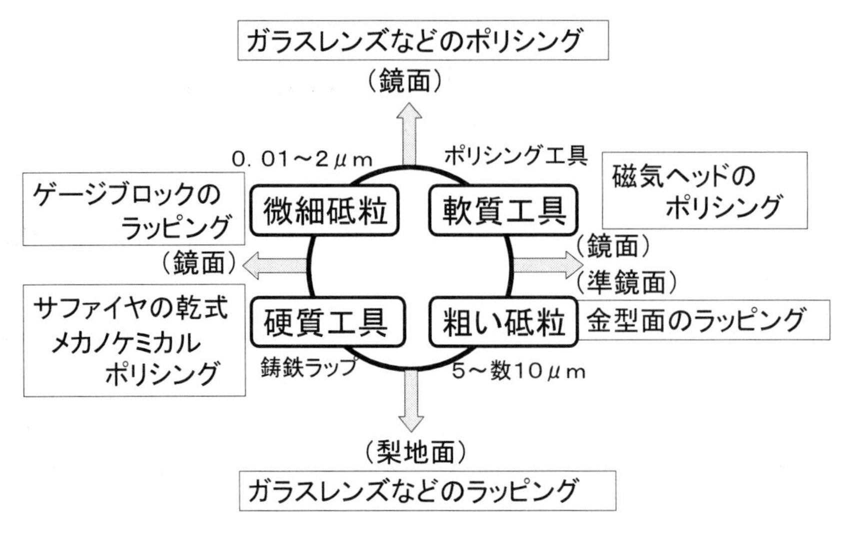

図２　ラッピングとポリシングの区別[1)]

に従って材料除去が進み，表面粗さや加工品質が形成され，工具の平面や球面などが反転して所定の形状精度や厚さ精度に仕上がる。

図２は「新版精密工作便覧（精密工学会）1992発行」の出版の際にラッピングとポリシングの用語の使い分けを明確にするために砥粒の大きさと工具の硬さをもとに整理・提案したものである[1)]。一般のガラスレンズやプリズムの加工では，粗い砥粒と硬質工具のラップによる粗面研磨をラッピング，微細な砥粒と軟質工具のポリシングパッドによる鏡面研磨をポリシングと使い分けられてきた。しかし，全てにわたってこれで整理できるものではない。金属などの部品加工では，既に粗い砥粒と軟質工具，微細砥粒と硬質工具といった組み合わせの研磨も行われてきており，そこではラッピングとポリシングを厳密に区別したうえで名称が付けられていない。

3　研磨における加工量と工具磨耗量

ガラスレンズなどの量産現場では，前加工のラッピングで形状・寸法を整え，最終加工のポリシングでそれを鏡面に仕上げる生産工程をとる。図３は，円板状BK７ガラスをリング状アクリル樹脂のポリシング工具と酸化セリウム研磨剤を用いてポリシングを行ったときの加工量と工具摩耗量の関係である[2)]。最初の#1000砥粒でラップした粗面が順次鏡面に研磨されていく過程で，工作物が粗面のうちは加工量が小さく，パッドの摩耗量が大きい。研磨が進んで工作物が鏡面になると加工量が増し，パッド摩耗量は小さくなり，その後はこの状態が持続する。特に後者の状態になると，加工量は時間tに比例して変化するだけでなく，工作物と工具の相対速度vや圧力pにも比例する。そのような条件下では，加工量hwと工具摩耗量htを，式(1)で表すことができる。

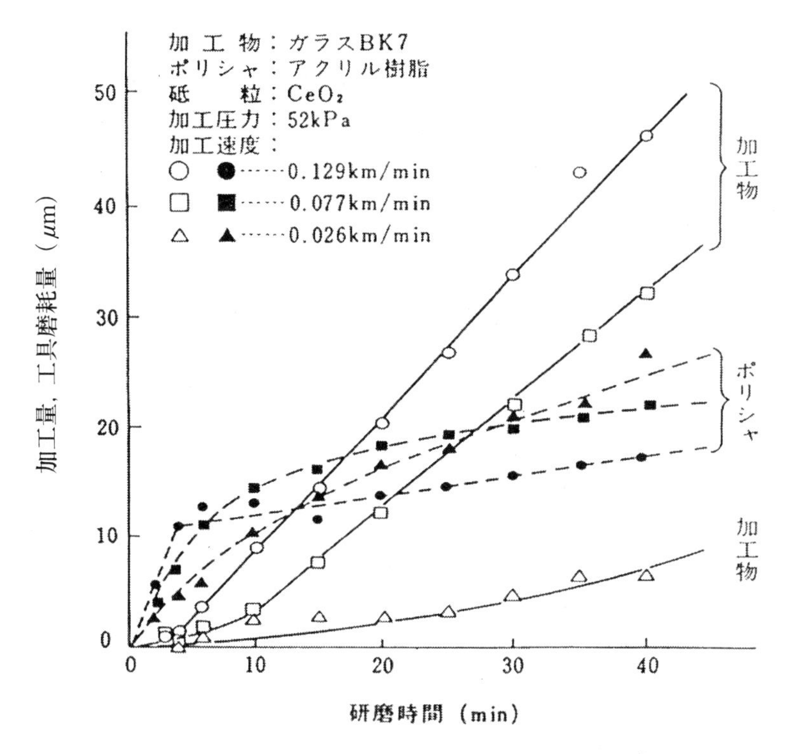

図３　ガラスポリシングにおける加工量と工具摩耗量[2)]

$$h_w \text{ or } h_t = (\eta_w \text{ or } \eta_t)\cdot v\cdot p\cdot t \qquad (1)$$

ここで，比例定数のηw，ηtは，速度と時間を乗じた走行距離と圧力の単位を残し，「比加工量・圧力比，$\mu m\cdot m^{-1}/Pa$」，「比工具摩耗量・圧力比，$\mu m\cdot m^{-1}/Pa$」と定義した[2,3)]。

このような加工量や工具磨耗量に見られる比例関係は，ポリシングだけでなくラッピングでも明確に現れ，精度確保などの主要な部品加工を行う場合に利用できる。

なお，ポリシングにおける加工量だけの比例関係については，1927年にPrestonのフエルトのポリシングパッドによる天体望遠鏡反射鏡の研磨機設計に関する論文に記載されている[4)]。

4　粗面研磨（ラッピング，砥石研磨）

4.1　硬脆材料のラッピング

ラッピングにおける砥粒の挙動に関しては，人により見解の相違があるかも知れないが，工作物とラップの間には一層の砥粒が分布・配列した状態にあり，それらは工作物に対し，

1）押し込み

2）転動

3）引っ掻き

の動作をとっている。これらは単独というよりも複合した状態で現れるのが普通であり，工作物が硬脆材料と金属材料の違い，また工具側の材料の性質によっても異なる。特に硬脆材料のガラスは，これらの機械的作用を受けると何れにおいても表面から内部に向かう微細割れがあり，切り屑はその割れの交差によって形成される。

この微細割れは，鏡面の工作物に圧子を押し付けたときの破砕モデル[5]と異なる。既にラッピングが行われた微細割れや加工変質層で被われている凹凸面に砥粒が作用する場合の微細割れに相当する。砥粒は大きさを揃えて用いても不定形であり，また工作物と工具は表面粗さを構成する凹凸で覆われている。さらに上記3，挙動によって発生する微細割れは様々な方向に進んでいて，前後して形成された微細割れが交差することによって切りくずを形成していく。これが硬脆材料のラッピングの切りくず生成の本当の姿である。

工作物がへき開性をもつSiや$LiTaO_3$といった単結晶であっても同様な微小破砕で切り屑が発生する。ガラス加工面が貝殻状の丸みを帯びた凹凸を示すのに対し，へき開が優先するのでへき開面が多い破面で凹凸が構成される[6]。

砥粒の平均粒径と加工量（η_w）の関係は，多くの場合，図4の硬脆材料のラッピング特性のように，ほぼ，比例関係にある[3]。個々の砥粒による微細割れが切り屑生成を促し，それが加工量になり，しかも切り屑生成の痕跡が表面粗さになる。割れの深さが加工変質層深さに相当するならば，これら全てが比例関係にあるといえる。

ここでラッピングで用いる砥粒の種類と加工量の関係に注目する。光学結晶のデバイス製作な

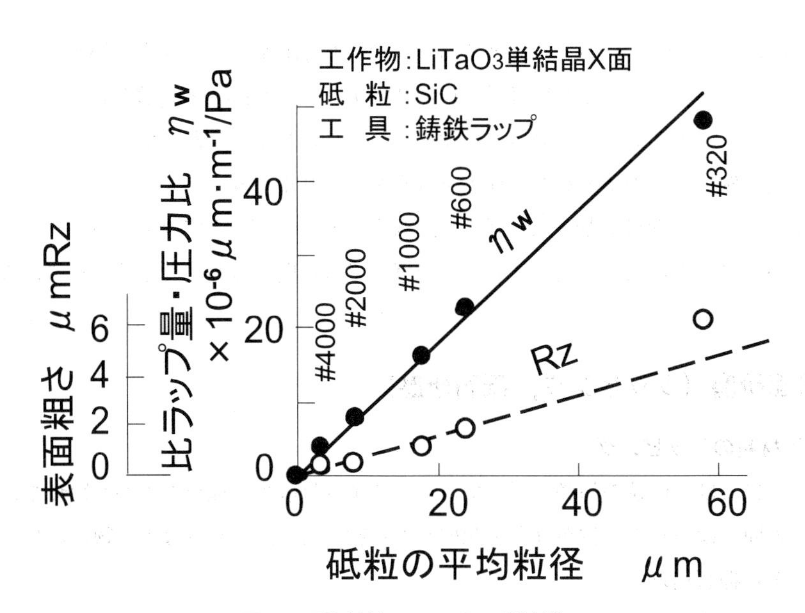

図4　硬脆材料のラッピング特性[3]

どで砥粒の種類を選択する場合，工作物が硬質材料であれば砥粒と工作物の硬さの違いが加工量に大きく影響する。例えば，硬い$LiTaO_3$単結晶をラップすると加工量は（SiC砥粒）＞（Al_2O_3砥粒）＞（エメリー）と砥粒の硬い順になる。一方，すべての砥粒に比べてかなり軟質と思われるTeO_2単結晶になると，加工量は（SiC砥粒）≒（Al_2O_3砥粒）≒（エメリー）≒（ガーネット）と砥粒が違っても大差がない[3)]。従って高硬度の工作物になるとダイヤモンド砥粒を用いなければならない。しかし通常の加工現場では，経済性が考慮され，Ａ系砥粒とＣ系砥粒を使い分けている。

鏡面に仕上げる前の最終的なラッピングでは，光学ガラスの場合，#1000～#1200の砥粒を用いて表面粗さの凹凸の状態を整え，かつ幾何学的精度を仕上げていくのが普通である。さらに細かい砥粒を用いると切り屑生成に必要な微細割れが生じなくなる。それまで砥粒の平均粒径に比例していた加工量の変化に異常が発生し，ときには発熱を伴って焼けによる変色・変質面になるなど，不測の事態を招くこともある。むやみに砥粒を細かくすることは賢明ではない。ただし鉛ガラスのような軟質なものは，微細割れが表面から内部に深く入るので，細かい砥粒を使用する。図４では，工作物にへき開性の強い$LiTaO_3$単結晶を用いており，微細なSiC-#4000砥粒を用いても微細割れが生じるラッピングが行われている。

ラッピングやポリシングにおける要因，砥粒，工具材料の整理したものを，表１，表２，表３に示す[3)]。

4.2　金属材料のラッピング

金属材料のラッピングでは，微細割れを伴うことがない。上述の砥粒の３挙動のうち引っ掻き作用によってのみ切り屑が形成され，これが蓄積されて加工量になる。

砥粒の大きさと加工量（η_w）の関係を図５の金属材料のラッピング特性に示す。砥粒の粒径を

表1　ラッピングおよびポリシングにおける要因[3)]

		ラッピング	ポリシング
砥　粒	種　類	金属酸化物，炭化物，ホウ化物，ダイヤモンド	
		硬さ，形状	
	粒　径	3～30 μm	＜1 μm（3 μm）
工　具	種　類	硬質材料	軟質材料
	形　状	平面，球面，非球面　　小片，大口径 溝の有無（碁盤目状，渦巻き状，亀甲状）	
研　磨　液		水性／不水溶性 添加剤（酸，アルカリ，界面活性剤，吸着性物質）	
研　磨　装　置 運　動　様　式		片面研磨.／両面研磨，修正輪形／非修正輪形 回転／往復，強制駆動／従動	
研　磨　速　度 研　磨　圧　力 研　磨　時　間		5～50 m/min 5～30 kPa （加工精度，加工品質の要求に従う）	

表2　ラッピングやポリシングに用いられる砥粒[3)]

名称	化学式	結晶系	外観	モース硬さ	比重	融点	適用*
アルミナ（α晶）	α-AL_2O_3	六方	白～褐	9.2～9.5	3.94	2,040℃	ラ，ポ
アルミナ（γ晶）	γ-Al_2O_3	等軸	白	8	3.4	2,040℃	ポ
炭化ケイ素	SiC	六方	緑，黒	9.5～9.75	2.7	(2,000)	ラ
炭化ホウ素	B_4C	六方	黒	9以上	2.5～2.7	2,350	ラ
ダイヤモンド	C	等軸	白	10	3.4～3.5	(3,600)	ラ，ポ
窒化ホウ素	c-BN	等軸	白	≒10	3.48	2,700	ラ，ポ
ベンガラ	Fe_2O_3	六方 等軸	赤，褐	6	5.2	1,550	ポ
酸化クロム	Cr_2O_3	六方	緑	6～7	5.2	1,990	ポ
酸化セリウム	CeO_2	等軸	淡黄	6	7.3	1.950	ポ
酸化ジルコニウム	ZrO_2	単斜	白	6～6.5	5.7	2,700	ラ，ポ
酸化チタン	TiO_2	正方	白	5.5～6	3.8	1,855	ポ
酸化ケイ素	SiO_2	六方	白	7	2.64	1,610	ラ，ポ
酸化マグネシウム	MgO	等軸	白	6.5	3.2~3.7	2,800	ポ

＊ラ…ラッピング，ポ…ポリシング

表3　ラッピングやポリシングに用いられる工具材料[3)]

		工具材料	適用例
硬脆材料	金属	鋳鉄，炭素鋼，工具鋼	一般材料のラッピング ダイヤモンドのポリシング
	非金属	ガラス，セラミックス	化合物半導体材料のラッピング
軟質材料	軟質金属	Sn，Cu，In，Pb，ハンダ	フェライトのポリシング セラミックスのポリシング
	天然樹脂	ピッチ，木タール，蜜ロウ パラフィン，松脂，セラック	光学ガラスのポリシング 光学結晶のポリシング
	合成樹脂	硬質発泡ポリウレタン PMMA，テフロン，塩ビ ポリカーボネート，ウレタンゴム	光学ガラスのポリシング 一般材料のポリシング
	天然皮革	鹿皮	金属材料のポリシング
	人造皮革	軟質発泡ポリウレタン フッ素樹脂発泡体シート	シリコンウエハのポリシング 化合物半導体材料のポリシング
	繊維	天然繊維，人造繊維 （不織布，織布，和紙など）	金属材料のポリシング 一般材料のポリシング
	木材	桐，朴，柳	金型材料のポリシング

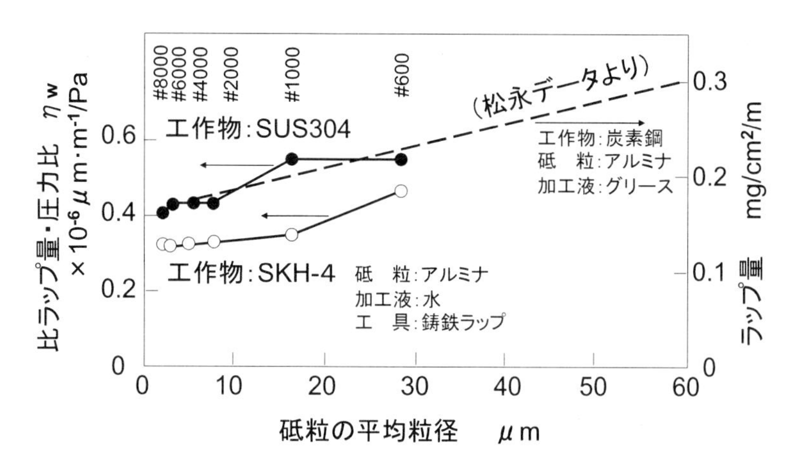

図5　金属材料のラッピング特性

順次小さくしてラッピングを行っても加工量が直線的に僅かに減るだけで硬脆材料のラッピングのような比例関係は見られない。ただし表面粗さや加工変質層深さは，砥粒の押し付けの影響を受けて粒径に比例する。従って，粒径の異なる多くの砥粒を準備して使い分けしても大きな加工量増に結び付かない。

金属材料のラッピングでは，研磨剤の加工液に油性のものと水性のものが用いられる。金属の新生面は化学的に活性であり，放置しておくと大気中の酸素や水分を吸着して錆びが発生しやすい。このような理由から特に鉄系金属の研磨では，油性研磨液を用いることが多かった。しかし工作物，工具，研磨ジグ，研磨機などに付着した砥粒，塵埃，切りくずなどの洗浄・除去が容易でないのでスクラッチのような欠陥が発生しやすい。

加工欠陥の発生に対しては，水性研磨液に置き換えて流水などでよく洗浄することで避けることができる。（超）純水や無塵環境など半導体ウエハ研磨設備などを利用することは理想的である。このときの防錆については，様々な水溶性防錆剤があり，身近の水溶性研削液も利用できる。

ここで注目したいのは，油性研磨液，水溶性研磨液の双方共に界面活性剤添加によって加工量を大きくすることができることである。例えば，油性のオレイン酸，水溶性のオレイン酸ソーダをそれぞれに適量を添加すると硬質金属で2.5倍，軟質金属で8倍近い加工量増が期待できる[3)]。添加剤の油脂分子の吸着による潤滑性改善が砥粒の切りくず生成に有効に働いているようである。

4.3　砥石研磨

金属刃物などの刃付けでは，砥石を用いる研磨が行われている。砥粒による引っ掻きは，ラッピングの遊離状態の砥粒よりも砥石の固定砥粒の方が有利と考えられがちである。しかし砥石研磨の現場では，目こぼれして遊離状態になった砥粒の作用を利用していることも多いので，砥石を用いても引っ掻き作用だけで研磨が行われているとは言い難い。

砥石研磨の状態を整理すると，①固定砥粒による砥石研磨，②遊離砥粒の存在下の砥石研磨，③目づまりした状態の砥石研磨ということになる。それぞれに該当する例として，①にはガラスのダイヤモンドペレット砥石による研磨，②には日本刀や大工道具などの刃物研磨，③には焼き入れ鋼の軸などの超仕上げや内面のホーニングなどをあげることができる。

砥石には，天然砥石に対して人造砥石がある。ここではガラスレンズなどの量産で用いられるペレット状の人造ダイヤモンド砥石による研磨に触れる。#300～#1000のダイヤモンド砥粒と青銅あるいはレジンを結合剤とする（φ5～15）×（t4～8）mmのペレット状の小片砥石である。多数個をラッピング用の工具面に敷きつめ，接着固定し，これに加工液の水を供給しつつ工作物を擦り付けて研磨を行う。

通常のラッピングでは，遊離状態の砥粒が工作物だけでなく工具のラップをも削り，その結果，工具磨耗となって加工精度を劣化させる。特に量産現場では，加工の途次にこのような摩耗したラップの形状精度の修正操作を頻繁に行わなければならなない。これをペレット砥石を用いる砥石研磨に置き換えると，砥石のダイヤモンド砥粒は工作物だけに作用して工具面に作用しない。しかもダイヤモンドは耐摩耗性に優れるので，最初にラッピングなどによって工具としての形状精度を整えておくと長期にその精度が維持される。そのうえ通常研削とラッピングの中間のやや高速の工具運動条件が適用でき，加工時間が短縮され，廃液処理も容易になるなどの利点が多い。ただし，僅かであるがダイヤモンド砥粒の脱落や破砕があるので，それによるスクラッチ発生には留意する必要がある。

砥石研磨は，このようなラッピングの代替・改善技術として用いられるだけでなく，砥粒をさらに微細にして鏡面仕上げのポリシングにまで加工領域を拡げるべく研究が進んでいる。金属や有機物の粉末を結合剤にしたダイヤモンド砥石を使用し，砥石のドレッシング・目立てを電解作用によって研磨中にインプロセスで行うELID研磨・研削がある[7]。また，SiO_2砥粒をコロイド状に液中分散させた粘性溶液から電気泳動で砥粒を電極棒に集めて乾燥させた砥石[8]を用い，多くの工作物の乾式の鏡面研磨・研削を実現している。

5　鏡面研磨（ポリシング）

5.1　金相学的ポリシング

金相学的ポリシングは，鉄系試験片の金属組織を観察する際によく用いられる。サンドペーパーによる前加工を済ませたあと，回転するフエルトのポリシング工具面に研磨剤を滴下しながら試験片を手によって押し付ける研磨がこれに該当する。フエルトの繊維に穏やかに保持された砥粒の引っ掻きによって材料除去が進む。

鉄系金属試験片には研磨剤に酸化クロム砥粒を用い，また，アルミニウム合金などの軟質試験片には軟質で微細な10 nm台のγ-Al_2O_3砥粒やSiO_2砥粒を用いて鏡面研磨を行う。このほか研磨剤にダイヤモンド砥粒をはじめ様々な砥粒を，工具にアセテート繊維やポリウレタン繊維の不織布や織布を用いるなど工作物材料の性質によって使い分けられている。

5.2　光学ポリシング

ガラスレンズなど量産現場では，現在，CeO_2砥粒を水に分散させた研磨剤と硬質発泡ポリウレタンのポリシング工具が光学ポリシングに使用されている。この光学ポリシングは，ベンガラとピッチ工具によって高品質鏡面仕上げが実施されていた時代がある。しかし，60～70年ほど前より，研磨時間が短縮できるCeO_2砥粒の使用に置き換わり，それからポリウレタン工具が用いられるようになった。しかし，半導体デバイスの微細パタン露光用の高級レンズなど特殊仕様の光デバイスの製作では，ピッチポリシングがいまだに採用されているのは事実であり，砥粒にはCeO_2砥粒のほか，最終的には微細なSiO_2砥粒などが用いられる。

ポリシングにおける材料除去に関しては，ラッピングとは規模やそのメカニズムが異なる。分子・原子の大きさと考えて分子動力学をもとに大型電算機を駆使した取り組みもあり，なかには水が存在するので工作物に水和膜が形成され，それを砥粒や工具によって拭い取っていくという説明もある。さらに別の見方として，前加工の凹凸を平坦にしていく場合を想定したモデルを図6に示す。ここではポリシング工具の硬軟の性質を重要としている。一般的に軟質と見られがちのピッチ工具は，遅延弾性が働いて硬質挙動を示すことも見逃せない。

ところで1950年代の古い論文のなかにピッチポリシングで仕上げたガラス鏡面にフッ酸処理で潜傷が現れている顕微鏡写真がある。ラテラルクラックが観察され，かなり大きな塵埃などで引っ掻いた痕跡がある[9]。その後，水晶発振子基板のCeO_2研磨剤とピッチ工具による完全鏡面をフッ化アンモニウム水溶液でエッチングを行い，図7のような加工欠陥の断面モデルが示された[10]。

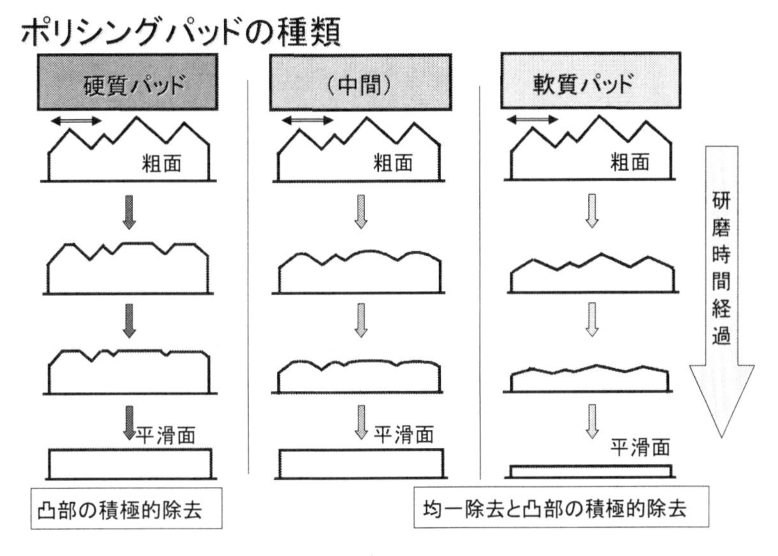

図６　ポリシングにおける凹凸除去過程

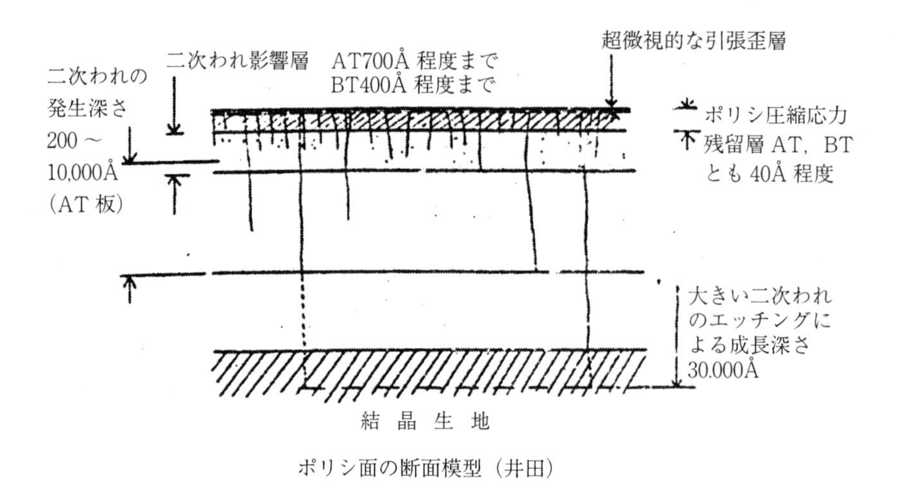

ポリシ面の断面模型（井田）

図7　鏡面研磨した水晶AT板の加工欠陥断面構造[10)]

ポリシングの加工変質層は，深さ3μmにもなる。ここでも顕微鏡写真にラテラルクラックが観察されており，研磨剤の砥粒よりもはるかに大きい粒子による引っ掻きを伴っている。

これらの問題を含む光学ポリシングの加工変質層に関する再現実験を試みたとき，ピッチ工具の準備の際の工具に網目付けと平面定盤と摺り合わせにおいて，工具面に塵埃を埋め込む危険が多分にあったことが判明した。解決策は平面石定盤にピッチ工具を摺り合せることなく一晩伏せておくだけでよく，これによって加工欠陥が発生しないことを経験した。

電気光学結晶の$LiTaO_3$単結晶の光学ポリシングにおいて，高品質鏡面仕上げを狙って市販の種々の砥粒を用いた。図8は，研磨面の微分干渉顕微鏡写真であり，15分ごと研磨剤供給を行った結果である。多くは乾燥した粉末砥粒であり，研磨剤として水に十分に分散されていないこともあって大粒のとき引っ掻きが，微細になるとと鏡面化が進むといったことが交互に行われ，それぞれの砥粒に特有の凹凸面が現れた。加工品質が良好なものから配列すると，0.06μm-γAl_2O_3，0.04μm-TiO_2，ベンガラ，ZrO_2，CeO_2，0.3μm-αAl_2O_3，Cr_2O_3と順次悪化している。概して微細な砥粒あるいは微細になり易い砥粒を用いることが高品質鏡面を仕上げるうえで好ましい。加工量（η_w）は，検鏡観察で粗面であったものほど大きい[3)]。

5.3　Siウエハのケム・メカニカルポリシング（湿式メカノケミカルポリシング）

上述の光学ポリシングは，各種の光デバイスなどの高性能化に大きく貢献したが，半導体デバイス用のSiウエハの研磨要請には直接に応えることができなかった。十分に注意した光学ポリシングでも砥粒の引き掻きやポリシング工具の凸部による摩擦といった不要な機械的作用がSi表面に加工欠陥を残した。この問題が回避できたのは，新たなケム・メカニカルポリシング（SEMI規格用語：Chem. Mechanical Polishing, CMP，湿式メカノケミカルポリシング）を可能にした

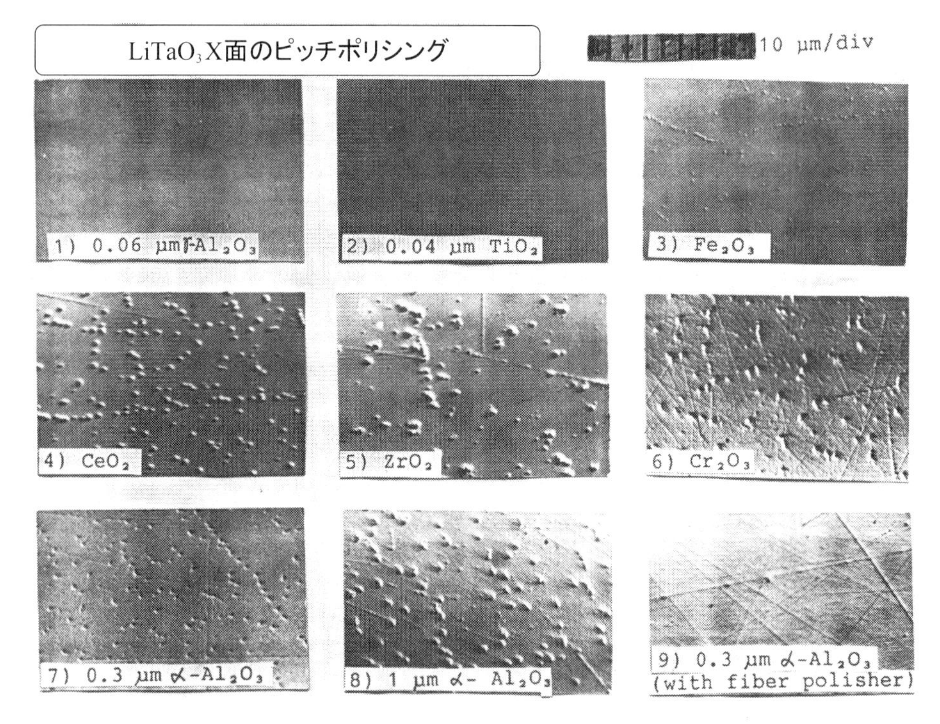

図8　各種研磨砥粒による鏡面研磨面の微分干渉顕微鏡写真[3)]

ことにある。このポリシングを加工工程まで含めて整理すると，

① 前加工のラッピングのあとにディープエッチングを行い，ラッピングで形成された表面粗さの微小化と加工欠陥の除去を済ませ，ケム・メカニカルポリシングを行う。

② ケム・メカニカルポリシングでは，0.01 μm台のSiO_2砥粒を溶液にコロイド状に分散させた研磨剤と軟質発泡ポリウレタンパッドの工具を用いて鏡面研磨を行う。

③ 研磨機を用いる研磨では，研磨運動でウエハ面とポリシング工具面の間だにハイドロプレーン現象が発生して研磨剤層が形成される。一方，その研磨剤層を薄くするように研磨圧力を付加する。適切な雰囲気温度の下でウエハ面に研磨剤による軟質な薄い水和膜が形成され，その水和膜がポリシング工具や研磨剤により除去されていく。特に材料除去を軟質水和膜だけに留め，Si面に対する直接な機械的作用を抑えて加工変質層を形成しないようにする。図9はその材料除去モデルである。

④ Siウエハの量産では，実際のところ全てを加工欠陥皆無の面に仕上げることは難しい。しかし，多少の加工欠陥が残留しても表層にだけに留める。ウエハ面は，研磨後のウエハ保管の間に自然酸化膜で覆われ，それに吸収される程度の浅い加工欠陥の残留であれば問題ない。化学洗浄の僅かなエッチング作用で容易に取り除かれて完全無擾乱鏡面に仕上がる。

図10は，切断ウエハを最終的なケム・メカニカルポリシングを経て洗浄を終えるまでの間の加

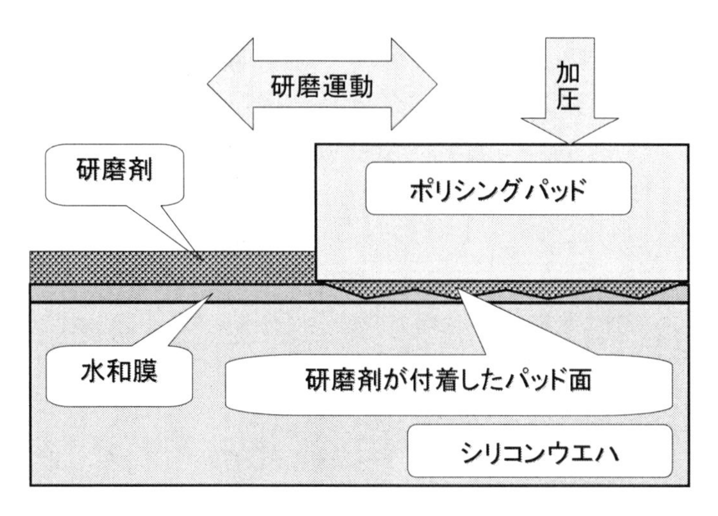

図9　Siウエハのケム・メカニカルポリシングの加工モデル

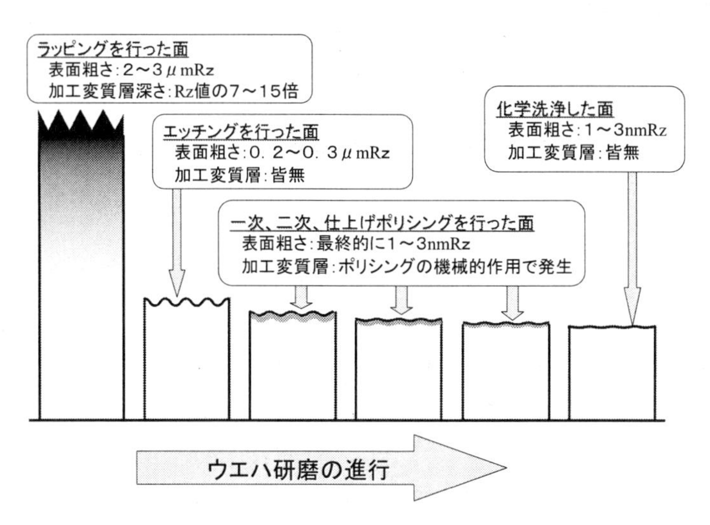

図10　Siウエハの製造過程における加工変質層の変遷

工変質層の変遷を示すものである。加工変質層には様々な規模のものがある。特に最終の洗浄を済ませたSiウエハは，抜き取りで熱酸化誘導積層欠陥の検査を通過するものでなければならない。

ここで熱酸化誘導積層欠陥について簡単に説明する。Siウエハのデバイス工程は，通常，ウエハ全面を熱酸化してSiO_2絶縁膜で覆うことから始まる。例えば1,100℃の酸素と水蒸気の雰囲気下の拡散炉で加熱・酸化を行うと，加工変質層のような原子配列の乱れがあれば，高温条件下の酸化の際に原子の再配列が生じてSi特有の積層欠陥を形成する。その後，絶縁膜に窓あけしてイオン注入など次の工程に移るがこのような積層欠陥が存在すると所定の機能・性能をもつデバイスとして完成させることができない。

抜き取り検査では，上記の積層欠陥をWright液やSirtle液によるエッチングで酸化膜を除去して検鏡を行う[11]。Si［100］面ウエハを用いたときには，<110>方向に沿った短い線状の欠陥の痕跡を観察することができる。デバイス用のSiウエハには，この積層欠陥が全面において皆無に近いものが要求されており，厳しい研磨条件・環境が必要になる。また，この熱酸化誘導積層欠陥の検査法を利用すれば，僅かな加工変質層の存在でも高感度に検出できるので，無欠陥Si片を用いることによって様々な部品・材料のポリシングのレベル評価が可能になる。

6　研磨技術の超精密化

6.1　光学ポリシングの高度化

古くから培われてきたラッピングやポリシングは精密加工の一端を担ってきた。一例をあげると，海底中継器に用いられる140 MHz帯の水晶発振子基板の研磨である。３次のオーバートーンでも厚さが35 μm付近の薄片となる。厚さ精度を仕上げる平行平面研磨と20年間の安定動作を補償するため加工変質層を抑制する研磨の検討が行われた[10]。

1960年にメイマンがルビーレーザの発振を成功させた[12]。ルビーロッドとXeランプを用いたことが成功のひとつの鍵とされた。しかしロッドの両端の研磨で発振にとって必須となるファブリー・ペロー共振条件を充足させたことは見逃せない。この成功が同年のうちにHe-Neガスレーザを発振させ，５年以内に様々なレーザが，さらに半導体レーザの発振にも漕ぎつけた事実がある。レーザ媒体や光源が異なっても共振器を高精度・高品質に仕上げた研磨の貢献度は極めて大きく，この鏡面研磨の重要さは，現在のレーザジャイロや重力波検出用レーザ干渉システムの製作にも通じるものである。

$LiTaO_3$単結晶やTeO_2単結晶を用いる電気光学素子，圧電フィルター，超音波光偏向素子などの研究試作では，研磨技術の高度化が重要課題になった。$LiTaO_3$単結晶やTeO_2単結晶を用いる電気光学素子（0.5×0.6×11.5 mm），超音波光偏向素子（10×10×10 mm），圧電フィルター基板（ϕ 7 mm×63 μm）など，それぞれの結晶材料の性質や部品機能の違いによって要求される加工精度や品質が相違する。殊に光学素子類の平行する光学面には，光の波面の遅速の発生を避けるように，光の波長の１/10以下の平面度や平行度に仕上げる高精度研磨が必要になる。そのうえレーザ光の散乱の原因になるラップ痕や偏光を利用するので内部歪みなどを残すことも許されない。高精度化については，レンズ研磨機を新たな小型修正輪形研磨機に置き換えて再現性の高いピッチポリシング技術で対応した[3]。

このほかＸ線光学素子については，Ｘ線の波長が可視光の１/500にもなるので，仮に可視光で鏡面に仕上がっていても十分な反射が得られない。また，レーザ核融合で使用される直径1000 mmに近いガラスレンズなどは素材のガラスが溶融・破壊するほどの高エネルギー密度の光が透過する。ガラスの品質はもちろん所定の形状精度に加え，加工品質に様々な注文がでてくる。微細な傷や汚染を皆無にしないとその部分で光を吸収して破壊を招く畏れもある。遷移金属酸化物の砥粒の使用をとり止め，微細なSiO_2砥粒を用いるなど技術改善が進められた。

ここでは，さらなる高精度化，高品質化に応えるためのポリシング工具に触れる。工作物が前加工・処理による粗面であるときには，その凹凸によって引っ掻かれて工具面側の方も無光沢な表面状態を示すのが普通である。研磨が進んで加工面の凹凸の頭が平坦になると，工具面も順次平滑になって光沢をもつようになる。このような変化は，多くの工具に見られないわけではない。しかし，ピッチが最も顕著である。工作物の表面状態に追従して変化し易く，工作物とポリシング工具の間で相互に作用し合い，表面粗さの微小化や鏡面化を可能にしている。これはピッチが摩耗変形し易い反面，その摩耗し易さが形状修正に利用できることを意味する。従って鏡面化のための研磨を進めながら工具面の形状修正を行い，それを工作物側に反転させ，精度の極限にまで加工していくことができる。

ピッチポリシングよりもワックスポリシングの方が優れているということも書籍などで目にする[13)]。ワックス工具は，加工量が小さいが形くずれがない。熟練技術者がポリシング工具を準備し，研磨作業を未熟な工員に任せても問題が生じることがなかったようである。温度が上がると直ぐに溶けるという問題があり，年間気温の高低差が比較的大きい日本ではどうも普及しにくいところがあるかと思う。

ワックスは，濾過も蒸留も可能であるので塵埃を取り除くことが容易であり，スクラッチの発生の少ないポリシング工具材になり得る。一方ピッチは，石油などを分離したときの残りを煮詰めて重合させた高粘度材料であり，砂や塵埃が混入したままである。それにもかかわらずピッチを工具に用いることには幾つかの理由がある。

ピッチは，加熱・溶融して放冷すると黒い艶のある面になる。この光沢面は，表面張力によって形成される。固まる際に砂や塵埃を内部に押し込むように働いてくのでポリシング工具として好都合の表面になる。ところが研磨の現場では，ほんの僅かなミスでピッチの欠片が生じると，廃液上に黒いピッチ粉が浮く。これはピッチが削れた証拠であり，ピッチ面にもくすみが見られる。このような場合は，研磨された面の形状精度劣化とスクラッチ発生が進むので直ちに研磨を中断し，工具交換を行うのが普通である。ピッチ中の塵埃などは，溶融・冷却時の表面張力によっても期待するほど深く内部に押し込まれているようでもない。

最近では，工具切削機能をもつ研磨機が容易に入手できる。単純なバイト切削方式で渦溝切削可能なものやエンドミル切削方式で特殊形状溝加工の可能なものもある。内部に塵埃がない発泡樹脂やワックスなどの工具面の加工では，特に問題はない。しかし，砂や塵埃が内在するピッチでは，切削で掘り出してスクラッチなどができやすい工具面になるので注意したい。

6.2　スーパースムーズ鏡面の定義と表面性状

超精密ポリシングのさらなる高度化を目指す最高品質の面をスーパースムーズ鏡面と名付けて定義する[14)]。単結晶を平面に研磨した場合，表面原子の乱れがなければ，全面にわたってへき開面のSTM（Scanning Tunneling Microscope）像にみられる球形の原子が規則正しく配列した凹凸波形のプロファイルに仕上がるはずである。原子が調密に配置されるならば，表面の凹凸は原子の大きさの数分の１といった微小高さになっても不思議でない。多少でも結晶方位が外れると原子配列のテラスが階段状に連なっているので，表面粗さは原子や分子の大きさということになる。球面や非球面のマクロな形状もこのようなテラスによって階段状に形作られる。

これが多結晶材料のスーパースムーズ鏡面になると，個々の微小結晶の範囲内では同様であり，それぞれが勝手な結晶方位をもっていても結晶間の加工され易さの違いに原因する段差発生がない鏡面ということになる。

非晶質材料になると原子の配置が不規則になるだけに研磨の過程で多少大きな凹凸が形成されるかも知れない。何れにおいてもスーパースムーズ鏡面は理想的な平滑面であり，工作物の材質の相違により表面粗さの大きさに違いが生じてもその凹凸は極限に近い。

研磨における材料除去は，原子・分子の最小単位の小規模のものからそれらの集団の塊状になった大規模のものまであり幅が広い。砥粒や砥粒を埋め込んだポリシング工具面の凸部の運動軌跡に沿ってこのような材料除去が行われるものとすれば，表面構造は田畑のような連続した畝や回折格子のような方向性をもつ凹凸に，運動軌跡の交差を考えに入れるとピラミッドや円錐が並んだような凹凸になると想像できる。研磨面には，このような材料除去の痕跡が残され，更に，原子配列の乱れといったいわゆる加工変質層が表面から数原子層あるいは数100原子層にも及ぶ可能性がある。

光学ポリシングの高度化やスーパースムーズ鏡面を実現する場合，これらの表面構造を細かくする微細砥粒や肌理細かな表面をもつ工具を採用することが妥当な策になる。

図11は，研磨における表面粗さ形成モデルである[15)]。(a)では，微視的な領域において砥粒がポリシング工具面と加工面に押し込まれる。双方に対する押し込み深さは単純にそれぞれの材料の硬さに支配されるものと仮定すれば，引っ掻きの交差で形成される工作物の表面粗さは$Rz=f(d \cdot Hp/4Hw)$で表わせる。dは砥粒の大きさ，HpとHwはそれぞれ工具と工作物の硬さに相当する。塵埃など大粒の粒子が研磨剤に混入していれば研磨操作が周期運動で進められるので，無数の引っ掻き痕からなる表面粗さが大きく現われることは理解できると思う。ポリシングにおける加工のメカニズムには様々な解釈が行われてきた。化学作用の存在が無視できないといっても，砥粒の機械的作用が表面粗さ形成の主要因であればこのようなモデルの説明でも矛盾がない。

最近ではコロイド状の微細砥粒が入手できる。砥粒が非常に微細になると，砥粒の大きさよりもポリシング工具面の凹凸の大きさhpの方が無視できなくなる。(b)では，平面に仕上がった研磨面が凹凸をもち微細砥粒が付着した工具面に押し付けられる。工具面が研磨面の平面にならって発生した微小圧力偏差Δpのもとで擦られるとすれば，その交差によって形成される表面粗さは$Rz=f(hp/\zeta)$で表わせる。ζ（μm/Pa）は工具面の弾性変形定数に相当する。これより微細な砥粒を選択した超精密研磨になると，凹凸のないポリシング工具あるいは仮に凹凸があってもそれによって圧力偏差が生じない微小領域で軟質な工具が必要と言える。

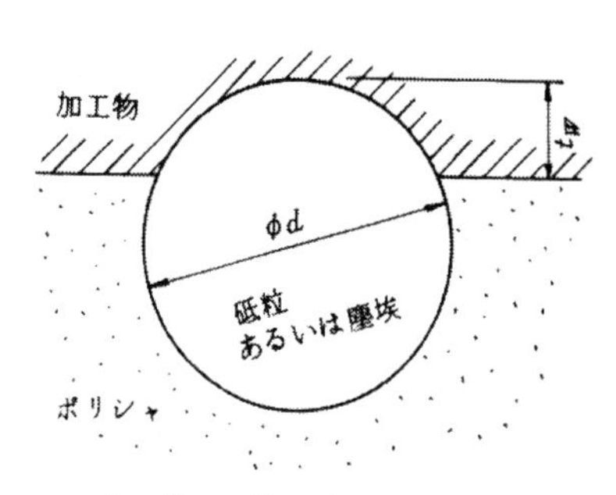

加工物への押込み深さ：t_W

$$t_W = \frac{d^* H_P}{4 H_W}$$

H_P：ポリシャの硬さ

H_W：加工物の硬さ

表面粗さ：$R_z = f(t_W)$

砥粒あるいは塵埃による表面粗さ形成モデル

(a)

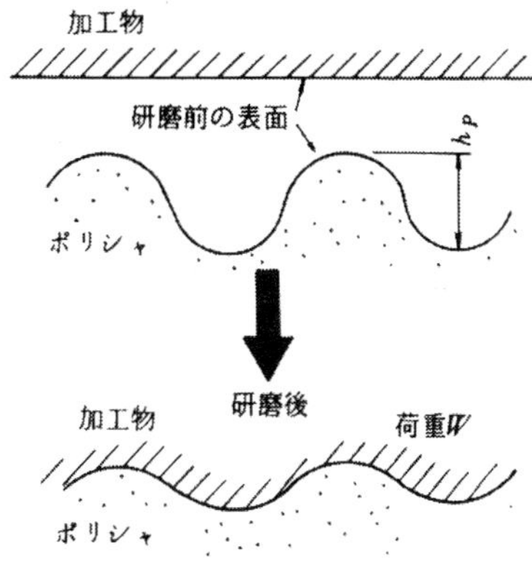

研磨圧力の偏差：Δp

$$\Delta p = \frac{hp}{\zeta}$$

ζ：ポリシャの弾性変形定数

表面粗さ：$R_z = f(\Delta p)$

砥粒が非常に微細なときのポリシャの表面状態による表面粗さ形成モデル

(b)

図11　光学ポリシングにおける表面粗さの微細化[5)]

これより光学ポリシングの超精密化，さらにその高度化を目指すには，基本的なこととして，

①　微細な砥粒を用いること

②　ポリシング工具に肌理の細かいものを用いること

③　砥粒を分散させる研磨液や工具面・加工ジグの洗浄に超純水を用いること

④　無塵化された環境で研磨を行うこと

が必要である。また，

⑤　担当技術者・技能者の感性レベルの高揚

も重要になってくる。

平面研磨におけるピッチ工具の製法については，図12に示すように，従来の綿糸の網を用いる方法に対し，新方法としてあらかじめ網目相当の碁盤目状溝加工を施したプレート面を研磨で高精度平面に仕上げておき，加熱してそれに溶融ピッチの適量を塗りつける方法が有効である。ピッチは凝固するときに半球状に盛り上がる。これを定盤上に伏せておいて数時間後の全面が平面の当たりがでたところでポリシングに用いる。図13は，従来の光学ポリシングと超精密ポリシングの結果を示すものである。

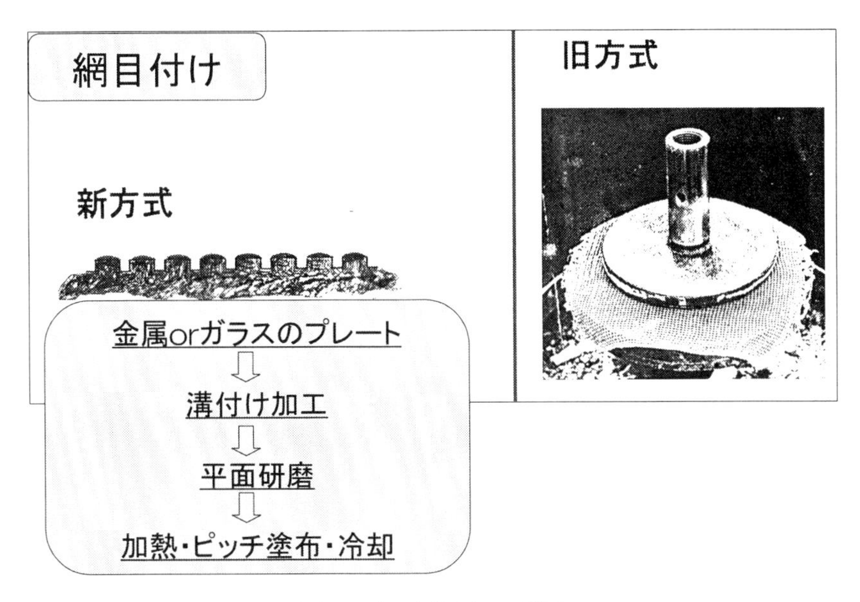

図12　ピッチポリシャの製法

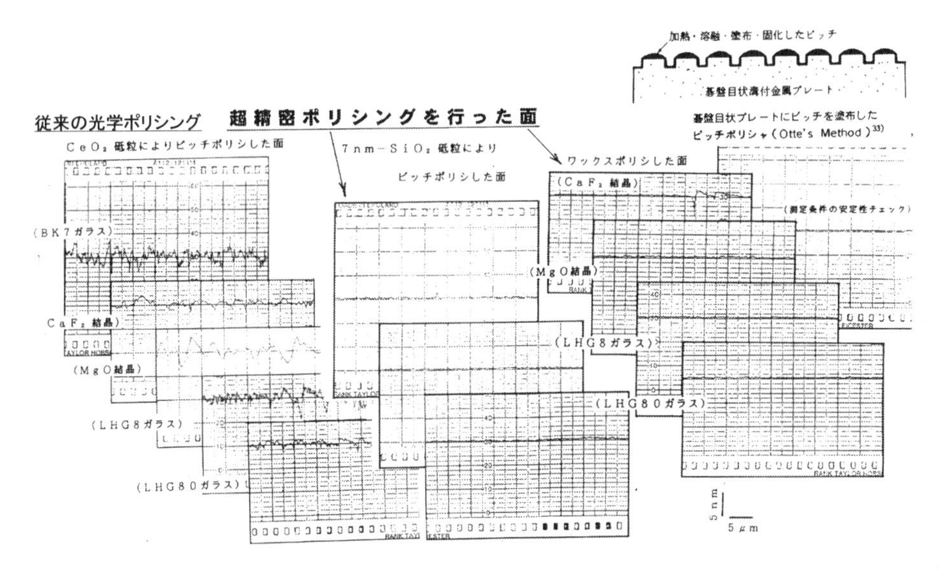

図13　従来の光学ポリシングと超精密ポリシングの比較

6.3　各種超精密研磨について

Siウエハのケム・メカニカルポリシングの材料除去メカニズムの解釈が引き金になり，新たな超精密研磨が幾つか提案された。例えば，光学ポリシングの延長にあって微細な砥粒を積極的に用いるひとつの方法として，工作物とポリシング工具を砥粒が浮遊する研磨剤に浸漬し，上部に

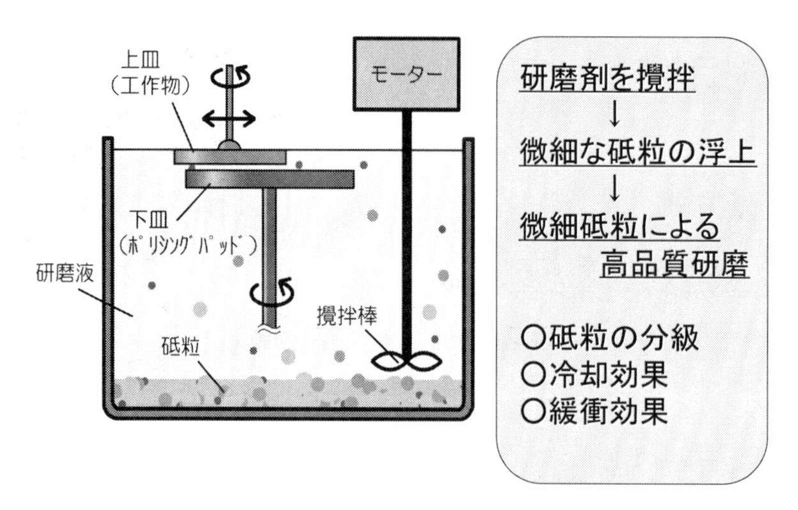

図14　液中ポリシングモデル

浮き上がる極微細な砥粒によってのみ研磨を行うようにした液中研磨が現れた[16)]。その研磨モデルを図14に示す。

一方ポリシング工具側を軟質なものにする考え方として，従来のピッチや発泡ポリウレタンに比べはるかに軟質な液体や気体を工具に見立てたEEM（Elastic Emission Machining）[17)]などが提案された。簡単に表現するならば，工作物と工具の間にハイドロプレーン現象などを利用して研磨剤層を形成し，研磨剤の流れの中で比重の違う砥粒が研磨液の流線から外れて工作物を浅く擦過する機械的作用で材料除去を行なうものである。フロートポリシング[18)]は，研磨剤のハイドロプレーン現象によって生じる工作物と工具の隙間におけるキャビテーションで砥粒が工作物に打ち付けられて加工が行われる。図15はこれらの加工モデルである。いずれも固体工具で擦る従来のポリシングとは異なる。流体中の砥粒の挙動については，工作物と接触すると相互間の化学作用で原子・分子間の結合・分断の過程があって材料除去が進み，分子動力学によるシミュレーションも行われている。

各種研磨の材料除去メカニズムについて単純化して表すと図16のようになる。材料除去は，(1)機械的作用で（1a）削りとる作用と（1b）単純な摩擦作用，(2)（電気）化学的作用で（2a）溶去作用と（2b）皮膜形成作用などが複合していると考えることができる[18)]。大部分の研磨法は，図の上半分側に集約される。

軟質表面皮膜を形成し，それを取り除いていく研磨の材料除去メカニズムは，Siのような単元素半導体ばかりでなく，GaAsやInPなどⅢ－Ⅴ族化合物半導体ウエハやCdTeやZnSeなどⅡ－Ⅵ族化合物半導体ウエハの無擾乱鏡面研磨にも積極的に取り入れることができる。そこでは，希薄な次亜塩素酸ナトリウム（アンチホルミン，NaClO）水溶液や亜臭素酸ナトリウム（$NaBrO_2$）水溶液[19)]と軟質皮膜除去に軟質発泡ポリウレタンのポリシング工具が用いられ，研磨剤に微細な

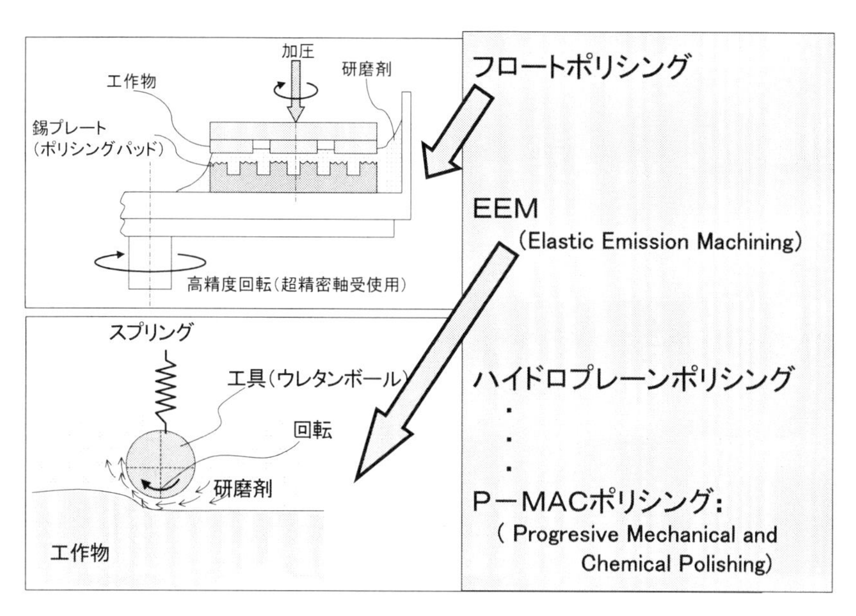

図15　(工具面－研磨面) の非接触状態研磨

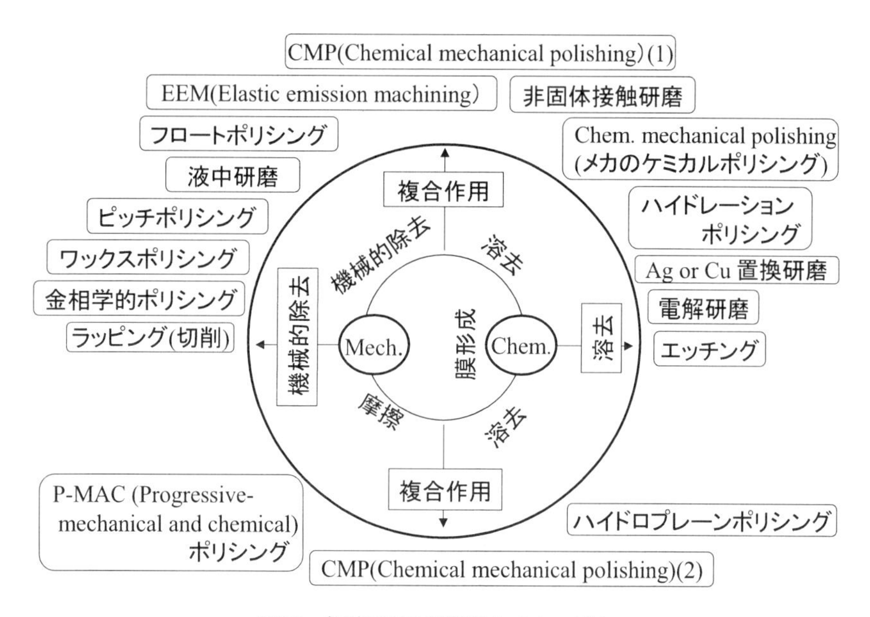

図16　各種研磨の材料除去メカニズム

SiO_2砥粒も混入される。

ガラスの光学ポリシングについても砥粒によって削りとられる単純な材料除去であるように説明してきた。しかし，ガラス面にも軟質層が形成され，それが削りとられて研磨が進むという説明もある[20)]。水の存在下の砥粒の押し付けによりガラスの表面構造が変化し，また削られた水和物と砥粒の混合物の再付着によってガラス面との間のイオン交換や水酸基の拡散を有利にするなど，これも軟質層の生成に関係している。

ここで材料除去メカニズムの複合リングの下半分側に注目してみる。化学研磨を電解研磨のような化学（電解）溶去による材料除去が行われる研磨が位置し，砥粒を用いないことが特徴になる。そのような研磨のなかでもP-MACポリシング（Progressive Mechanical and Chemical）[21)]は，超精密研磨を実現するため，①前加工・処理による表面粗さが大きい状態のとき，研磨におけるポリシング工具による軽微な機械的摩擦でその凸部の原子配列を乱し，その部分の化学溶去を促進させ，②凸部がとれて平滑になったならば，機械的摩擦を避ける状態にして，加工液膜による溶去で研磨を進めるように考えた。「研磨のメカニズムや条件を加工の進行中に積極的に変えていく」ことを表現するために，P-MACポリシングの頭に「P-：Progressive」を付記した。

Ⅲ－Ⅴ族とⅡ－Ⅵ族の化合物半導体ウエハのBr-メタノール研磨液，電気銅のクエン酸溶液による研磨で好結果を示しており，工具には軟質で耐薬品性を有するフッ素樹脂発泡体シートを用いる。単位時間あたりの加工量は，研磨液の薬品濃度に支配され，表面粗さは，ポリシング工具の平滑さに関係する。

このほか湿式メカノケミカルポリシングに対称となる乾式メカノケミカルポリシングは，固体摩擦摩耗の研究から派生した[22)]。工作物のサファイヤを0.01 μm台の乾燥状態のSiO_2砥粒を供給しつつ石英ガラスと擦り合わせる方法を用いる。工作物と砥粒の間で固相反応によって軟質な鉱物のムライトが生成・剥離して研磨が進む。軟質で微小なSiO_2砥粒を用いることによってダイヤモンド砥粒に優る加工能率，加工品質が得られる特徴をもつ。

7　平行平面研磨

これまで研磨における加工品質や加工量に重点をおいて話を進めてきた。ここでは形状精度を得るための研磨を取り上げる。研磨で対象にする形状には，ひとことで言うならば平面，球面，非球面がある。それらは口径が小さいものから大きいまで幅が広く，さらに異形のものもあり，それらを高精度・高品質に仕上げるには，これまでの研磨の基礎もとに，それぞれに見合った研磨工程，研磨条件，研磨機，研磨ジグ，計測器などが必要になる。

一般に，研磨が行われる製品数が最も多いものとしてSiウエハ，マスク基板，磁気ディスク基板，水晶フィルター基板などの基板状工作物をあげることができる。いずれも効率的に加工を進めるための専用機の両面同時研磨機が普及しており，研磨技術が確立している。一方，基板状工作物であっても片面だけを鏡面に仕上げる場合，多数個の小片工作物を平行平面の研磨ジグに接着して所定の厚さ精度に仕上げる場合，あるいはプリズムのように角度をもつブロック状の工作物などの加工にも対応する場合の研磨には，汎用的な片面研磨機を用いる研磨技術が必要になる。ここでは片面研磨による平行平面研磨の基本を述べる。

7.1　研磨工程

平行平面円板の作製工程[3]を図17に示す。この工程のなかの平行平面研磨技術は，研磨に関する研究を始める学生のためのカリキュラムのひとつとして準備してきたものであり，また，「ピッチポリシングによるオプチカルフラット・パラレルの製作」の企業向けの実技研修会においても基本にしている。

ここではステンレス鋼SUS304のϕ60×t11の円板ジグとして平行平面板に仕上げる場合を取り上げる。最初に外形，両面，面取りをあらかじめ旋削を用いて形状を整えるための前加工を行っておく。通常旋盤による正面旋削では，両面とも凹面に加工されるのが普通である。また，平行度としての厚さ偏差も５μm～数10μmの誤差をもつ。従ってこのあと平面研削を行って厚さ偏差を５μm以内にしておくことが望ましい。

研磨の最初のラッピングでは，簡単な平面研磨機の荒ずり機を用いる。本機は，数100～1000 rpmで回転するϕ250前後の円板状工具の鋳鉄ラップを用いており，その面上に#600アルミナ研磨剤を供給し，手に持った工作物のSUS304円板の両面を交互に幾度か繰り返して擦り付け，ラッピングを進める。言うまでもなく砥粒による微細切り屑生成とともに，ラップの平面形状が工作物に反転される。すなわち，工具が凹面であれば工作物は凸面になる。ラップ面に平面を維持しつつ工作物を擦り付けていく際に，ラップの直径方向に直線，楕円あるいは８字の往復運動をとって，

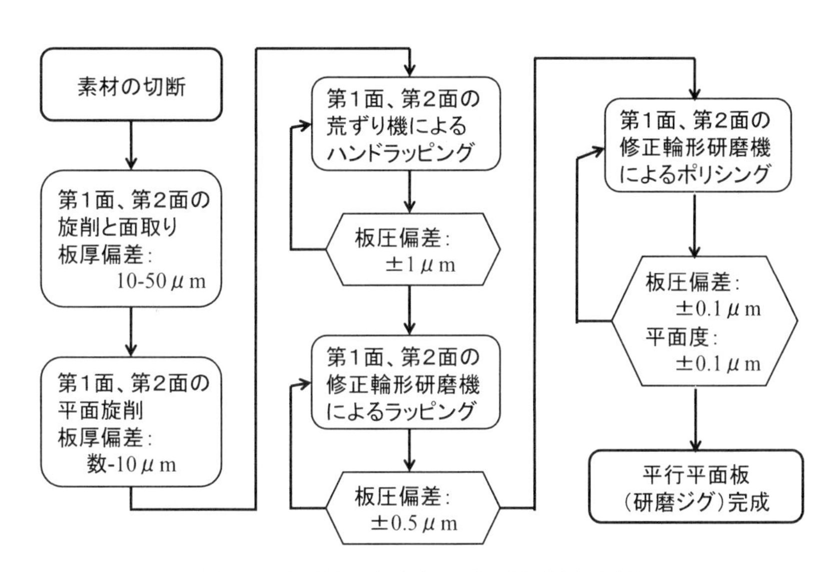

図17　平行平面研磨ジグの製作工程（金属円板）

かつラップの外周から工作物がはみ出るような条件を採用することが肝心である[24]。

ポリシングに移行する前段階には，さらに微細な＃1000アルミナ研磨剤を用いて円板の両面を交互に研磨し，表面粗さの微細化，加工変質層深さの微小化を行い，ポリシング時間の短縮を図る。これはガラスレンズの研磨の砂かけあるいは精研削に相当する加工である。ただし砥粒が#600から＃1000と細かくなるので，工作物は，ラップに密着しやすくなり，手指で支持できずに手から離れてラップの回転力でラップの外に飛ばされることがある。これまでの研磨面に傷が付き，仮に工作物がガラスであったとすれば荒ずり機の内壁に打ち当たり破損する恐れがでてくる。従ってラップの回転を取りやめてハンドラッピングで研磨を行うことを勧める。ハンドラッピングの難点は，#600砥粒による前加工の表面粗さや加工変質層を除去するのに時間を要することである。そこで，次の機械ラッピングに委ねることにする。

片面研磨機を代表的するものには，この荒ずり機のほかにオスカー式レンズ研磨機，リング工具研磨機，修正輪形研磨機などがある。ここからは図18に示す単純な小型の修正輪形研磨機を用いるラッピング，さらにポリシングについて説明する。

本機の工具径はϕ180×ϕ30の円環状であり，ϕ90×ϕ60の修正輪を用いる。ϕ60の円板状研磨ジグ，さらにそれらに貼り付けた光学結晶片などを高精度，高品質に仕上げるために立ち上げた研磨機[3]である。円環状鋳鉄ラップに#1000アルミナ研磨剤を供給しつつ，既に荒ずり機により研磨を終えた工作物を修正輪とともに30～50 rpmで回転させ，3～10 kpaの圧力のもとで機械研磨を行う。ラップの平面精度維持は，修正輪を利用することになるが，ラップの口径が小さいので他のラップとすり合わせることで平面を確保することも可能である。

ラッピングに続くポリシングでは，ラップ相当の工具プレート（プラテン）に適度の厚みのあるシート状のパッドやピッチを貼り付けて工具として使用する。

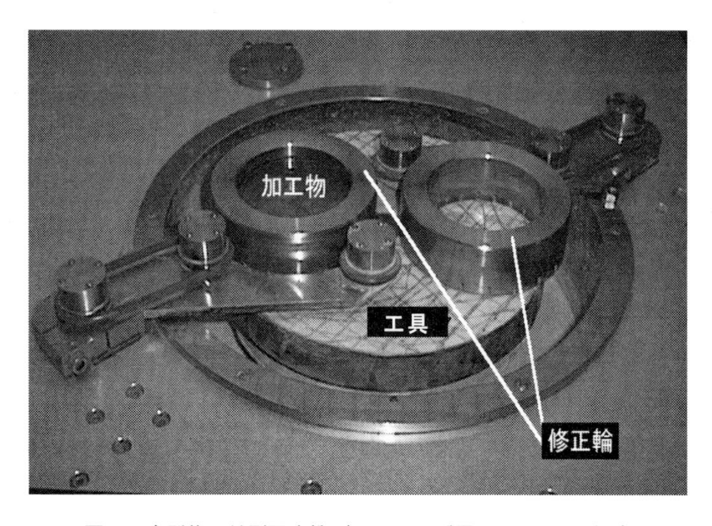

図18　小型修正輪形研磨機（ラッピング用，ポリシング用）

パッドについては，パッドメーカが注意して製作しているが，厚さに多少の不揃いがあり，軟質な接着剤の厚さ，さらに接着時に空気の閉じ込めなどがあり，平面工具として満足できない場合がある。また，それに気付かずに使用している人も少なくない。見かけ上は平面工具として貼り付けが完了しても，精度を確保するために専用のダイヤモンド砥石を用いるドレッシング行うのが普通である。このドレッシングは鏡面研磨用工具として微細な凹凸を整えることにもなる。

ピッチ工具（ピッチポリシャ）については，各所で様々な製法が用いられている。基本的には，所定の硬さのピッチをプラテンに１～４mm厚さに貼り付け，それに網目を付ける。その際，ピッチ面の表面をヒータなどで軟化させ，平面定盤状に拡げた適度の含水状態の木綿網に押し付ける。網目付けが終わったならば，その平面定盤と擦り合わせあるいは一定時間伏せておいてポリシング工具とする。図12を参考にして欲しい。さらに詳細については実技研修などで技術を身に付けることを勧める。

研磨機が小型で，工具が小口径であるので，研磨速度はそれほど大きくとれない。しかし，超音波洗浄容器内に浸漬して工具全面の洗浄を行うことができる。ドレッシング砥石の脱落砥粒や塵埃の洗浄・除去が可能であり，休眠中のパッドの再利用などでも高品質研磨を有利に進めることができる。なお研磨機は，ラッピング用とポリシング用とそれぞれ専用機として準備する。双方で共用することは，洗浄などに限界がありスクラッチの発生原因になるので好ましくない。できるならばラッピング用とポリシング用の研磨機をそれぞれ別室に設置するぐらいの注意が必要である。

修正輪形研磨機を用いるポリシングで高い平面度を仕上げる条件については，上述のように平面が保証された工具を準備することは当然のことである。さらに研磨理論をもとにしたシミュレーションなどによって得た合理的な研磨条件を採用する。まず，工具の回転数と順行方向に回転する工作物・修正輪の回転数を一致させる。これは両者の接する部分の速度は一定値であり，圧力と軌跡密度についてのみ注目すればよいことになる。工作物や修正輪が単純円形形状であり，ポリウレタンパッドのような摩耗が小さい工具であれば，最初の注意した工具準備だけでも平面研磨が可能なことがわかっている[25]。摩耗変形が著しいピッチポリシャのような工具になると修正輪や工作物を工具の中側あるいは外側にはみ出るように設定して，工具全面を凸状あるいは凹状に調整して所定の平面に仕上げるのが普通である。図19は，高精度の平面研磨を行った一例であり，平面度を示す干渉縞である[3]。

７.２　平行度修正研磨

ラッピングやポリシングにおける平行度修正では，研磨圧力の片寄りを利用するのが普通である。荒ずり機によるラッピングでは，工作物の平面度を維持しつつ，指先や手のひらで平行度修正部に圧力を加えた研磨と厚さ偏差測定を交互に行って修正研磨を進める。ラップの平面が全面にわたって数μm以内に維持されているならば，平行度修正の未経験者に近い学生でも容易に１μm以内の平行度に仕上げることができる。

図20は，偏心分布荷重付加のための分銅である。修正輪形研磨機におけるラッピング，ポリシ

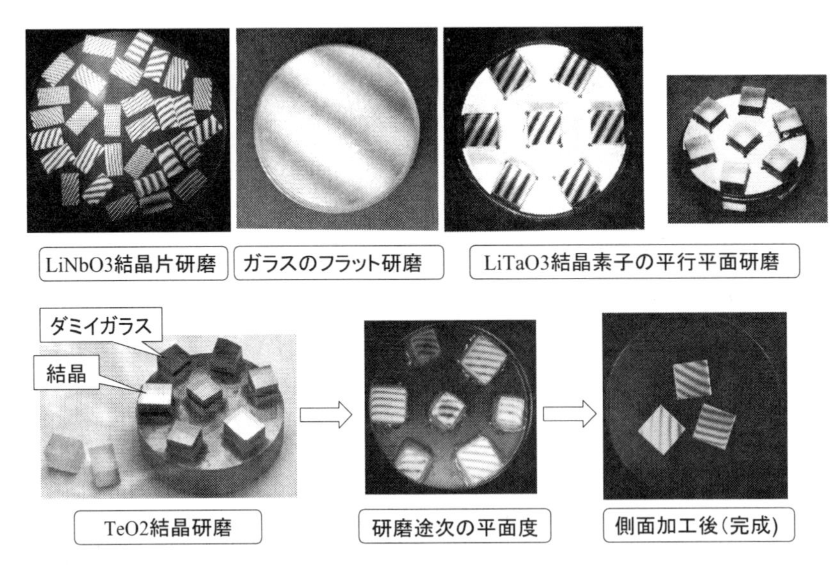

図19　小型修正輪形研磨機による研磨面の平面度[3)]

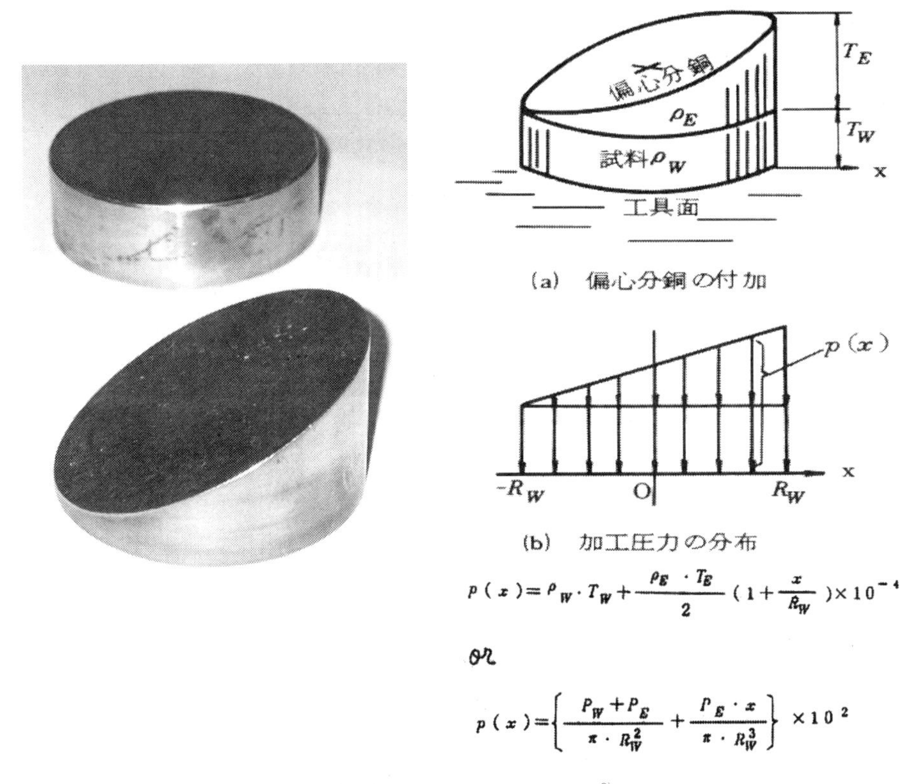

$$p(x)=\rho_W\cdot T_W+\frac{\rho_E\cdot T_E}{2}\left(1+\frac{x}{R_W}\right)\times10^{-4}$$

or

$$p(x)=\left\{\frac{P_W+P_E}{\pi\cdot R_W^2}+\frac{P_E\cdot x}{\pi\cdot R_W^3}\right\}\times10^2$$

図20　平行度修正用の偏心分銅[3)]

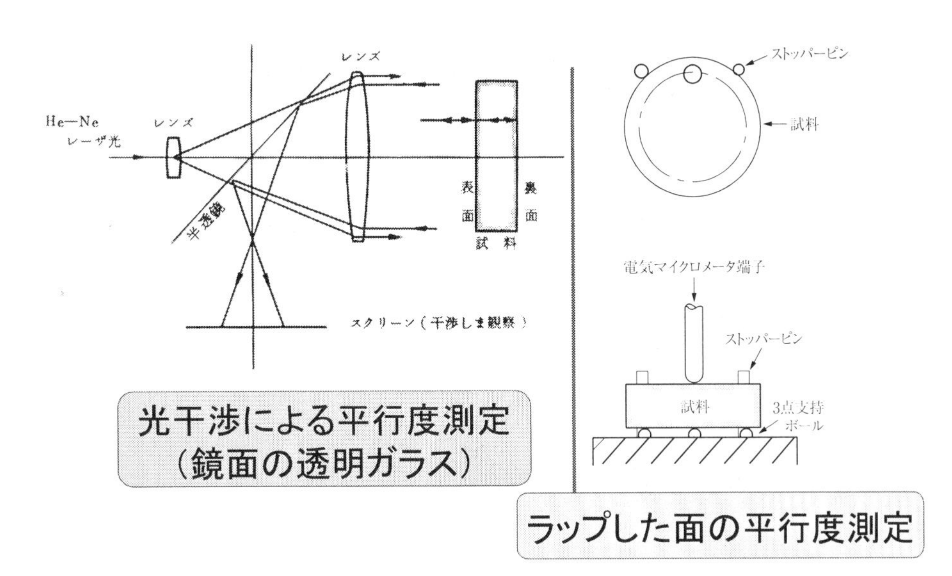

図21　平行度の測定法[3)]

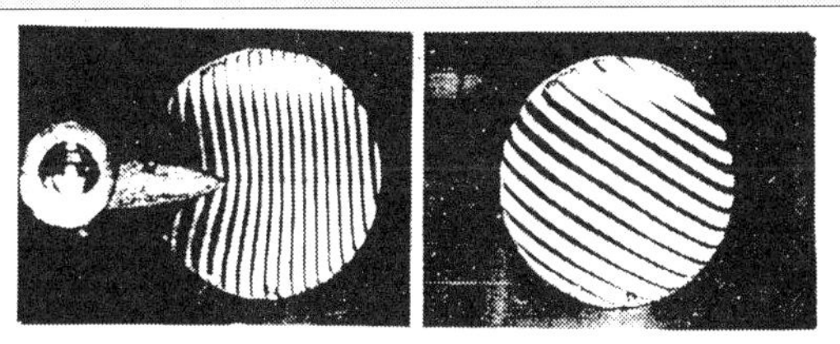

図22　平行度修正研磨に用いた薄板ガラス円板[3)]

ングの双方に使用した場合に再現性が高く，図21はラッピングおよびポリシングにおける平行度の測定法，図22はポリシングに用いたφ60×t1.5の薄板ガラス，図23は平行度修正が行われる様子を示す光干渉縞である[3)]。

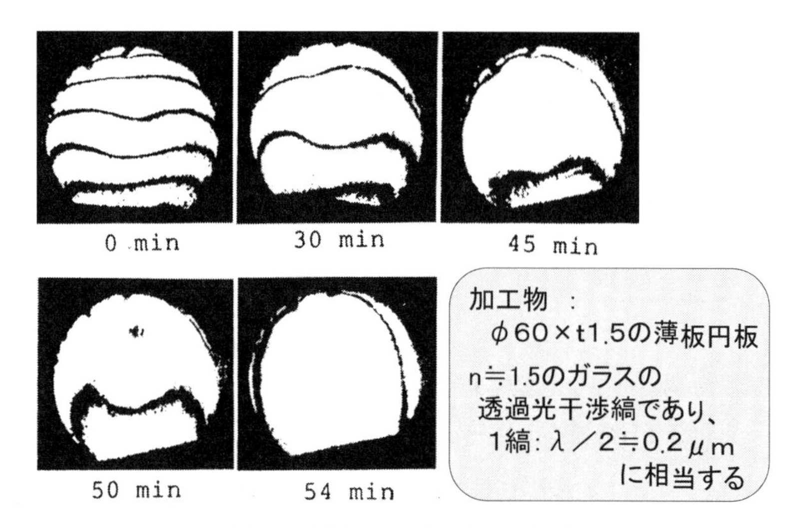

図23　光干渉による平行度測定結果[3)]

8　まとめ

多くのものづくりの発展の歴史を顧みると，ニーズが明確になり，しかも製品需要が大きくなると加工技術の改善などが精力的に進められ，目覚しい発展を遂げている。研磨において端的な例は，半導体基板材料であるSiウエハのメカノケミカルポリシングであり，また電算機の高速化を支えることになったデバイスウエハの平坦化CMPである。今後もこのような要請に応えるべく研磨技術・条件のさらなる改善・飛躍が進むものと思う。

本章では，研磨について総合的に論じてきた。研磨は，工作物，研磨剤，工具，研磨機などがあれば誰にでも簡単に実行できる加工法である。確かに現代人に限ることなく古代の人々もこれらに似た研磨を実施してきた。近年における最先端の部品やシステムを製作する際の高度部品機能・性能を充足するための高品質研磨，高性能研磨もそれらと異質なものではない。しかし，工作物材料が人造結晶をはじめ新材料を研磨対象にするようになっており，研磨資材としての砥粒や工具についても微細化，無塵化，アルカリイオンや重金属イオン除去など高品質化が進んでおり，様々なレベルのクリーン環境や純水の使い分けも行うことも可能になった。研磨担当者には，それらの適切な選択・組み合わせを行う知識・素養・感性が要求され，研磨技術の基礎やこれまでに培われてきた技能・技術をもとに部品・システムの製作にあたって欲しい。ここでは研磨に必要な計測・評価に直接に触れなかったが，熟練者の技能を越えるには，最先端の計測・評価装置・技術をもって研磨条件とその結果の因果関係を身をもって体得していくことも重要である。

文　　献

1）河西敏雄，新版精密工学便覧（分担執筆），精密工学会編，コロナ社，pp.372-385（1992）
2）河西敏雄，織岡貞次郎，精密機械，**33**，5，pp.306-310（1967）
3）河西敏雄，電通研成果報告第13634号，pp.1-268（1979）
4）F. W. Preston, J. Soc. Glass Tech.（1927）pp.214-256
5）谷口紀男，硬脆材料の衝撃破砕加工法，誠文堂新光社，p.51（1959）
6）河西敏雄，野田寿一，鈴木順平，精密機械，**44**，11，pp.1360-1366（1978）
7）伊藤伸英，大森整，砥粒加工学会誌，**41**，8，pp.304-309（1997）
8）池野順一，谷泰弘，日本機械学会論文集（C編），57-535，pp.1013-1018（1991）
9）久本方，日立評論，**32**，5 pp.291-304（1950）
10）井田一郎，新井湧三，電通研研究実用報告，9，3，p.245（1960）
11）河西敏雄，安永暢男，高付加価値のための精密研磨，日刊工業新聞社，p.23（2010）
12）John M. Carroll，桜井健二郎監訳，レーザ物語，共立出版，p.85（1970）
13）F. Twyman著，富岡正重，山田幸五郎共訳，プリズムおよびレンズ工作法の研究，宗高書房（1962）
14）T. Kasai, J. Ikeno, K. Horio, T. Doy, H. Ohmori, W. Lin, C. Liu and N. Itoh, International Progress on Advanced Optics and Sensors, Universal Academy Press, Inc. pp.73-81（2003）
15）T. Kasai, K.Horio, T. K. Doy and A. Kobayashi, Annals of the CIRP, 39/1, 321323（1990）
16）R. W. Dietz, J. M. Bennett, Bowl Feed Technique for Producing Supersmooth Optical Surfaces, **5**, 5，p.881（1966）
17）森勇蔵，精密機械，**46**，p.659（1980）
18）Y, Namba, Mechanism of Float Polishing, Technical Digest at Topical Meeting on Science of Polishing,OSA,Tub-A（1984）
19）土肥俊郎ほか，1989年精密工学会春季大会学術講演会論文集，G21，p.207（1989）
20）N. J. Brown, *Precision Engineering*, **9**, p.129（1987）
21）T. Kasai, F.Matsumoto and A. Kobayashi, Annals of CIRP., 47/1, pp.537-540,（1988.8）
22）安永暢男，小原明，樽見昇，電総研報告，**776**，p.106（1977）
23）河西敏雄，各種材料のラッピング特性，研磨，加工技術データベース，産業技術総合研究所（2005）
24）精密加工実用便覧，日刊工業新聞社，p.475（2000）
25）宇根篤暢，河西敏雄，現場で使える研磨加工の理論と計算手法，日刊工業新聞社（2010）

第2章　研磨加工機械

杉下　寛*

1　はじめに

1.1　研磨加工機械の変遷

物を磨く機械は，古くから様々な変化を遂げてきた。やすりや粉をまぶして手作業で磨く方策が長く続き，昔の銅鏡などの磨きも職人が粉と布で何ヶ月も磨いていたと伝えられている。

現代になって近代的な研磨機械が開発され，当初は第2次大戦後の昭和27年（1953年）に当時の通産省（現経産省）が水晶を磨く機械として米国の研磨機をお手本に上下定盤が回転せず，サンギア，インターナルギアでワークキャリアを遊星運動式の回転をさせる2ウェイ機を作るように指導し，当時の東洋通信機（現エプソントヨコム）と浜井産業が共同でラップ盤を作ったのが国産研磨機械の始まりとされている。図1に最初の国産ラップ盤を示す。この同型機が国家技能検定試験の機械として用いられており，3年に1度ラップ盤の技能検定試験が行われている。ちなみに2010年に行われた検定試験では10人受験し，5人合格であった。

その後上下定盤も回転する4ウェイ機が開発され，回転比率も自在に選定できるようになり，

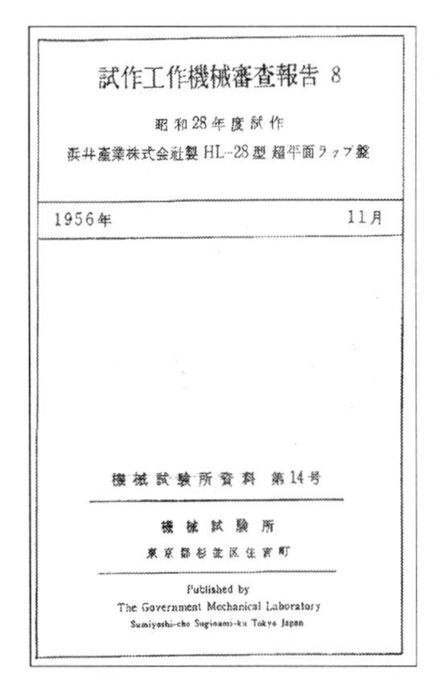
試作工作機械審査報告 8

昭和28年度試作

浜井産業株式会社製 HL-28型 超平面ラップ盤

1956年　11月

機械試験所資料 第14号

機械試験所

東京都杉並区住吉町

Published by

The Government Mechanical Laboratory

Sumiyoshi-cho Suginami-ku Tokyo Japan

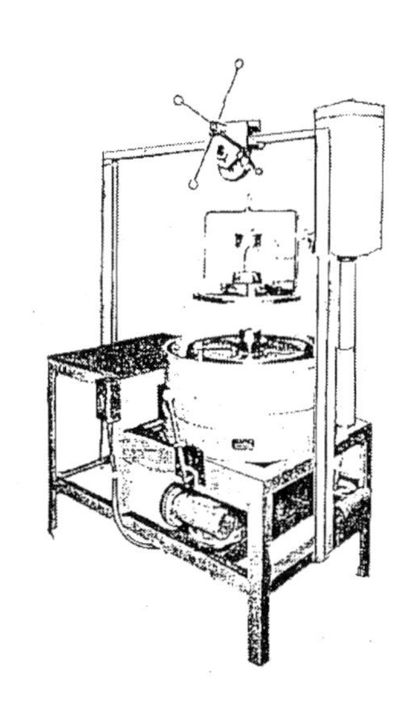

図1　国産ラップ盤のはじまり

* Hiroshi Sugishita　浜井産業㈱　技術部　部長

飛躍的に高精度，高能率が達成され，薄物加工が可能となった。近年になって3ウェイ機も開発され，水晶等の極薄物の高精度研磨加工が可能となってきている。

1950年代から1960年代はラップ加工が多く，布と微粉スラリーで化学的に表面のみ磨くポリシングは手作業か片面で最終押し付け研磨が多かった。1970年代に入って半導体用シリコンウェーハの研磨が行われるようになるとラップ，ポリシング研磨共に段違いの高精度を要求されて研磨加工も飛躍的に変化してきた。特にポリシング研磨で鏡面加工が要請されフルカバー，安全性に考慮した研磨加工機，高精度・高輝度用に新開発のパッド，スラリーが相次いで出現し，対応して全く新しい研磨法，研磨加工機が確立して来た。2000年代に入って200 mm，300 mm，450 mmとウェーハ径が大型化するにつれ研磨加工機も大型化してきたがコスト，リスクの面から中型機も大量に使用されている。表1に研磨加工機の一覧を，図2に研磨加工機の各種方式を示す。

表1　研磨加工機の特徴と用途一覧

片面 両面	駆動方式		モータ数	駆動軸数	特　　徴	主な用途
片面加工機	リング固定型		1	1	ワークを保持したリングを定盤上のある点に留め，定盤を回転させて片平面を研磨する法	水晶，金属，サファイア，SiC化合物
	遊星運動型		1	2	サンギアとインターナルギアで駆動されるリング又はキャリアの穴にワークを入れて上から重しを載せ片平面を研磨する法	同上
			2	2		
両面加工機	2ウェイ方式		1	2	非駆動の上，下定盤間にワークを入れたキャリアをはさんでサン，インタナルギアで自公転させる法	同上
			2	2		
	3ウェイ方式	インターナル固定型	2	3	インターナルギアを固定し，上下定盤とサンギアを駆動させてキャリア内のワーク研磨を行う法。 自公転比率は，サンギアのみで決定される。	水晶，金属，セラミック，AL，ガラス，シリコン，サファイア，SiC化合物
			3			
		上定盤固定型	2	3	上定盤を固定で密着性を良くして下定盤，サン，インターナルギアを駆動させ自公転をサン，インターナルギアで決定する法	同上
			3	3		
	4ウェイ方式		2	4	上，下定盤，サン，インターナルギアの4軸全てを駆動させ，4モータ独立駆動ではワークの上下面のラップ長を完全に一致させることができる法。	同上
			3	4		
			4	4		
	揺動型		3	3，4，5，	上，下定盤いずれか駆動型と，キャリア揺動型があり，遊星運動と異なる軌跡を作り出すことができる。	同上
			4	4，5，		
球面加工機	自在型		1～4	1～4	球面，非球面のレンズ磨き，ガラス磨きに用いられることが多い法	レンズ，ガラス

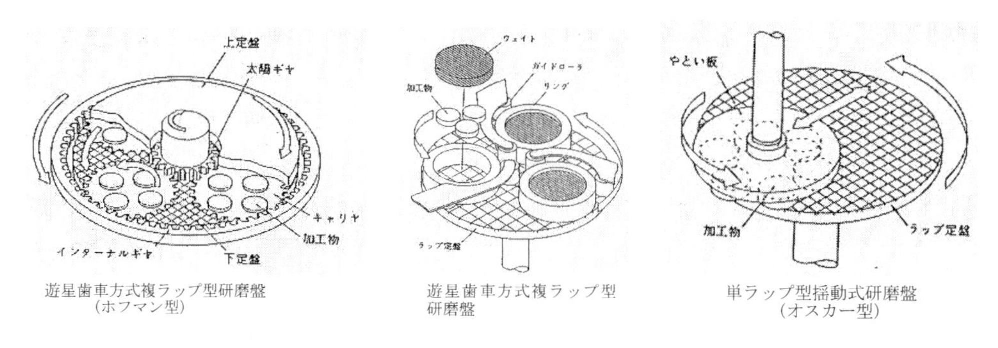

遊星歯車方式複ラップ型研磨盤（ホフマン型）　遊星歯車方式複ラップ型研磨盤　単ラップ型揺動式研磨盤（オスカー型）

図２　研磨加工機の各種方式

１.２　研磨加工機械の概要

表１で示したように研磨加工機械には両面加工機，片面加工機，球面加工機などがあり各々に特徴がある。近年は一度に多くのワークを加工するバッチ式の加工機が多く開発され，１ｍ角を越えるワークを加工する大型液晶フォトマスクガラス加工等では大型ガラス１枚のみ加工可能な枚葉加工機も出てきた。枚葉加工機は１枚ワーク内の内外周速差が出るためワークの精度維持が難で偏心量，揺動量，上定盤傾き量等を工夫している。

２　研磨加工機の特徴

２.１　両面研磨機

国産研磨機を始めた当初から両面研磨機があり現在もラップ，ポリシング共に最多量販機として一般的に使用されている。その概略構造を図３に示す。

モーター，プーリー，減速機，ギア伝達などで構成される駆動系と統括する制御系があり，パッド，ラップ用微粉末スラリー，CMP（化学機械研磨）用スラリー，各パーツの温度，流量などのモニタリング装置，高圧洗浄装置とワークを保持するワークキャリアなどで成り立っている。表２にワークキャリアの一覧を示す。各機械要素も新開発され改良が続いている。例えば下定盤の軸受けに油動圧軸受け（通称流体軸受け以下流体軸受け）を使用して振動減衰を良化し，ピンギアを用いて金属汚染を防止し，パッドの高圧洗浄でパーティクルを減少させるなどの方策が開発された。PL，CE対策でフルカバーも標準品となり輸出向けCE規格，Reach対応の機械も多くなっている。メインシリンダーに低摩擦シリンダーを用いて荷重反応を良くして再現性も高い。

シリンダー下部の定盤吊り部にユニバーサルジョイントを用いて定盤の密着性を良化させて高精度化の切り札としている。現在は，定盤冷却機構を持って熱剛性を高めて定盤変形を最小限に抑える工夫を行い同時にスラリーも冷却して加工部の偏熱を抑えている。サンギア，インターナルギアとワークキャリアとの関係を図４に示す。

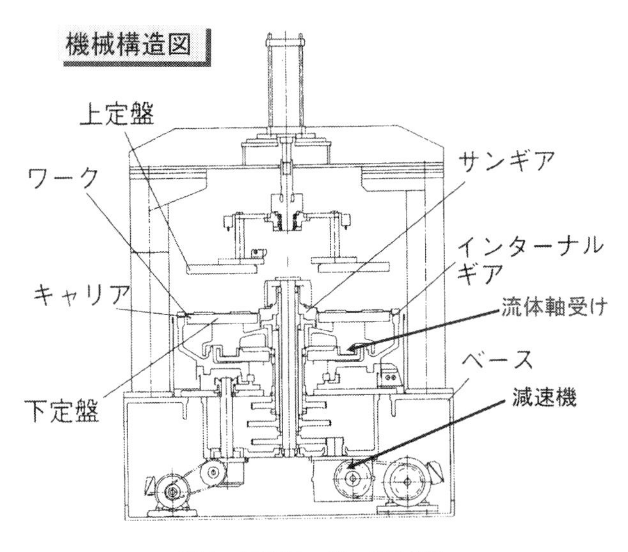

図3　研磨加工機の概略構造

表2　ワークキャリアの一覧表

呼称（型式）	歯形	歯数	圧力角	ピッチ円径mm	歯車外径mm
N55	M1.25	55	20°	φ68.75	φ71.25
3B	DP12	32	20°	67.73	71.96
4B	M2	50	14.5°	100	104
N70	M1.5	70	20°	105	108
5B	DP12	50	20°	105.83	110.06
9B	DP12	66	20°	139.69	143.92
7B	DP12	85	20°	179.91	184.14
8B	DP12	90	20°	190.49	194.72
9B	DP12	108	20°	228.59	232.82
12B	DP12	134	20°	283.62	287.85
13B	DP12	147	20°	311.14	315.37
15B	M3	128	20°	384	390
16B	DP12	200	20°	423.32	427.55
18B	M3	150	20°	450	456
20B	M3	170	20°	510	516
22B	M2.5	220	20°	550	555
24B	M4	152	20°	608	616
28B	M4	178	20°	712	720
32B	M5	162	20°	825	835
40B	M6	170	20°	1008	1014

M：モジュール（メートル表示）　DP：ダイヤメトラルピッチ（インチ表示）

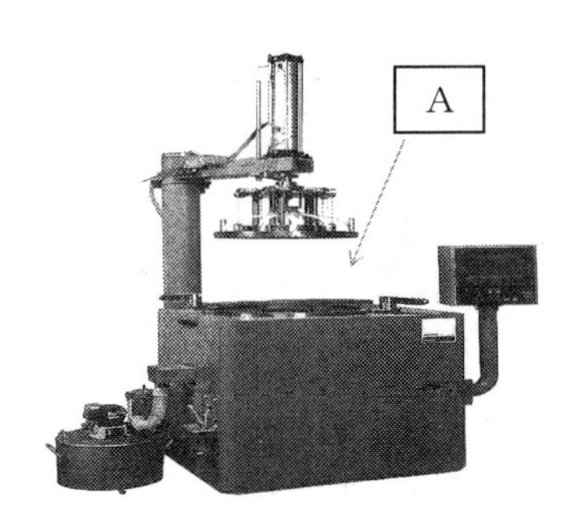

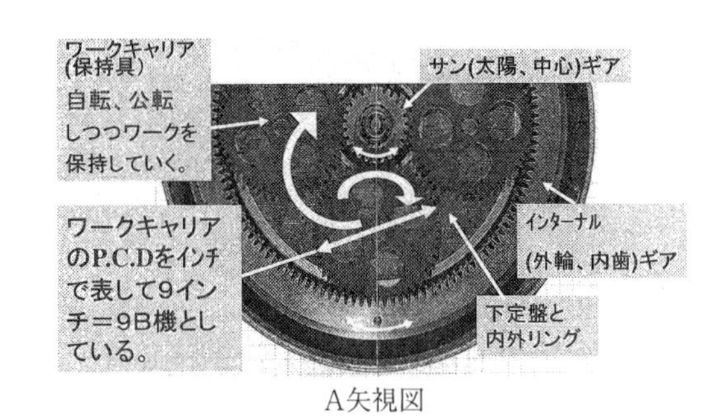

図４　サンギア，インターナルギアとワークキャリア

２.２　片面研磨機

片面機には，両面機にはない機構が３点程ある。特に代表的な機構として図５に銅定盤加工機の概要を示す[1)]。４ヘッドで各ヘッド毎に荷重制御可能で下定盤受けに冷却機構が付いている。銅定盤，錫定盤でサファイアやSiC等の硬い材料加工の際には，らせん溝にダイヤモンド粉を埋め込んでワークを削っていくために溝作り用フェーシング装置が具備されており，自動でらせん溝を彫ることができる。フェーシングバイトの進行速度と定盤の回転速度を同期させる必要があり，制御は難しいが均一な溝形状と表面を創り出すことができる。

また片面研磨機の特徴の１つにワークを貼り付けるMT（マウンティングプレート）とMTに荷重を与えるTP（トッププレート或いはトップリング）があり，MTとTPとの間に静圧軸受構造を用いて回転と荷重の分離を行い，均一荷重供与に成功して高精度化に寄与している。両面研磨機と異なる片面研磨機の最大の特徴は，ワークキャリアが無く，貼り付けたまま加工できるこ

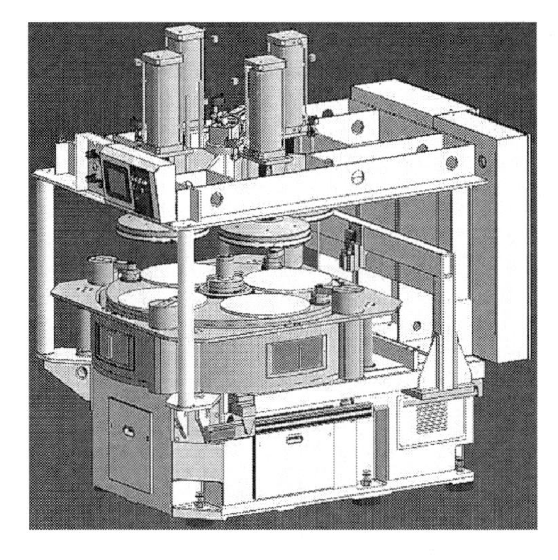

図５　片面研磨機（銅定盤）HS1200の概要

とから，最大荷重を両面機の倍～10倍程度までかけることができることにある。そのため加工発熱が大きく，片面研磨故の反り，曲りを如何に抑えられるかが設計のポイントとなる。例えば銅定盤でサファイアを加工する場合ダイヤの径を６μm，３μm，１μm，0.5μmと徐々に小さくして表面性状を良くしていく手法が一般的であるが，CMPと組み合わせることでダイヤ加工の一部をカットしてコストダウンしているメーカーもある。片面加工ではワーク貼り付けの効果で荷重を両面加工よりも数倍かけられるが，押し付け過ぎれば反りや発熱による定盤形状変化の問題が出て来る中で定盤，スラリーの冷却効果で高精度化とコストダウンを両立させている加工メーカーも複数ある。

2.3　研磨加工機の色々

初期の２ウェイBT機（B：設計記号，T：Twoウェイを表す）から，３ウェイBN機（B：設計記号，N：NEW）や４ウェイBF機（B：設計記号，F：Fourウェイ）や枚葉機の例を写真１に示す。最多量販機としては水晶，SiC，GaN関連に用いられる９B～13Bクラスやガラスディスク，セラミック関連に13B～24Bクラスが使用され，シリコンウェーハ関連に20B～32Bクラスが用いられて液晶フォトマスク関連に52B～74Bと枚葉機が用いられている。高精度重視ではBN機が，高能率重視ではBF機が適材適所で用いられている。サファイア加工機では１P（粗仕上げポリシング）に両面４ウェイ機が，FP（仕上げポリシング）には片面機が一般的に用いられている。

3　色々な研磨加工機と設計仕様書

研磨加工機の設計最初に設計仕様書を作り，加工するワークに対応した機械の概要，コンセプトを明らかにして決定していく。その中で安全対策にどこまで留意するか，コストとの兼ね合いを考慮した研磨加工機を設計していく中で最終的に仕様を決定する。また計算式として内部伝達機構の基本計算を行う。この基本計算によって機械のパワー全体と減速比率から機械の動きがほぼ特徴づけられる。必要最小限のパワーと最適減速比率を選ぶことで使用し易い研磨機の設計ができる。表３に研磨加工機を設計する際の計算例を示す。

3.1　ラップ盤，ポリシング盤とCMP（ChemicalMechanicalPolishing）

ラップ盤とポリシング盤は，機械構造的には大きな差はないがポリシング盤はラップ盤より研磨抵抗が大きいためモータ馬力大にしており，仕上げ用に各機械要素にフッ素コーティングを施し金属汚染対応，コンタミネーション（汚染）対応などを施すため一般にポリシング盤の方が高価である。ポリシングの最終仕上げとしてCMPがある。ラップ用定盤はFC，FCD鋳鉄が多く溝を切って溝を伝わったラップスラリーが均一に拡散する様考えている。図６にラップ定盤の溝例を示す。ポリシング盤ではPADを貼るために溝の無い平滑定盤で錆対策のSUS定盤や熱対応の低熱膨張定盤を用いることが多い。

(a)4BT2ウェイ両面ラップ盤

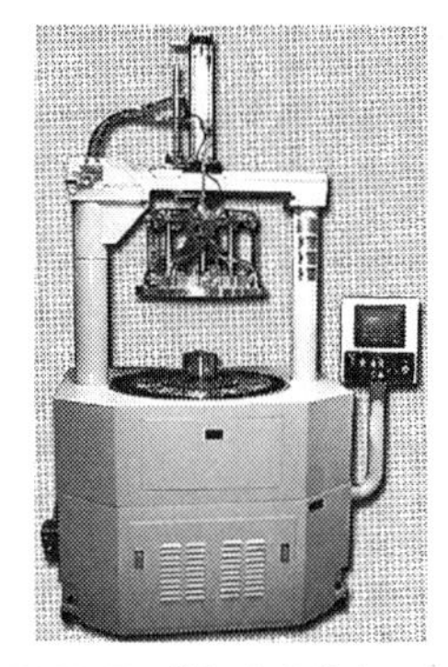

(b)9BN/BF 両用両面ポリシング盤

(c)16BN 両面ポリシング盤

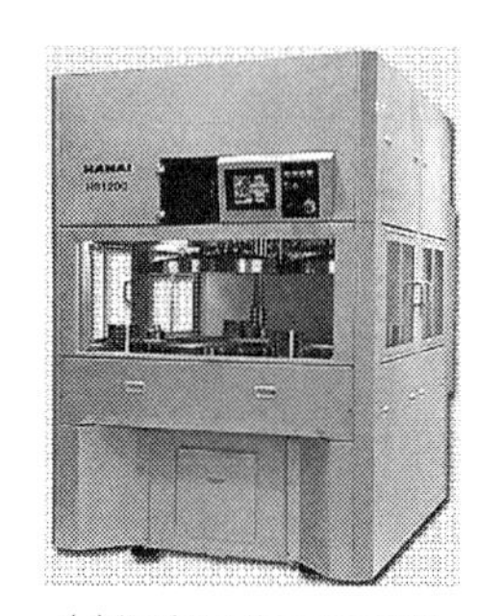

(d)銅定盤片面加工機

(e)32BF 両面ラップ盤

(f)66BN 両面ポリシング盤

写真1　色々な研磨加工機(a)〜(f)

これらのラップ定盤溝は，各々に特徴がありラップスラリー溝からの砥粒拡散を良くするためとワークとの相性によって種々使用されて来たが，溝加工コストとワークの接触面積から直交溝とひし形溝が一般的に用いられている。薄物の水晶などでは，円周放射溝が欠け，割れ対策で良く用いられ有効とされている。らせん斜め溝は，高回転加工時のスラリー放散を少しでも内側に食い止める方策として用いられている。

表3　研磨加工機の基本設計計算例

呼称(型式)	単位	計算式	研磨機例	備　考
ワークサイズ	mm		ϕ96×ϕ25	
ワーク面積	cm^2		66.0	
投入枚数	枚		90	
単位面積当た地の荷重	g/cm^2		150	
ｷｬﾘｱ中心までの距離	m		0.536	
摩擦係数	μ		0.40	
機械効率			0.70	
モータ側プーリ	mm		150	
減速機側プーリ	mm		265	
減速機減速比			10.33	
小歯車数	枚		50	
大歯車数	枚		100	
モータ回転数	min^{-1}		1,750	
定盤寸法　外径	mm		1,504	
内径	mm		452	
周速	m/min	定盤回転数×定盤外径×π/1000	226	
減速比			0.02740	
下定盤回転数	min^{-1}	モータ回転数×減速比	47.9	
加工荷重	kg	ワーク面積×ワーク枚数×面圧	891.0	
加工トルク	kgf	加工荷重×摩擦係数×キャリア中心までの距離	191.0	
モータ換算トルク	Kw	加工トルク×減速比/機械効率	7.5	
モータ換算出力	Kw	モータ換算トルク×回転数/974	13.4	
無負荷消費電力	Kw	電圧×1.732×電流×効率	4.4	電圧・電流値(経験値)
必要モータ出力	kw	モータ換算出力＋無負荷消費電力	17.8	

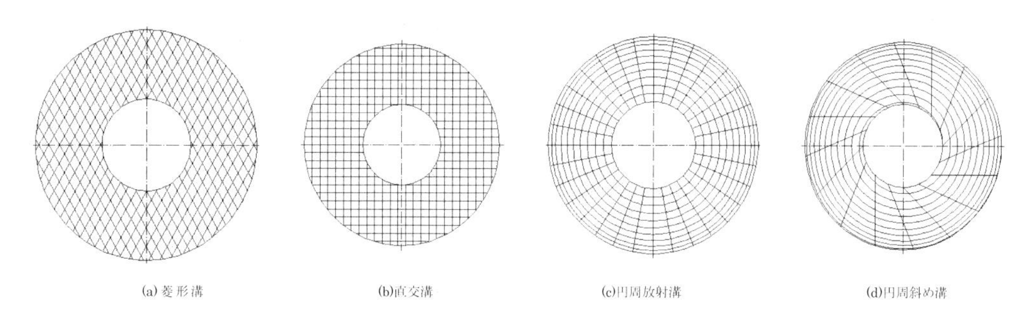

図６　ラップ定盤の溝例(a)〜(d)

4　研磨機械の内部機構

両面研磨機の内部機構例を図７に示し，片面研磨機の内部機構を図８に示す。
研磨機の内部機構として特徴的な流体軸受けとワークキャリア駆動ピンを解説する。

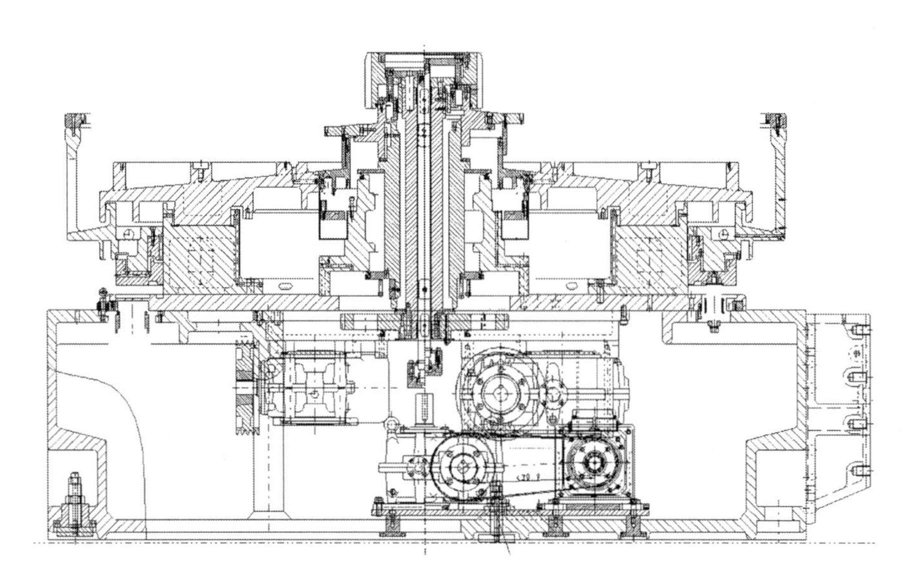

図７　両面研磨機の内部機構例

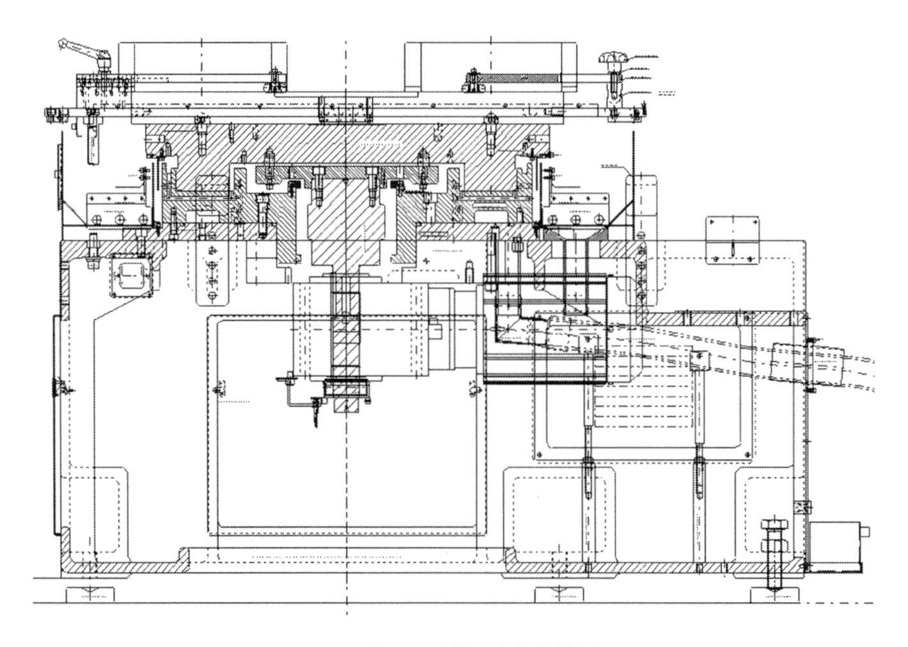

図８　片面研磨機の内部機構例

4.1　流体軸受け

高調波の微振動を最も嫌う研磨機としては，下定盤の受けとしてチッピングの起きやすい転がり軸受けではなく，流体に浮かせた形の流体軸受けの方が研磨機に適した軸受け機構となっている。流体軸受けには静圧軸受けと油の粘性を効用した油動圧軸受けとがある。現代の３ウェイ，４ウェイ機には，自身の回転で自動的に平面化を促す油動圧軸受けが最適と考えられている。乱流を抑える為の工夫や油の配管，流通回路に面倒さが残るものの薄物，大口径の研磨加工に実績を多数残している。油動圧軸受けの最大のメリットは，経年変化がほとんど無いことにある。ころがり軸受けでは，年月が経過するとどうしても摩擦，摩耗によるチッピング筋がベアリング内に発生し微振動が起きてくる。油流体軸受けでは断続的に新油を滴下するだけで初期のうねりを保って微振動が無い。図９に油流体軸受け機構の概要を示す。

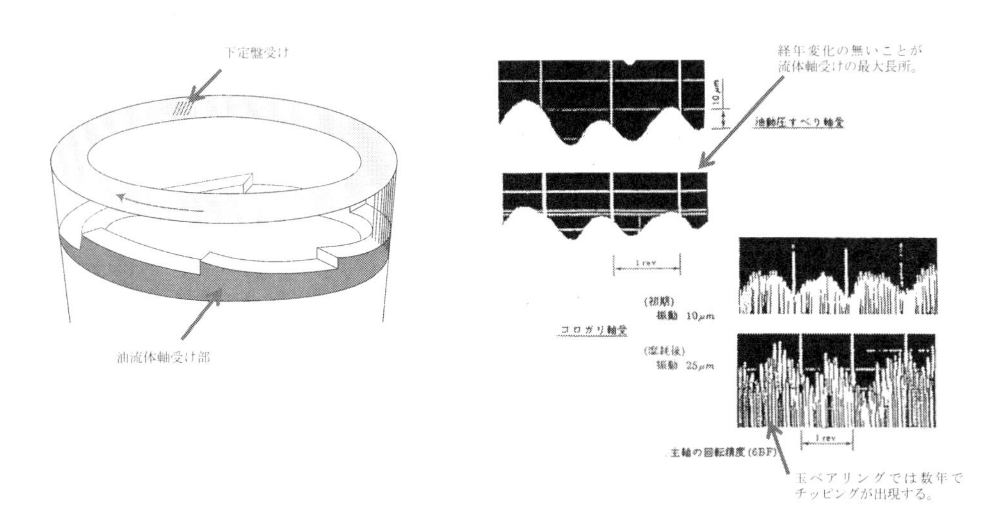

図９　油流体軸受け機構

4.2　ワークキャリア（ワーク保持具）駆動用ピン

サンギア，インターナルギアの歯については，ラップ盤の成立当初から歯形，かみ合い角度などが問題となって，種々の改良が加えられてきたが，消耗してきた際には全取り替えが基本で半年～１年程度毎にサンギア，インターナルギアも共に交換しており，コストがかかっても連続ころがりの良さを重視して歯車として用いてきた。現代では鉄類の金属汚染を嫌がる業種が増え，樹脂でピンギアを構成し，サンギア，インターナルギア共に樹脂ピンで簡単に交換できる方式が増えてきている。

ワークを保持して自転，公転しつつワークの内部連れまわり回転させるワークキャリアも各ワーク毎にノウハウを入れてキャリアを作っている。特に歯形形状，ワークとキャリア穴の隙間，ワーク穴の偏心量などに工夫している。写真２にピンタイプのワークキャリアを示す。

樹脂ピン

ピンタイプキャリア

写真２　ピンとピンタイプワークキャリア

これまでの歯形は，インボリュート歯形の圧力角20度，モジュール仕様が標準で，そこから派生してラップでは摩耗を考慮して高歯とし，小型機では，回転のスムーズさからD.P（ダイヤメトラルピッチ）12を用いていることが多い。

ラップでは，ワーク穴の定盤からのオーバーハング量が大きく精度に影響することがわかっており，ワーク面積の５～10％程度のオーバーハング量をとっている。また，ポリシングでは，ストップマークが付くことを嫌ってオーバーハング量は，０か１mm程度が一般的である。構成当初は，軽く回転してキャリアに負担がからない状態で非常にコストパフォーマンスに優れたピンもしばし量産加工に用いると固着してピンが回転しなくなり，歯車と同じ摺動回転となって連続回転ではむしろ歯車の方がスムーズとなることが多く，頻繁にピンの交換が必要となって来る。ピンギアの計算は，基本はチェーンの計算式を応用して計算される。特にピンとキャリア歯とのかみ合い時に底当たりが出てくるため，干渉チェックが必要である。また定盤の傾きに追従してスムーズに上定盤を動かす部品で構成され，研磨加工中に下定盤に上定盤が追随して動く事で加工時合致を良くして高精度化を図るもので古来より何種類ものジョイントが開発されて来た。図10に重要要素の各種ユニバーサルジョイントの例を示す。

ユニバーサルジョイント各々に特徴と適した加工ワークがあり，研磨機としても使い分けて用いている。現在は，リングジョイントの４ウェイ機と１本ワイヤー吊りによる３ウェイ機が一般的となっている。１本ワイヤー吊りによるユニバーサルジョイント（通称フレキシブルジョイント）の方が密着性が良いが，加工レートが落ちるため，いかに上定盤を全方向に柔軟動作させることができるか，ワークに密着した動きができるかを競って開発されてきた。上定盤の水平中心位置に限りなく近い位置に装填させることで追随性が良くなることが原理的に判明しており，スペース内でできる設計に腐心してきた経緯がある。

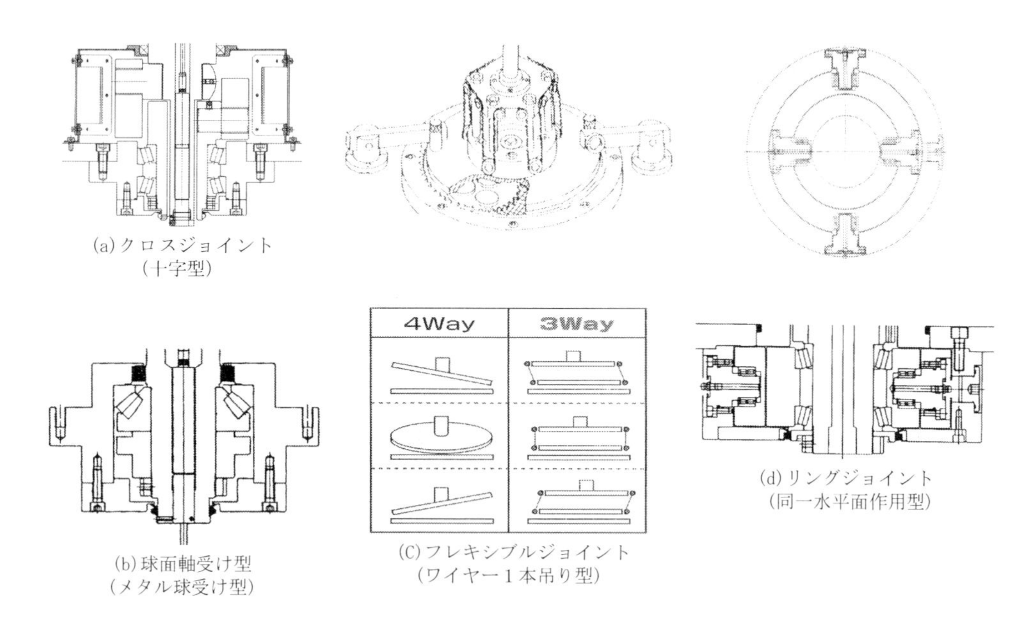

図10　各種ユニバーサルジョイント(a)〜(d)

5　ラップの修正法

ラップ定盤は，加工していく内に摩擦摩耗が漸次進行していき，内外周の周速差からも摩耗が進み，定盤形状が変化していく。ある程度以上変形して上下定盤の合致が悪くなると，ワーク精度が悪くなり，表面粗度も荒れてくる。シリコンウェーハを40バッチ〜100バッチ程度加工すると修正キャリアを入れて定盤修正を行うが，現状の定盤精度を確認して上下定盤の合致を良くする方向でそれを修正し，少なくとも定盤の半径幅で上下定盤の合致が良くなるように行う。

遊星歯車運動の自転と公転の向きに留意してキャリア内周側と外周側での速度差と下定盤速度方向との加減を計算することで内，外をより多く削れる自公転を定めて修正を行う。図11にラップ修正原理を示す。

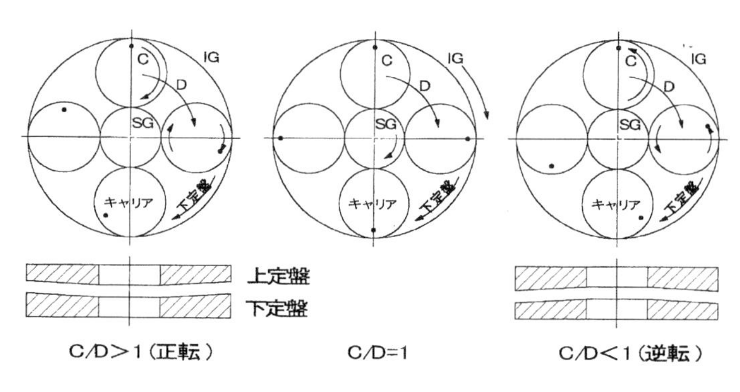

図11　ラップ修正キャリアと修正原理

6　ポリシングの修正法

ポリシング用D. P（ダイヤペレット）或いはダイヤ電着修正キャリアを図12に示す。

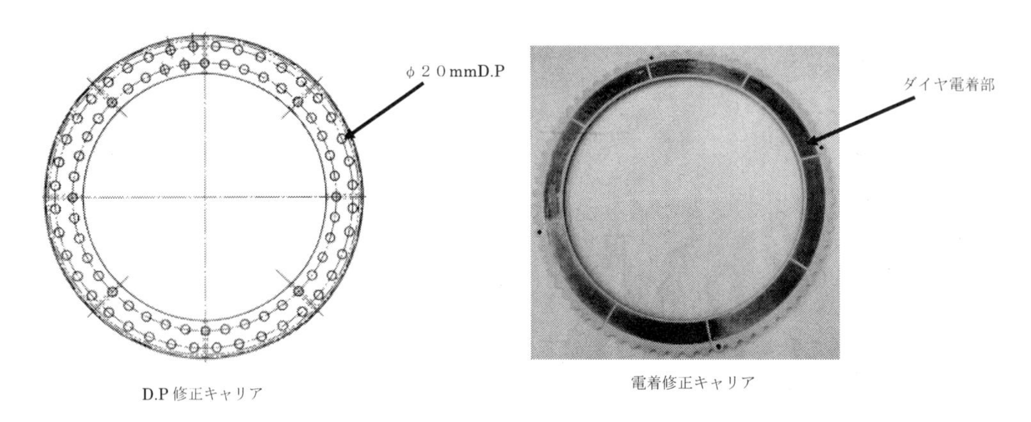

図12　ダイヤ電着修正キャリアとD.P（ダイヤペレット）修正キャリア

7　300 mm，450 mm シリコンウェーハ加工機の設計

7．1　300 mm ウェーハ加工用ラップ盤

1995年頃から300 mm ウェーハのラップ加工が始まり，大型ラップ加工機が開発されて来た。写真３に32Ｂ大型ラップ盤を示す。

写真３　32Ｂ大型ラップ盤

(1) 大型研磨機設計の概略構想

① 設計する機械のコンセプト（概念）を作る。たとえば

- 仕上げ磨きで表面粗度を１Å以下とするポリシング機
- 高精度，高能率達成の為に振動減衰良化，コンタミネーション（微小屑，汚染）の減少，定盤形状最適化を達成する機械
- 安全にも最先端の配慮を行っている機械をイメージして研磨機を設計する。

② 実際に加工するワークに合わせて，回転比率，減速比，モーターパワーなどを計算する。

この中で特に重要なのが実際の加工時必要動力を念頭に置いてワークに対する荷重，回転数の前提条件を設定することでその設定に対してモーターパワー，減速比などを決定していく。安全率を1.2〜1.5以上にとるのが一般的である。

③ 安全に対する設計

現代の研磨機では，安全設計を第一に検討する必要がある。PL，UL，CE，REACHなどの各企画に適合する機械作りが求められ，そのためにフルカバーから始まって上定盤の両手起動，二重検知のカバードア，上定盤落下防止二重受け構造などを設計する必要がある。例えばフルカバー仕様でもカバードアの前に人を検知して機械停止することのできるカーテン検知センサー付で二重安全とするか上定盤が上昇限になければドアーが開かないなどの対策が必要となって来ている。

7.2　二重安全対策

① カニはさみ式上定盤落下防止装置

研磨機の上定盤は，最大の危険物で，安全の為の落下防止装置が必要である。

シリンダーシャフトには，落下防止アームが付いているが，二重安全対策として上定盤そのものの落下防止をカニはさみ式のL字板で支えている。図13にカニはさみ式安全装置を示す。

② 天板のてすり

メンテナンス用に研磨機の天板を人が乗れるように剛性のあるものとして設計し，人が乗った際の安全の為に天板に手すりを付けている。労働安全衛生規則[2]にある高さ850 mm以上の手すり

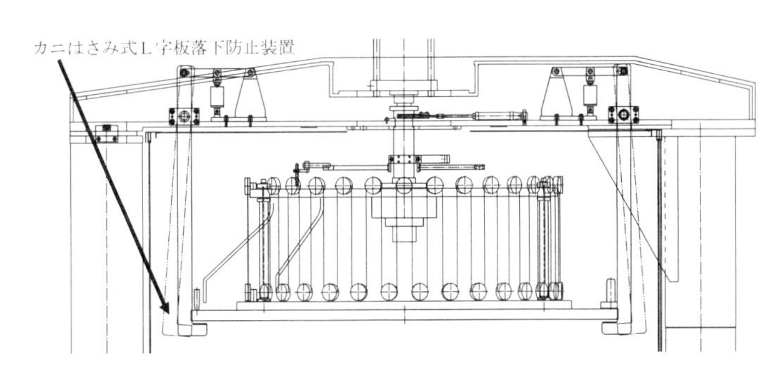

図13　カニはさみ式L字板

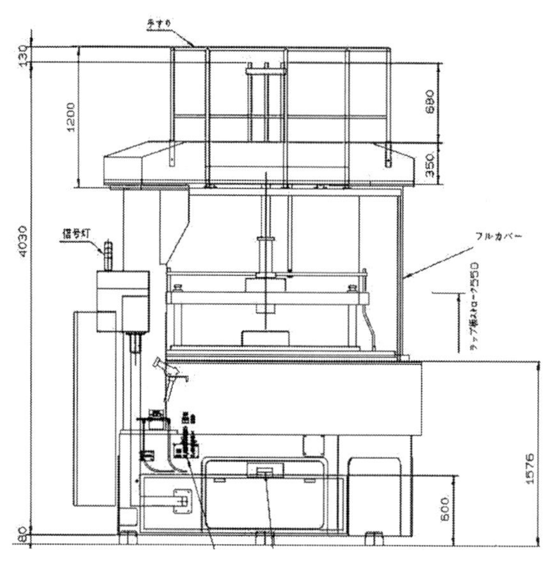

図14　天板てすり

としている。図14に天板手すりを示す。

③　MSDS（MaterialSafetyDataSheet物質安全データシート）

研磨機に限らず，スラリー，パッドなどでも要求されるのがMSDSである。研磨機の場合は，定盤に鉛などがまったくのゼロではないため，有害物質の内容を書くよう要請が来る。各ユーザーの要求，仕様に従ってMSDSを定盤メーカー，ベアリングメーカー，モータ，ベルトメーカーへ安全を確保したシートを要請し，諸々の購入品を調査して研磨機として集めたMSDSを一括提出している。図15に定盤のMSDS例を示す。所謂危険物質は混入していないことを示すために新規のユーザーには毎回提出している。

また地震対策として水平方向，垂直方向の衝撃を計算して機械のベース部分にL板を付けて2011年３月の東日本大震災級でもずれをを最小限にするためにアンカーボルト補強をこれまで以上に施している。図16に地震対策アンカー補強の計算例と設置例を示す。

地震荷重の計算例　機械重量：230 KN　重心：1.08 m とする。

水 平 震 度：KH＝0.408（水平最大加速度400 GAL とする）

地震水平力：Q＝KH×W＝0.408×230＝93.9 kN

鉛 直 震 度：KV＝0.204（鉛直最大加速度200 GAL とする）

地震鉛直力：N＝KV×W＝0.204×230＝47.0 kN

地震の水平力Q＝93.9 kN より４点ストッパーで支えるとしてストッパー１点に作用するせん断力は，

Qx/4 ＝23.5 kN

X 方向地震時　せん断力QX＝23.5 kN からSUSのA2-70ボルトを 3-M16として使用すると

有効断面積 $Ae = \pi / 4 \times 16^2 \times 0.75 = 150\,mm^2$

せん断応力度 $\sigma t = Qx / (N \cdot Ae) = 23.5 \times 103 / (3 \times 150) = 53\,N/mm^2$

ボルトの許容応力度 $Fs = 259.9\,N/mm^2$ よりFsより小さく適応可となった。

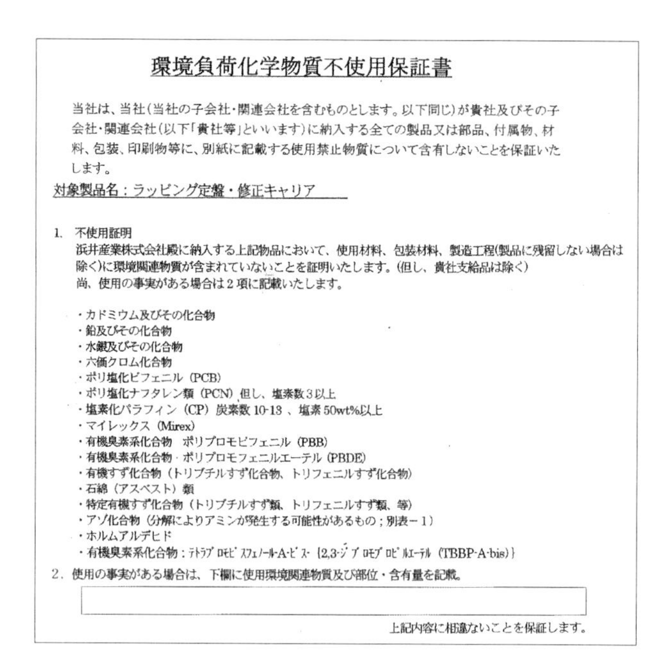

環境負荷化学物質不使用保証書

当社は、当社(当社の子会社・関連会社を含むものとします。以下同じ)が貴社及びその子会社・関連会社(以下「貴社等」といいます)に納入する全ての製品又は部品、付属物、材料、包装、印刷物等に、別紙に記載する使用禁止物質について含有しないことを保証いたします。

対象製品名：ラッピング定盤・修正キャリア

1. 不使用証明
浜井産業株式会社殿に納入する上記物品において、使用材料、包装材料、製造工程(製品に残留しない場合は除く)に環境関連物質が含まれていないことを証明いたします。(但し、貴社支給品は除く)
尚、使用の事実がある場合は２項に記載いたします。

・カドミウム及びその化合物
・鉛及びその化合物
・水銀及びその化合物
・六価クロム化合物
・ポリ塩化ビフェニル (PCB)
・ポリ塩化ナフタレン類 (PCN) 但し、塩素数３以上
・塩素化パラフィン (CP) 炭素数 10-13 、塩素 50wt%以上
・マイレックス (Mirex)
・有機臭素系化合物　ポリブロモビフェニル (PBB)
・有機臭素系化合物 · ポリブロモフェニルエーテル (PBDE)
・有機すず化合物（トリブチルすず化合物、トリフェニルすず化合物）
・石綿（アスベスト）類
・特定有機すず化合物（トリブチルすず類、トリフェニルすず類、等）
・アゾ化合物（分解によりアミンが発生する可能性があるもの；別表－１）
・ホルムアルデヒド
・有機臭素系化合物：ﾃﾄﾗﾌﾞﾛﾓﾋﾞｽﾌｪﾉｰﾙ-A-ﾋﾞｽ-｛2,3-ｼﾞﾌﾞﾛﾓﾌﾟﾛﾋﾟﾙｴｰﾃﾙ (TBBP-A-bis)｝

2．使用の事実がある場合は、下欄に使用環境関連物質及び部位・含有量を記載。

上記内容に相違ないことを保証します。

図15　MSDS安全シート例

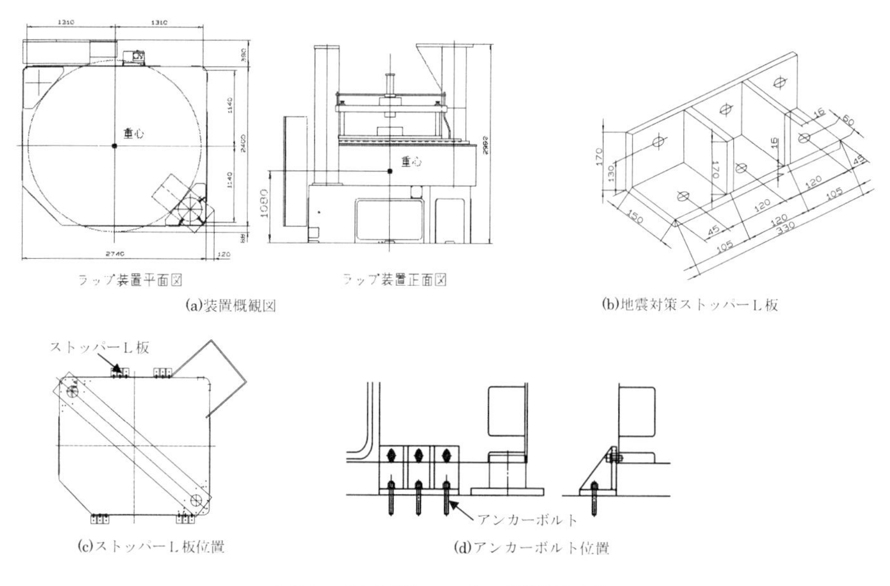

図16　地震対策アンカー補強設置例

7.3　450 mmシリコンウェーハ加工用ポリシング盤

2012年時点では未確定であるが，450 mmシリコンウェーハの大量生産時代がやって来ることを見越して450 mmシリコンウェーハのパイロットライン作りも盛んに行われ，研磨加工サンプル作りも各メーカーで行なわれている。特にポリシング加工が主となるため，DSP（Duoble side polishing）加工機も開発されている。写真4に32 BF-DSP機を示す。フルカバーで接液部には，フッ素コーティングを施し，高圧洗浄装置も標準的に具備し，できる限りのパーティクル対策，金属汚染対策を備えている。

32 BFクラスでは，300 mmウェーハが20枚／バッチ，450 mmウェーハでは1キャリア1枚でワーク5枚／バッチの生産可能となっている。1キャリア1枚ワークでの高精度化を目指して各メーカー共にノウハウを駆使して達成しようとしているが，原理的に加工後のワークがそろばん玉になりやすく，定盤，PADの形状作りが重要となっている。

写真4　32 BF-DSP機

7.4　450 mm時代の研磨加工機と研磨加工との整合

研磨加工機としてウェーハ研磨加工と整合する為の条件が以下のように5つある。

①　両面機での上下定盤の加工時合致

静置時の上下定盤の合致と，実加工時の合致とは発熱の度合いなどで大きく変化することがある。最多量産加工機では上下定盤あるいはPADで全面合致させようとして各機種毎の発熱時の挙動を確認し，対応形状を推測して作り出している。

② 発熱対応

定盤冷却，スラリー冷却，下定盤受け部の冷却，流体軸受け部の冷却などの方策を施していく。各部冷却用チラー冷却器の温度制御も重要となる。空運転開始後，下定盤の外周が盛り上がることが確認されているような時チラー冷却，スラリー冷却の制御で下定盤の動きが変化することもあり，定盤の作り込み時に検討して変化を最小限に抑えるように冷却していく。

③ 振動対策

研磨加工では，振動を最も嫌うが研磨加工の中ではポリシング加工そのものが振動の最も出やすい加工法であり，古今東西を問わず研磨加工時の振動対策で改良，開発が進んでいる。振動対策の最有力事項が定盤，定盤受け，ベースなど主要部材を振動減衰の良い鋳鉄で製作することであるが，防錆，金属汚染対策との兼ね合いで振動減衰の悪いステンレスを多用せざるを得ない状況があり，リブを付けるなどの剛性増でしのいでいる。また耐振樹脂，ゴムなどの素材も多用することで耐振性を上げる工夫を行っている。

④ 盤の動き

シミュレーションの元として加工時を模して定盤地金表面を50℃程度で加熱することで加熱前後で約20～30 μm程度の動きが観察されている。定盤の動きには，荷重，回転数，チラー温度，スラリー温度，流体軸受け部の発熱などパラメータが多く存在し，複雑な動きを行う。図17にラバーヒータによる加工発熱模擬実験の方法を示す。

⑤ 450 mm時代の研磨加工の課題

１バッチ５枚（１枚／１キャリア）の450 mm加工では，定盤幅，パッド幅の真ん中が早めに摩耗してワークがそろばん玉になりやすい。その為定盤形状を10～20 μm程度中高としておくなどの対応をとり定寸機能も300 mmとは異なる制御が必要でワークの配列，定寸センサーの配列などの改良をしている。

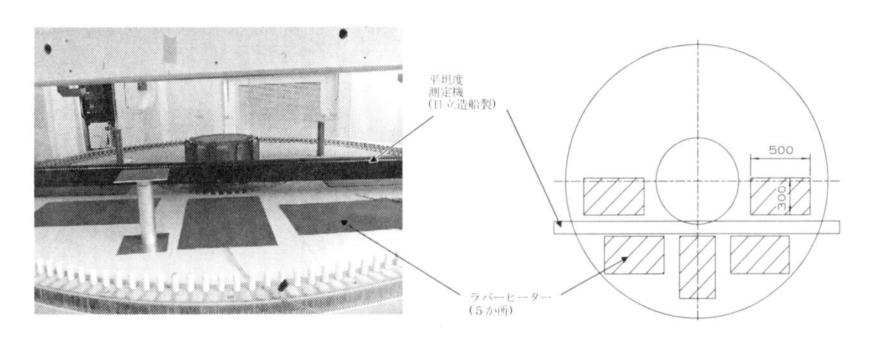

図17　加工発熱の模擬実験とラバーヒーター配置図

8　各分野の研磨加工機

8.1　ガラスディスク，サファイア加工機

ガラスディスクの研磨加工では，近年ディスク容量が大幅にアップしたことに対応して加工法が劇的に変化している。以前は両面ラップ，両面ポリッシュの２工程だけだったが，両面ダイヤタイルラップ加工あるいは砥石ラップ加工で飛躍的に高能率を達成し，両面ポリシングでもアルカリ洗浄を酸洗浄に変えて表面粗度を１段と上げてディスク容量アップに対応して来ている。特にHDD業界の再編で数社に統合され，限られたユーザーのみが大量生産によるコストダウンと技術革新に取り組んでおり，容量拡大が新開発の研磨法を加速させている。また，パソコンが主であった用途もスマートフォン・携帯，タブレットPCやビデオカメラ，テレビパソコンなどにも使用されることでHDDの用途が拡大し，ガラスディスク研磨加工機も強酸対応，金属汚染対策などシリコンウェーハ並みの対応が必要となって来ている。ガラスディスクに数年遅れてLED基板としてサファイア，自動車用パワー半導体としてSiCが隆盛し，同じような工程を踏んでおりサファイア，SiC加工機も新規開発が進んだ。2012年時点でのサファイアの加工法と使用機械を図18に示す[1)]。この工程に即した研磨加工機があり両面加工機と片面加工機が各々特徴を生かして加工している。硬度が高いことからパッド，スラリー共に高荷重，高回転を使用できる材質が開発され，研磨加工機もそれに対応して銅定盤仕様，錫定盤仕様，定盤冷却仕様などで熱剛性増，高荷重対応，振動改良が行われた。図18にサファイアの工程例を示す[1)]。

サファイア加工機は，片面機も両面機も機械剛性が必要で回転，荷重を最大限に使用するため，発熱が大きいことから基本的に定盤冷却を行っており，定盤内にプール型と言われる程の冷却水たまりを作り，相当なポンプの圧と流量で最大で30度～40度も上昇する加工熱をとるように設計されている。冷却水プール容積L＝6.626 Lとして54℃→22℃に１時間で下げる必要冷却能力Qkw

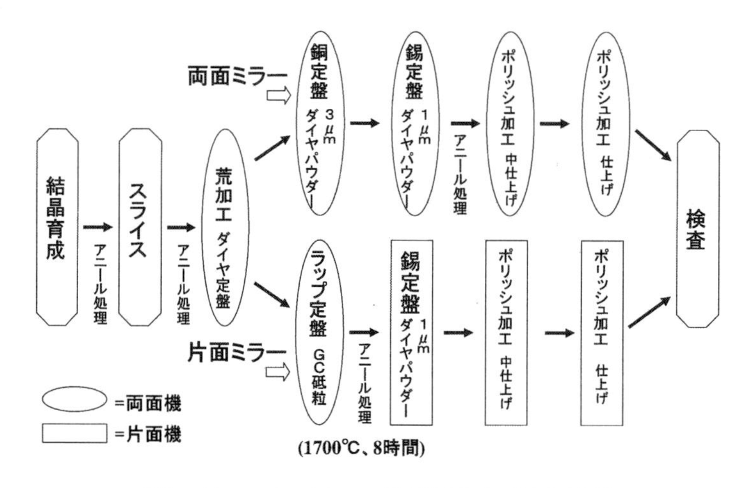

図18　サファイアの加工工程例と両面，片面研磨機

の計算例は

$$Q=\frac{W\times C\times(t2-t1)}{H\times 860}=\frac{6.626\times 4.18\times(54-22)}{1\times 860\ \text{（オリオンチラーH.P計算例より）}}=1.031\,\text{kw}$$

Q：熱量kw，W：重量kg（容量L×比重），C：比熱kcal/kg℃，H：hr

サファイアの研磨加工では，時とすると室温より30度以上上昇することもあるため，熱計算を必ず行って加工熱の除去，発散に工夫をこらしている。

8.2　水晶加工機

水晶は，厚みに反比例して高周波数となる振動を持っており，それを利用して携帯などの周波数割り当てをさばいているため，国内では高付加価値を付けるために70 MHz（t＝23.8 μm）～ごく薄い100 MHz（t＝16.7 μm）を加工する機械も開発されている。30～50 MHz帯が一番大量生産されているが，研磨機械さえあれば韓国，中国東南アジアなどで安価に量産できるため，国内企業も現地で生産しており，国内工場では薄物に挑戦して技術的優位が生きる分野で勝負をかけている。研磨機も薄物対応で小型，振動少，回転ムラ無しで100 g単位の荷重制御可能の機械を開発し，t＝15 μm以下のワークキャリアの歯が荷重に耐えられる機械作りを行っている。2012年現在でt＝10 μm以下のワークキャリアで11 μm厚み（150 MHz）の水晶を両面加工機で作り上げている。

8.3　液晶フォトマスクガラス加工用大型ポリシング加工機

液晶ガラスはほとんど研磨加工不要であるが回路図を載せるためのフォトマスクガラスは，高純度石英ガラスで高精度加工が必要とされ，大型研磨加工機で加工されている。液晶ガラスとフォトマスクガラスとのサイズ対比を表４に示す。フォトマスクガラスも第８世代からは１m角を超える大きさとなって加工機も大型化してきた。以前はオスカータイプの片面機で１枚を片面ずつ仕上げる方式で時間も手間もかかる割に精度が出にくかったが，大型加工機の出現で第８世代は，両面加工で４枚／バッチ生産可能となり片面機の８倍の能率となって一気に量産化できた。第９～11世代は，両面枚葉機で加工可能となり高精度化が可能となってきている。１枚加工故の内外周速差によるそろばん玉になりやすいワークを如何に精度良く加工するかなど課題は多い。写真５に大型両面研磨機66 BNとそのサイズを示す。

9　自動化

以前から遊星歯車運動を行うラップ，ポリシング工程では，２度と同じところを通らない軌跡比率を選ぶことから位置決めが難しく，自動化が遅れていたが半導体工程などの自動化対応を前提としてライン構成を行っている部門でも自動化の要請が強く，種々の自動化が試みられてきた。数年前からセンサー，カウンターの能力が飛躍的に良くなり，研磨中の全ての軌跡を後追いできるようになって位置決め，自動化が可能となった。まだ本機よりも自動化装置の方が高価という

表4　液晶ガラスとフォトマスクガラスのサイズ対照表（メーカーにより多少違い有）

世　代	フォトマスクサイズmm	発達年	液晶ガラスサイズmm
第11世代	1700×2000	2011年	3150×3300
第10世代	1400×1600 1620×1780	2010年	2800×3050
第９世代	1300×1500	2009年	2400×2800
第８世代	1220×1400	2006年	2160×2460
第７世代	850×1200	2005年	1870×2200 1950×2250
第６世代	800×920	2003年	1500×1800 1600×1850
第５世代	520×800 800×920	2002年	1000×1200 1150×1300
第４世代	500×760 620×800	2000年	680×880 730×920
第３世代	390×610	1995年	550×650 550×670
第２世代	330×450	1993年	360×465 410×520
第１世代	330×450	1990年	300×350 320×400

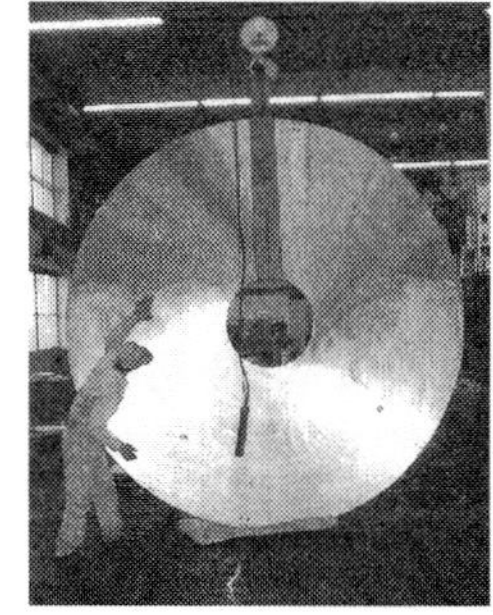

定盤径：ϕ4000 mm
機械サイズ：約７m×約7.5m
機械重量：約75 ton
最大ワーク：1200×850 mm
ワーク数：４枚／１バッチ

写真５　大型両面研磨機66Ｂ

こともあって2012年時点では半導体関連の生産ラインとガラスディスクラインの一部程度にしか普及していないが，今後より安く，確実な自動化が達成されると思われる。

自動化の難要因として位置決めの他に，ワーク加工面を触りたくないということがある。そのためにガラスディスクやフォトマスクなどでは，エッジ面の面取り角度に合わせた取り出し爪を作って持ち上げる方式が生まれ，あるメーカーではワークキャリア毎交換させて，後でキャリアからワークを取り出す方式などを工夫している。

また，自動化ができるようになって高圧洗浄装置も自動化が進み，全自動で高圧洗浄を行うことが可能となった。ラップでは１直に１～２回程度，ポリシングでは基本的に毎バッチ毎に高圧洗浄を行うようになって，表面品質が格段に良化してきた。噴射圧は10 MPaが普通となって一度の洗浄でほぼ全面洗浄されるが，高圧なだけに周囲への飛散も大きな問題となり，フルカバー仕様も必須となって来た。カバーも以前の見てくれだけ良い物から実質にカバーとして高圧にも耐え得るものとなった。

２度とワーク軌跡が同じ所を通らないことを強みとして定盤の均一化を図ってきた経緯からキャリア，ワークの位置決め難のために自動化が困難とされて来たが，自動化の試みの中で近年に位置決めができるようになったのは，画像処理センサーの高精度化とモータ回転数検知のパルスの正確さと１億以上のパルス処理を行うことが可能なCPUの高機能化が一緒になったことで遊星歯車運動でも自動化が完成されて来た。今後も自動化は必須となるため，各研磨機メーカーとも自動化対応の機械を作って行く必要があると思われる。

10　今後の研磨加工機

10.1　砥石研磨加工機，球面研磨加工機，テープ加工機について

これまで述べて来た平面研磨加工機以外にも色々な分野で用いられている研磨加工機がある。砥石研磨加工機は，ラップ盤のラップ定盤の代わりに砥石を付けて金属部品などの高能率加工に用いられていて球面加工機は，レンズ磨き用として以前から幅広く使用されており，テープ研磨機はウェーハの外周磨きなどに用いられるなど各々の得意分野で重用されている。

10.2　今後の平面研磨加工機械について

古くて新しい研磨加工機には，日進月歩しているIT関連の最先端加工法を支える機械として更なる開発，改良が期待されている。また，韓国，中国などの研磨機新興国でも研磨加工機が作られ始めて初期は単純コピー物もあったが，日本の研磨機を研究，改良してきて国内の研磨機メーカーにとって脅威となりつつある位の水準に近づいている。

今後の平面研磨加工機メーカーは，より高精度，高能率な研磨加工機の開発，改良が求められ，自動化も進んで工作機械の分野に近づいた機械作りが必要となっている。サファイア，SiC，GaN，GaAsなどの新電子部品材料への最適加工機械もこれから産官学が連携して開発を進めていく必要がある。数年後自動車に搭載予定のSiCに関しては，国がバックアップしてプロジェクトが立ち上がっているが，レアメタルが入手しにくい現状でも開発を進めていけるよう，より多くの官民共同のプロジェクトを多用して新興国に対応できる新技術を創造していくことが必須と思われる。

文　献

1）豊田和彦，富岡史匡，サファイアの研磨加工，砥粒加工学会誌，**56**(9)，(2012)
2）労働安全衛生規則，厚生労働省，都道府県労働局，労働基準監督署HP，安衛則第552条関係

参考文献

• 松本善文，研磨装置における振動対策とその効果，砥粒加工学会誌，**51**(7)，(2007)
• 津久井稔，杉下寛，P-SC317磁気メディアの製造技術に関する調査研究分科会報告書，機械学会（2001）
• 里見義弘，大型電子部品対応の研磨装置による平坦化技術，砥粒加工学会誌，**52**(3)，(2008)

第3章　研磨材

横山英樹[*1]，伊藤　潤[*2]

1　天然研磨材と人造研磨材

研磨材は天然に産出する鉱物などの材料を所定の粒子径に分級した天然の研磨材と天然の原料などから化学的に合成した材料を所定の工程により処理した人造の研磨材とに分けられる。表1に天然研磨材と人造研磨材の具体例を示す[1)]。

表1　天然研磨材と人造研磨材

	種別	化学組成	硬度（旧モース）
天然	ダイヤモンド	C	10
	コランダム	Al_2O_3	9
	エメリー	Al_2O_3	9
	ジルコン	$ZrSiO_4$	8.7
	ガーネット	$Ca_3Al_2(SiO_4)_3$	6.5~7.5
	ケイ石	SiO_2	7
	スピネル	$MgO \cdot Al_2O_3$	5.5～8
人造	人造ダイヤモンド	C	10
	窒化ホウ素	BN	—
	炭化ホウ素	B_4C	9.32
	炭化ケイ素	SiC	9.15
	溶融アルミナ	Al_2O_3	9
	酸化鉄	Fe_2O_3	—
	酸化クロム	Cr_2O_3	—
	仮焼アルミナ	Al_2O_3	—

2　代表的な研磨材とその用途[2)]

近年，加工される材料が多様化するとともに研磨材の研究が進んできた。特に人造ダイヤモンドや窒化ホウ素は結晶合成方法などの研究により供給体制が確立され，比較的安定的に手に入れ

＊1　Hideki Yokoyama　㈱フジミインコーポレーテッド　機能材事業本部　副本部長
＊2　Jun Ito　㈱フジミインコーポレーテッド　機能材事業本部　生産技術部

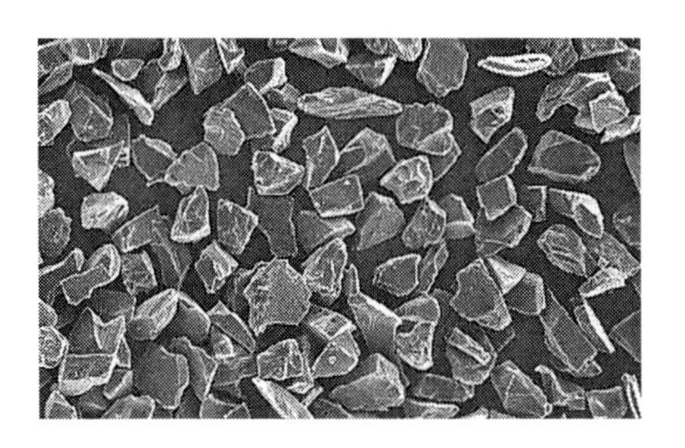

図1　GCのSEM写真

ることができる。さらに省資源や高性能化の観点から炭化ケイ素，アルミナなどの消費量の多い研磨材について，その製造方法や用途が研究されてきた。また，酸化セリウムなどの比較的希少な素材（レアアース）の研磨材においては，特に省資源や供給体制の安定化のため，その代替研磨材として酸化ジルコニウムの研磨材の研究が進んでいる。下記に代表的な人造の研磨材とその用途について説明する。

GC（Green Silicon Carbide）は高いSiC純度の緑色炭化ケイ素質の研磨材である。六方晶のα型の結晶は高い硬度を有し，化学的には常温で非常に安定している。よって，薬品などに侵されず，破砕により鋭い研削刃を自生し，優れた研磨力を発揮する。GCは，水晶，フェライトの精密ラッピングやダイシング，シリコンインゴットの切断用ワイヤーソー，その他超硬金属や刃物類の加工から銅合金などの軟質金属，樹脂類の加工にいたるまで幅広い研磨材料として使用されている。また，超仕上用精密砥石の材料として最適である。また電気的に半導体の性質を持ち，熱伝導性が良く高温に耐えることから，ヒートシンク（放熱用部品）の材料にも使用されている。図1にGCのSEM写真を示す。

C（Black Silicon Carbide）は黒色炭化ケイ素研磨質の研磨材で，通称カーボランダムとも呼ばれている。GCと同じように電気抵抗炉で2000℃以上の高温で珪石とコークスを熱反応させて得られるα型の炭化ケイ素結晶から構成されている。GCと比較して純度や硬度はやや劣るものの，靭性は優っていると言われている。固有の製法から得られるCは安定した切刃と砥粒加工に最も適した粒度分布から構成され，優れた表面加工が可能である。Cは研磨布紙や超仕上用精密砥石の材料のほか，鋳鉄，真鋳，銅，アルミニウム，石材，フォトマスク用硝子などの精密ラッピングに最適である。また，半導体結晶などの精密ホーニングやダイシング加工にも適している。

A（Regular Fused Alumina）は古くから知られている研磨材でボーキサイトを電溶炉にて約2000℃の高温で溶融させて得られるAl_2O_3純度90%以上のコランダム結晶で構成されている。Aの特徴としては，研磨材としての靭性を向上させるため，チタンを微量固溶させているのが特徴である。その結果，研磨材の中でも高い靭性を持ち，超仕上げ用精密砥石や超仕上用研磨布紙の材料などに適しており，またブラウン管をはじめとする各種硝子類や軟質金属などの精密ラッピ

図2　PWAのSEM写真

ングにも最適な研磨微粉となる。

WA（White Fused Alumina）は白色アルミナ質の研磨材で幅広い用途に使用される代表的な精密加工用砥粒である。溶融アルミナを微粉砕し整粒したもので成分はα型のコランダム結晶で構成されたAl_2O_3純度96％以上の高い純度のアルミナである。炭化ケイ素質に次ぐ硬度を有し，シャープな粒子径分布と安定した粒子形状を保ち，高度な表面加工が可能である。WAは超仕上用精密砥石や超仕上用研磨布紙の材料や超精密表面仕上用の研磨テープの材料として優れた性能を発揮する。

PWA（Platelet Calcined Alumina）はAl_2O_3純度99％以上の板状結晶で構成された高品質なアルミナ質研磨材である。耐熱性に優れており，化学的にも不活性で，酸やアルカリにも侵されない。また粒度分布が安定しているため，精巧な研磨面が得られ，優れた研磨能率を発揮する。PWAは，幅広い用途を持つ機能性に富んだ研磨材料で，シリコン，光学材料，水晶，ステンレス，その他の金属材料のラッピング材のほか，コーティング用フィラー材，研磨布紙材，さらに金属や合成樹脂との複合材などに最適である。図2にPWAのSEM写真を示す。

FO（Fujimi Optical Emery）は粒形や硬度に特長を持たせたアルミナベースの精密ラッピング材である。厳重な品質管理のもとで製造されており，つねに安定した研磨能力をもたらすとともに，主に半導体向けのシリコンの加工においてシリコン基板へスクラッチ発生を防止する特徴がある。この特徴によりシリコンだけでなく，レンズやプリズム，硝子などの光学材料にも極めて優れた加工性能を発揮する。また，付加価値の高い加工物に対しても安定的な性能を発揮することが知られている。

3　研磨材の製造方法

3.1　人造研磨材の製造方法

3.1.1　炭化ケイ素質研磨材の製造方法

炭化ケイ素とはケイ素（SiO_2）を主成分とするケイ石，ケイ砂などのケイ素純度の高いものと炭素（C）を主成分とするコークスなどを主原料とし，これと補助材料である工業用塩及びおが屑を使用し以下の反応式により合成される。

$SiO_2 + 2C \rightarrow Si + 2CO$…ケイ酸は炭素で還元

$Si + C \rightarrow SiC$…ケイ素と炭素が結合

反応に使用される電気炉は抵抗炉またはアチソン炉とも呼ばれ，その反応は約2000℃で進行し大量の一酸化炭素ガスを発生する。

3.1.2　アルミナ質研磨材の製造方法

白色アルミナ（WA）はボーキサイトを原料としてバイヤー法により化学的にNa_2O含有量を少なくなるようにして合成される。一方，褐色アルミナ（A）は，主原料のボーキサイトや礬土頁岩（ばんどけつがん）を高熱で溶融して，主原料に含有する不純物は還元用炭素材で還元分離するとともに，Ti_2O_3を固溶することにより合成される。

WAやAは溶融アルミナと分類されているが，PWAは仮焼アルミナに分類されている。仮焼アルミナは水酸化アルミニウムを焼成したもので，ポリシングやラッピングの用途に応じてそれぞれの粒子形状に成長させていることが特徴である。

3.1.3　人造ダイヤモンドの製造方法

研磨材としてのダイヤモンドには単結晶ダイヤモンドと多結晶ダイヤモンドが知られている。単結晶ダイヤモンドは一般に高温高圧合成（1,000℃以上，5～10万気圧）によって合成されており，多結晶ダイヤモンドは主に火薬と原料を高圧化で爆発する方法により合成されている。ダイヤモンドは最も硬度の高い素材であり，機械的，および化学的に安定な硬い素材を研磨するのに適しているとされる。研磨用途の合成ダイヤモンドは近年価格が安価に入手できるようになっており，砥石やダイヤモンドペーストなどの製品として広く普及している。図3に単結晶ダイヤモンドのSEM写真を示す。

3.1.4　二酸化ケイ素質研磨材の製造方法

半導体用途のシリコン基板などの仕上げ研磨には二酸化ケイ素質の研磨材であるシリカが広く用いられている。シリカは粒子径が数十nm（ナノメートル）の超微粒子で構成されており，粒度分布が安定しているため，高精度な研磨面が得られる。

研磨材としてのシリカは一般的にコロイダルシリカと煙霧状シリカに分類される。コロイダルシリカの製造方法としては，珪酸アルカリ水溶液を出発物質として核生成を経て成長させる方法と珪酸エチル溶液を出発物質とする方法がある[3)]。コロイダルシリカは球状形状をしている。図4にコロイダルシリカの観察像を示す。

図３　人造単結晶ダイヤモンドのSEM写真

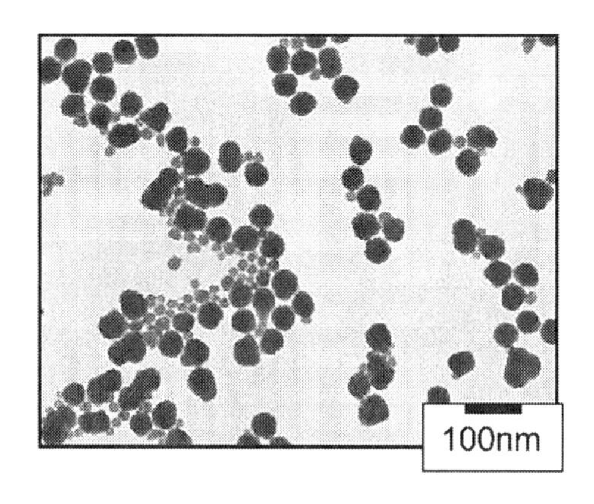

図４　二酸化ケイ素質研磨材の観察像（～数十ナノメートル）

煙霧状シリカは四塩化珪素（$SiCl_4$）などの揮発性珪素化合物を気化させ，化学反応により酸水素バーナーによる1000℃以上の高温下で気相加水分解する方法である[3]。

3.1.5　研磨材微粉の製造方法

研磨微粉に要求される一般的な性能，すなわち被加工物に対し所定の研磨性能を確保するため，砥粒種類の選定はもちろんのこと，粒度分布が適正に揃っている事が重要である。代表的な研磨材のGCやC，WA，Aなどの研磨材は合成時には非常に大きな塊（インゴット）として合成される。研磨材として用いるためには物性が均一であり，粒度分布が適正に揃っている必要があり，特に高い精度が要求されるものについては湿式工程による精密分級が行われている。研磨材微粉の一般的な製造プロセスを図５に示す。

インゴットをジョークラッシャーやハンマーミルなどの粉砕機により数mm程度の大きさとし，後に硬いボールと研磨材を円筒状の容器に入れて粉砕するボールミルにより数十～数百μm程度まで粉砕する。粉砕により混入した研磨材以外の金属物質を磁選などにより除去する。

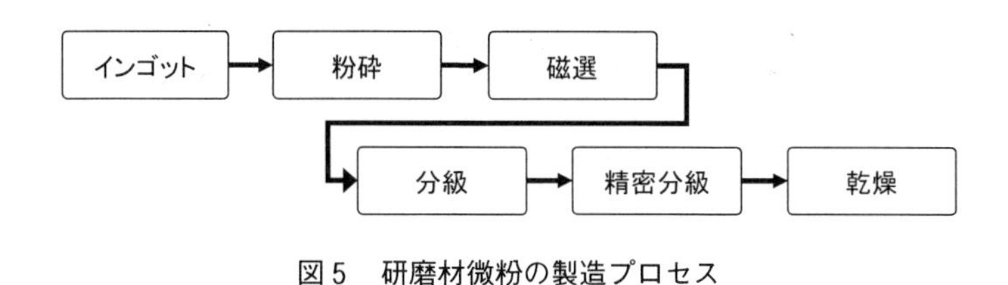

図５　研磨材微粉の製造プロセス

分級以降の製造工程では，被加工物に対する研磨傷の発生を防止するため，その発生原因となる粒度分布上では見ることが難しい粗大粒子や，分級器や生産環境からの異物の混入を抑えるため，より精密な分級を行う工程が提案されている。

実際の分級においては，研磨微粉自体が持つ沈降速度の差，すなわちその沈降速度差は同じ溶媒中に研磨微粉を分散させた場合，その粒子径の２乗に比例する事（ストークスの式）を利用し，分級時の温度や水速など，流体を精密に制御する事で行われる。また，超微粉の分級に際しては，上述の方法のみでは時間が掛かる事から，遠心力を利用した分級器により分級が行われることが多い。

4　研磨材の性質と物性評価方法

4.1　研磨材に求められる性質

砥粒に必要な代表的な要件としては硬さ，靭性，耐熱性の３つがある。また，被加工物に対する化学的不活性，切刃が再生する破砕性も重要である[1)]。これらは砥粒の素材により決まるが，加えて砥粒が適切な粒子形状を持ち，粒度分布が整っていることが望まれる。よって，被加工面の性質および形状，所要の仕上げ精度，加工条件などによって研磨材の素材と粒度分布を選択する必要がある[1)]。

4.2　研磨材の物性評価方法

研磨材の評価方法の多くはJISに規定されている。例えば，砥粒の要件として硬さはボールミルなどの粉砕機を用いた試験方法などが存在する。研磨材としては硬さのほか，粒度分布や粒子形状などが重要な指標となる。

4.3　粒度分布測定

代表的な粒度分布測定に電気抵抗法による粒度分布測定がある。電気抵抗法は砥粒を分散させた溶液適量を電気抵抗測定機内の小さな孔に通し，そのときの電気抵抗の変化を観測する方法である。

一方，粒度分布の測定原理としてレーザー回折法も普及している。これは砥粒を分散させた溶液を測定機内に循環させながらレーザー光を照射し，回折または散乱された光を検出する方法である。特に粗い粒子などを含む場合や，超微粒子など，粒度分布幅が多岐に渡っている場合などはレーザー回折法による測定が利用されている。

4.4　砥粒形状測定

砥粒形状の観察方法としては実体顕微鏡，電子顕微鏡，粒子像解析装置などが用いられている。特に精密な加工を行う場合には，被加工物への損傷の原因になる可能性があるため，砥粒の形状を把握することは重要である。粒子像解析装置では砥粒の真円度を自動的に判別できる装置であって，砥粒を分散させた溶液を流しながらCCDカメラで粒子画像を撮影し，その輪郭から砥粒の真円度を判定することが可能である。

5　研磨材を用いる加工プロセス

5.1　シリコン基板（半導体用途）加工プロセスと研磨材[4)]

半導体素子はパソコンや携帯電話，デジタルカメラなどの家電製品など，我々の生活環境の利便性向上や高度情報化社会を支えるインフラの材料として極めて重要な役割を果たしている。

半導体素子は直径が300 mm，厚さが数百μmの円形の基板（ウエーハ）上に形成される。ウエーハのサイズは製造の効率化を図るために大きくなっていくが，現在は200 mmまたは300 mmが主流である。半導体素子を形成する製造工程では回路の設計図を光によりウエーハ表面へ転写するが，回路を精度よく転写するためにはウエーハ表面は極めて平坦で，汚れが無いことが要求される。

5.1.1　シリコン基板の加工プロセス

シリコン基板の一般的な加工プロセスを図6へ示す。

高純度化したシリコン溶融液をCZ法により引上げて単結晶のかたまり（インゴット）とする。インゴットは外筒や端面などを研削加工され円柱状となる。円柱状となったインゴットをスライシングによりウエーハ状に切断する。ウエーハのスライシングは主にピアノ線に粘性のある研磨液をかけ流しながら高速切断するワイヤーソーという機械装置によって行われている。スライシングでは主にGC#1000（平均粒子径12 μm）やGC#1500（平均粒子径8 μm）などの炭化ケイ素質

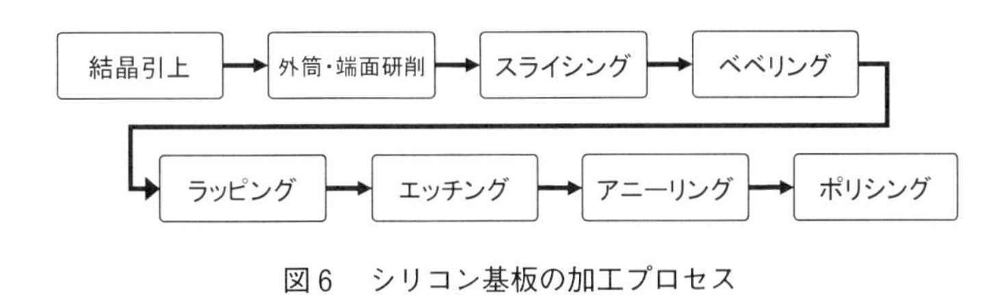

図6　シリコン基板の加工プロセス

の研磨材が使用されている。切断後のウエーハは端面の欠けや割れを防ぐためにベベリングによって面取りされる。

スライシングによりウエーハには表面から深さ方向に微細な亀裂が入ってしまう。この亀裂を加工変質層と呼んでいるが，加工変質層は半導体素子の正常動作を妨げる原因となるため除去が必要である。また，スライシング後のウエーハは部位によって厚みのばらつきがあるため，ウエーハを均一な厚みにするために平坦化が必要である。平坦化は機械的な圧力を均一にかけながら研磨材をかけ流し研磨を行うラッピングにより実現することが可能である。ラッピングではFO#1000（平均粒子径10 μm）などが一般的に使用されている。

ラッピングによりウエーハは厚みが均一となるがウエーハ表面は加工変質層や微細な粗さがまだ残存している。エッチングは薬品によりウエーハの表層を溶解させる工程で，機械的な圧力を使用しないため，機械的な圧力による加工変質層を生じさせない手法である。しかしながら，エッチングでは化学的な溶解によるピットの形成や基板そのものの平坦性を損ねる可能性があるため，エッチングだけでは半導体素子を形成するためのシリコン基板の製造は難しい。

ポリシングではウエーハ表面の微細な粗さや歪み，最終的な加工変質層の除去を行う。ポリシングは研磨材以外に化学薬品が含まれており，その化学成分の作用によって機械的研磨効果を制御することによって，ウエーハの鏡面化を可能としている。ポリシングではGLANZOX[2)]が広く用いられている。

ポリシングによって鏡面となったウエーハは品質を確認され半導体素子を形成する基板として使用される。

5.1.2　シリコン基板の加工プロセスの課題

シリコン基板の加工プロセスでは主にスライシング，ラッピング，ポリシングにて研磨材が用いられている。スライシングでは生産効率を上げるため高速切断が求められ非常に硬く，化学的に安定なGCが用いられる。GCは安価で入手しやすい研磨材ではあるが，使用済研磨材が廃棄物となる。廃棄物の低減のため，研磨材の使用量を削減する取組みとして，研磨材の粒子径分布や形状制御による高性能化，ダイヤモンドをワイヤーへ直接固定した工具の利用，使用済研磨材のリサイクル使用など，省資源に向けた技術開発が盛んに行われている。

ラッピングではアルミナを基材とした人造研磨材FOが用いられているが，この理由としてFOはGCよりも柔らかい素材であり，ラッピングで求められる研磨性能の高さと加工変質層発生の抑制を両立できる研磨材であるためと言われる。しかしながら，スライシングと同様に環境問題の課題があり，同様に研磨材の性能向上とともに，ダイヤモンドを固定化した砥石による研削加工プロセスなどの研究がなされている。

ポリシングでは用いる研磨材は100 nm以下のシリカ粒子が主流で，機械的な作用による加工変質層の発生を防ぐために樹脂製の研磨パッドを用い研磨を行う。ポリシング後の基板品質の向上のため，研磨材の不純物の除去による高純度化などの研究が行われている。

5.2　サファイア基板（LED用途）加工プロセスと研磨材

一般家庭の照明器具について，従来までの蛍光灯よりも消費電力が低いLEDが採用されつつある。LEDの支持基板としてはサファイアが用いられているが，サファイアは非常に硬いため，加工が難しい材料である。

5.2.1　サファイア基板の加工プロセス

サファイア基板の一般的な加工プロセスを図７へ示す。

サファイア基板の加工においてもシリコン基板の製造方法と同様にインゴットをワイヤーソーにて切断，ラッピングにて基板の平坦化や厚みの調整を行い，最後にポリシングを行うのが一般的なプロセスである。現在の主流は２インチや４インチの比較的小径のものが主流であり，今後は徐々に大口径化していくと予測されている。

サファイアはシリコンと比較すると非常に硬く，化学的に安定性が高い素材である。そのため，シリコンで行われている加工プロセスをそのまま適用すると非常に長時間の工程となってしまう。よって，シリコンとは異なった加工プロセスが研究されてきた。

スライシングではダイヤモンドをピアノ線へ固定化したダイヤモンドワイヤーが用いられている。シリコンよりも硬い素材であるため，GCを混合した研磨液による切断では非常に時間がかかってしまうため，高い切削力のあるダイヤモンドワイヤーによる切断が採用されている。一般的にサファイアの切断ではピアノ線径が0.18 mm，ダイヤモンド砥粒の粒子径が30 μm程度のものが使用されている。

サファイアのラッピングは粗ラッピングと精密ラッピングに分けられる。粗ラッピングではGCやB_4C（炭化ホウ素質研磨材）などの硬質の研磨材が用いられている。サファイアのラッピングは主にGC#240（平均粒子径60 μm）やGC#280（平均粒子径50 μm）などが用いられている。しかしながら，粗ラッピングにより大きな加工変質層が形成されてしまう。この大きな加工変質層をポリシングだけで除去しようとすると非常に長時間のプロセスとなってしまう。そのため，粗ラッピングとポリシングの間にダイヤモンド砥粒を用いた精密ラッピングが採用されている。この精密ラッピングでは金属の定盤に微粒ダイヤモンドを埋め込みながら研磨を行う研磨方法である。

また，ポリシングで用いる研磨材は一般的にはシリコンと同様シリカ粒子を用いるのが通常である。一般的に用いられている製品としてはCOMPOL[2)]がある。

サファイアの基板加工プロセスの特徴をまとめると，サファイアが硬い材料であることから，

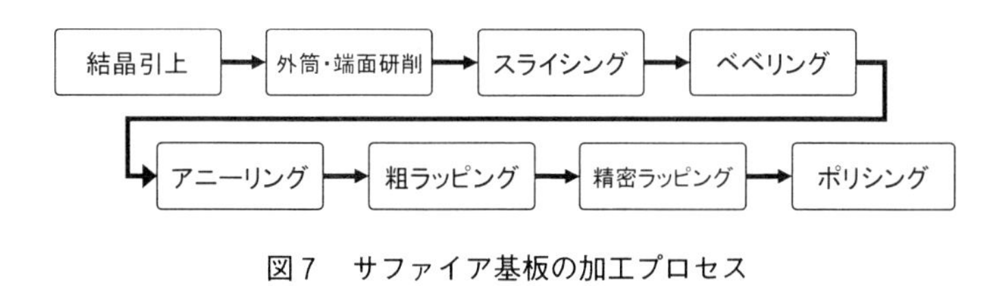

図７　サファイア基板の加工プロセス

粒子径の大きいGCやダイヤモンドなどの硬い研磨材が用いられていることと，プロセス時間を短縮するため精密ラッピング工程が採用されていることである。

5.2.2　サファイア基板の加工プロセスの課題

サファイアは非常に硬い材料であるため加工プロセスが長時間になり加工コストが必然的に高くなってしまう。地球環境保全のため省エネルギー化が求められている中でLEDの普及が急がれており，同時にサファイア基板の加工プロセスの低コスト化が求められている。

低コスト化のため研磨性能の向上が求められるが，研磨材素材の選定はもちろんのこと，粒子径や形状の最適化を行う必要があり，研磨材に期待される部分が多い。粗ラッピングに用いられる砥粒にはサファイアを研磨しても砥粒が破砕されないような靭性が求められ，精密ラッピングに用いられる砥粒には高い切削性能が求められる。また，ポリシングではプロセス時間が特に長くなるため，短時間で高い能率が達成でき，基板にスクラッチを形成しないような研磨材が求められている。

6　研磨材の将来展望

6.1　研磨材の高性能化

研磨材に求められることとして研磨材そのものの加工性能向上と被研磨物への加工変質層の低減がある。研磨材が使われる工程や要求項目などによってさらなる高性能化が必要となる。シリコン基板製造プロセスのポリシングで用いられる研磨材では，シリコン基板中への金属イオンの拡散を防ぐために，研磨材そのものの高純度化が求められている。基板配線のデザインスケール（配線太さ）が小さくなればなるほど研磨面の微細な欠陥の影響が大きくなるため，微細な欠陥を抑制できる異物が低減された研磨材が必要となる。

研磨後に残存する研磨砥粒も欠陥の原因となるため，研磨後の基板から砥粒を速やかに除去できる清浄性の高い研磨材が重要であると言える。加工プロセス内だけではなく，使用済研磨材の廃棄物を低減するなど，環境に対してさらなる負荷低減も上記の性能と並んで求められることである。

研磨材の性能は研磨素材の硬さや粒度分布，形状などの要素により研磨性能が変動するため，安定した硬さや粒度分布，形状を保持した研磨材によれば安定した研磨性能が得られる可能性がある。

6.2　角状アルミナ[5)]

ポリシングにおいて用いられる砥粒としてコロイダルシリカがあることは述べたが，これらの砥粒の形状は球状に近いものが多い。これらの砥粒は液中にて核を中心として成長させる方式を取っており，一般的な条件下では球状に近いものが得られやすいためである。最近の研究によると直方体の形状を持ち，粒子径が揃っている特長的な砥粒を用いることでスクラッチのない高品

従来のアルミナ

図８　角状アルミナのSEM写真

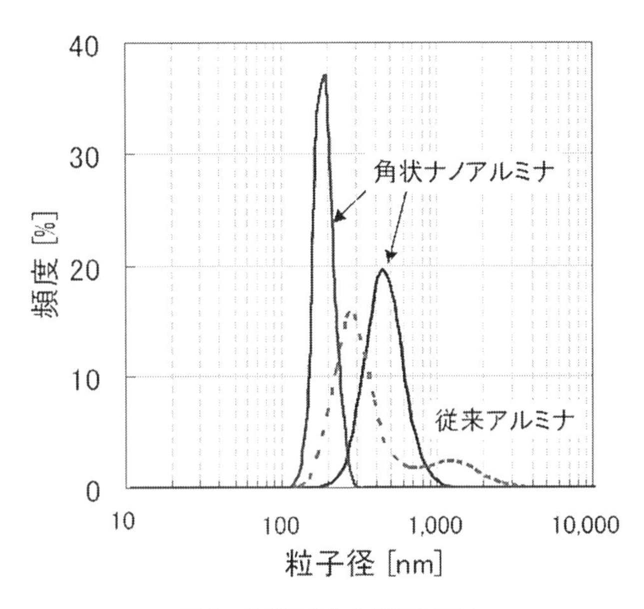

図９　角状アルミナの粒度分布

質な研磨面を得られることが分かってきた。

その理由としては，角状砥粒の場合は基板の接触点が従来のように点接触ではなく線接触になるためと考えられている。線接触になることで接触点の応力が分散され面品質が向上すること，および接触面積の増加による研磨性能の向上が期待されている。図８に角状アルミナのSEM写真，図９に角状アルミナの粒度分布を示す。

6.3　レアアース研磨材の代替

半導体以外の分野（住宅用ガラスや車のフロントガラスの研磨材）において，大量に用いられている研磨材として，レアアースの一つである酸化セリウム（セリア）研磨材がある。資源産出国の政策などにより輸出に大きな制限がかかっており，今後はさらに厳しくなっていくことが予想されている。このため，このセリアの代替技術の開発が急ピッチで進められている。その一つとして，酸化ジルコニウムの研磨材が挙げられる。一般的に流通している酸化ジルコニウム研磨材では酸化セリウム研磨材を代替するまでには至っていないが，原料，粒度および製造プロセスを最適化することで，酸化セリウムに匹敵する研磨性能を持つことが最近分かってきている。この技術が確立すれば，供給方法に課題を抱えるレアアースを用いることが無くなるため，供給不安を解消することが可能となる。

文　献

1） 超精密生産技術体系　第2巻　実用技術，第3編　第5章　精密ラッピング･ポリシングマシン，第4編　第3章　超精密ラッピング・ポリシング資材，フジテクノシステム（1994）
2） 株式会社フジミインコーポレーテッド　ホームページ http://www.fujimiinc.co.jp/index.html
3） 柏木正弘，CMPのサイエンス，シリカ系研磨剤，アルミナ系研磨剤，サイエンスフォーラム（1997）
4） 横山英樹，セラミックス，**43**，No. 8，p670（2008）
5） Hitoshi Morinaga *et al*, New Abrasive Technology for Advanced CMP Process, ICPT 2009 proceeding,（2009）

第4章　研磨工具

1　ラップ加工

古澤真治*

1.1　はじめに

近年，著しく高機能化しているスマートフォン，タブレット端末，コンピュータなどの最先端機器には，多くの半導体や光学部品が使用されており，それらは高度な精密加工技術に支えられている。一般的な精密加工法としては，遊離砥粒によるラップ加工と固定砥石による研削加工が広く用いられる。前者は，研磨対象のワークとラップ定盤の間に遊離砥粒と水やオイルなどの液体を混合したスラリーを供給しながら行う表面加工である。

ラップ加工は半導体をはじめとする電子部品用基板などに広く利用されている。ラップの加工メカニズムは，砥粒の転動により加工対象の表面を削っていくものである。特徴として，高精度な平坦度や平行度が比較的容易に得る事ができる点である。

また，比較される加工法として，固定砥粒（砥石）を使った研削加工が挙げられる。固定砥石は砥粒をボンドで固め，砥粒が転動しない切削による加工法である。固定砥石の特徴は，切り込み深さが安定しており，最適な研磨条件の元で，大きな加工痕を作ることなく高精度な平面を得る事ができることである。以下に遊離砥粒によるラップ加工を中心に最新の動向を説明する。

1.2　ラップ加工

ラップ加工は，円盤状の高平坦なラップ盤にスラリーを流しながら研磨ワークに荷重を加えて回転させながら擦り合せる研磨方法である。固定砥石法と比較して加工速度が遅いため，多くの研磨代が必要である加工や短時間が求められる場合は固定砥石を使った加工が有利な場合がある。

また，加工装置の方式により片面機および両面機がある。図1に両面ラップ装置を示す。両面機は，両面同時に加工することによって高平坦な基板を量産するラップ法で，シリコンウェーハ，水晶基板，ガラス基板などの製造に使用される。液晶用パネルや光学部品の分野では片面機の揺動式研磨機が利用されている。これもラップによる研磨方法で図2に装置の一例を示す。

1.3　遊離砥粒研磨のメカニズム

(1)　遊離砥粒による研磨方式

遊離砥粒による研磨方式として，ラップ加工，ハードポリッシュ加工，ソフトポリッシュ加工などがある。

---

*　Shinji Furusawa　日立造船㈱　精密機械本部　マテリアルビジネスユニット　営業部　部長

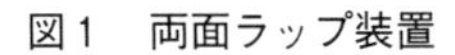

図1　両面ラップ装置

図2　揺動式研磨機

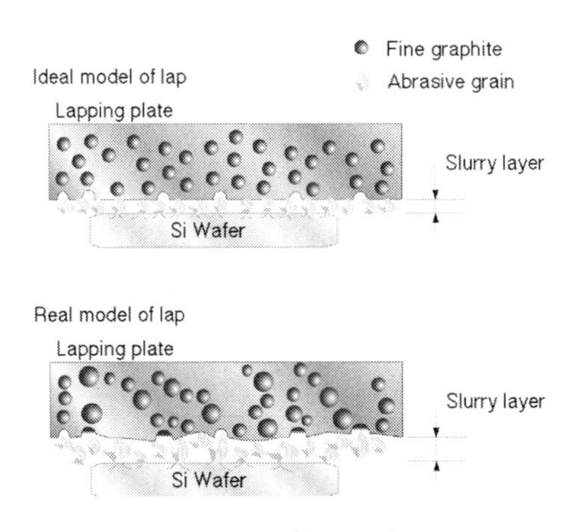

図3　ラップ加工モデル

ラップ加工は，一般的には鋳鉄を定盤に用いるため砥粒が定盤に固定される事がなく，砥粒が転がりながら加工して行く。表面の粗さは，研磨剤の粒子径にもよるが比較的粗く鏡面仕上げの前加工に用いられる。図3に加工モデルを示す。

ハードポリッシュ加工は，セラミックスのような高剛性基板などの研磨ワークを加工し鏡面を得る加工方法である。特徴は，定盤に銅合金や錫合金あるいは金属と樹脂を混練した樹脂定盤を用いる。軟質の材料を用いることで，定盤の表面に砥粒が埋め込まれ固定砥粒に近い作用で鏡面加工を行う方式である。

ソフトポリッシュ加工は，ラップやハードポリッシュ後にさらに滑らかな鏡面と加工ダメージの無い表面が要求される場合に使用される。定盤上に柔軟粘弾性のある発泡ウレタンやスエードポリッシングパッドと呼ばれる薄い弾性体を貼り付け，研磨ワークとパットの間に，コロイダルシリカや酸化セリウムなどの微粒子からなる研磨液を供給して鏡面状態に仕上げる。ここでは，前工程であるラップ加工を中心に説明を行う。

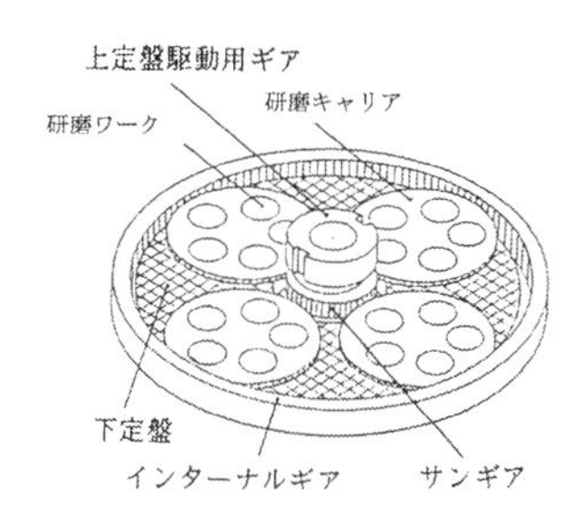

図4　両面ラップ装置の構造

(2)　ラップ装置の構造

代表的なラップについてのメカニズムと半導体などの電子部品基板加工などで広く量産に用いられている両面ラップ装置について述べる。両面ラップ装置は一般的に研磨ワークを鉄系でできた二枚のラップ定盤に挟み込み，回転させて擦り合わせることで加工を行う。また，アランダムやカーボランダムなどの研磨剤を油性あるいは水性のラップ液に適切な配合で添加したスラリーを研磨ワークとラップ定盤の間に供給しながら加工を行う。また，上定盤はたえず適切な荷重で押し付け，ワーク表面を研磨剤の砥粒により少しずつ削り取って行き，ラップ定盤の形状を研磨ワークに形状転写する加工法である。

両面ラップ装置の構造を図4に示す。上定盤，下定盤，研磨ワーク（工作物）を保持する研磨キャリア，研磨キャリアを自転，公転運動させるためのサンギヤ，インターナルギヤにより構成される。

(3)　駆動方式

• 2 way方式

上下定盤を固定し，サンギヤ，インターナルギヤの2軸で研磨ワークを回転する方式である。シンプルな構造であるが，定盤面の形状を修正しにくく，研磨ワークの精度や研磨レートが低い傾向にある。

• 3 way方式

近年，高精度を求めるために，上定盤を停止させて，下定盤，サンギヤ，インターナルギヤの3軸を回転する方式が採用されている。特徴としては，上定盤を回転させずに，下定盤に対する動きを滑らかにし研磨ワークへの荷重をより安定化させる事で，不良の少ない高平坦な研磨を行う事ができる。ただし，ラップ定盤の形状管理には制約があり使用には工夫が必要となる。

• 4 way方式

両面ラップ装置において，上定盤，下定盤，サンギヤ，インターナルギヤの4つが回転運動する方式のことを通常4 wayと呼んでいる。一般的な装置では，研磨キャリアおよび下定盤は同じ方向に回転し，上定盤は逆方向に回転しながら加工する。特徴としては，慴動速度が早いため研磨レートが高い。また，４軸が独立して回転するために，研磨ワークの自公転を最適に設定することで，高精度の平坦度を得やすい。また，ラップ定盤の形状修正が容易であるため平坦度管理も比較的自由に行う事ができる。

⑷　荷重制御

両面および片面ラップ装置の双方で，ラップ加工するためには研磨ワークに一定の荷重を加える必要がある。ただし，電子部品に用いられる材料は薄く脆いために，高精度で荷重の制御を行うことが求められる。ラップ初期は，ワークと定盤の真実接触面積が小さいため単位面積当たりにかかる荷重を軽くし，ラップが進み研磨ワークの面当たりが多くなった所で荷重を増して，段階的に制御を行うことが一般的となってきている。

荷重は，上部構造物の重量をそのまま加える自重方式と，研磨ワークの上部構造物の重量をエアシリンダーで制御を行う荷重制御方式に大きく別けられる。前者は一定の荷重で安定した研磨が行えるため，脆性材料などの低圧研磨に使用される。後者は時間毎にと荷重の制御が自由に行え，高荷重研磨などが可能である。

上定盤加圧用シリンダーに供給するエアー圧を，ロードセルなどを用いて上定盤の荷重を測定して制御する方式が一般的である。

1.4　ラップ定盤

遊離砥粒研磨に使用される定盤の種類は以下のようなものが一般的である。鉄系定盤，銅系定盤，錫系定盤などが挙げられる。研磨するプロセスや用途に応じて使い分けが必要となる。特に，以下の表に示すように，用途に応じて材料の選択が行われる。当社の定盤のラインナップを表１に示す。

⑴　鉄系定盤

半導体，水晶，ガラスをはじめとした，高精度基板のラップ加工には，鉄系の定盤が使用されている。価格は比較的安価で大きさや形状に制限がなく，どのような装置でも対応が可能である。

⑵　銅系定盤

銅系定盤は硬質脆性材料の研磨に使用され，ハードポリッシュとも呼ばれている。銅系は製造工程により，厚みや大きさに制限がある。価格は高額で，流通の関係で入手しやすさで純銅などが多用される。

表１　鉄系定盤のラインナップ

HARDNESS / GRADE	STANDARD	HARD	SUPER HARD	ULTRA HARD
Spread SERIES	HIT-Spread 1	HIT-Spread 2	HIT-Spread 3	HIT-Spread 4
Sieve SERIES	HIT-Sieve 1	HIT-Sieve 2	HIT-Sieve 3	HIT-Sieve 4
STANDARD SERIES	HIT-45	HIT-70	HIT-90	—

⑶　錫系定盤

錫系定盤は硬質脆性材料の鏡面研磨に使用される。こちらも，ハードポリッシュと呼ばれる，鉄系のラップとは得られる性状に差があり，サファイアやシリコンカーバイト基板などの鏡面研磨に使用される。軟質金属であるため，わずかな力で変形し，大型化や量産化に課題がある。

1.5　ラップ定盤の管理方法

ラップ加工では研磨ワークの精度と品質を維持するため，ラップ定盤の管理が重要な作業となる。多くのユーザで行われている管理項目を以下に示す。重要なポイントは，定盤形状の維持管理である。加工により定盤形状が変化すればワーク形状に反映されてしまうため，高い平坦度を維持するには定盤も常に平坦に保つ必要がある。

また，溝の内部に付着したスラリーを除去し，円滑なスラリーの流路を維持することも重要な管理項目となる。また，鉄系であれば腐食させないことも重要となる。

1.5.1　ラップ定盤の形状管理

高精度な研磨を行うためには，ラップ定盤の形状管理が最も重要である。かなり以前には従来の定盤形状はストレートエッジとシックネスゲージの併用やダイアルゲージを用いて1～10点の計測を行っていた。当社では，測定精度の向上のために，接触式センサーを高精度で移動させ，定盤の断面形状の測定を行う真直度測定機を開発し販売を行っている。真直度測定機の構成を図5に示す。高精度なセラミックスバーと可動式ガイドにセンサーを取り付け，1 μmの分解能で形状の測定が可能で，形状データはコンピュータに取込み保存ができる。また，幾何形状とデータ処理を行う事で定盤の直径および半径方向の断面形状を自動的に表示することが可能である。

表2　ラップ定盤の管理項目

	管理項目	使用工具
形状管理	上下定盤の平坦度の維持 上下定盤のマッチングの維持	真直度形状測定機
状態管理	定期的な溝内部の清掃	スクレーパー
清掃管理	停止後の水分除去し錆対策吸水パッド	

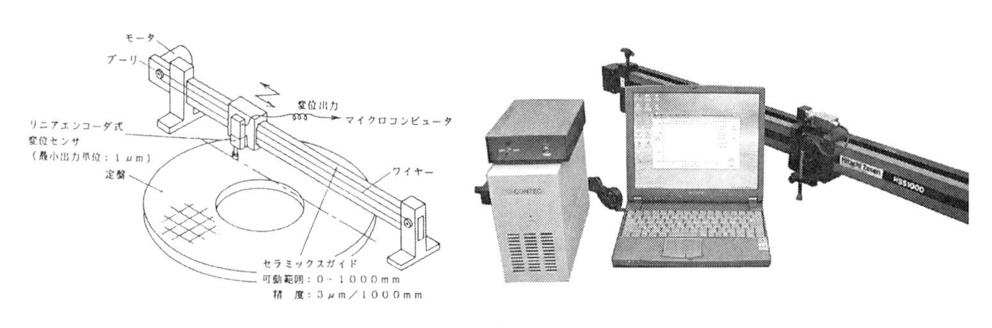

図5　真直度測定機の構成

また，センサーの取り付け方向を上下反転させ，上定盤の形状測定も行う事ができる。

弊社の開発した測定機は，ラップ装置上で測定を行うために定盤の中心に配置できず，回転中心を通らない測定ライン（図6）の計測となる。その場合は断面形状が角度に応じて湾曲してしまう（図7）。そこで，ソフト上で測定ラインと角度の数値から補正を行い，中心を通るラインの断面形状に置き換えてコンピュータに表示する様に処理を行っている。

ラップ定盤は上下の平行性（合致度orマッチングとも言う，図8）が取れていれば，容易に高精度な加工が可能である。従来は下定盤形状のみの管理が一般的であったが上定盤との平行性の管理を行う事を推奨している。測定データを図9に示す。

ラップ定盤は研磨時の摩擦による発熱を伴う。発熱源として，研磨面の摩擦や，装置の駆動系からの発熱がある。これらの熱によって，ラップ定盤や装置の定盤受け部に膨張変形が生じる。装置メーカーでは，熱による変形を抑え，剛性の改善や発熱を抑制するなど様々な工夫がなされている。

ラップ定盤の温度上昇を測定した結果を図10に示す。研磨回数が増えるにつれて温度が上昇して行くが，研磨中のスラリー流量や研磨荷重，稼働状況で温度の上昇率は一定でなく不安定に変化して行く。定盤温度を安定化させるためには，研磨条件や操業方法の一定化を図ることが必要

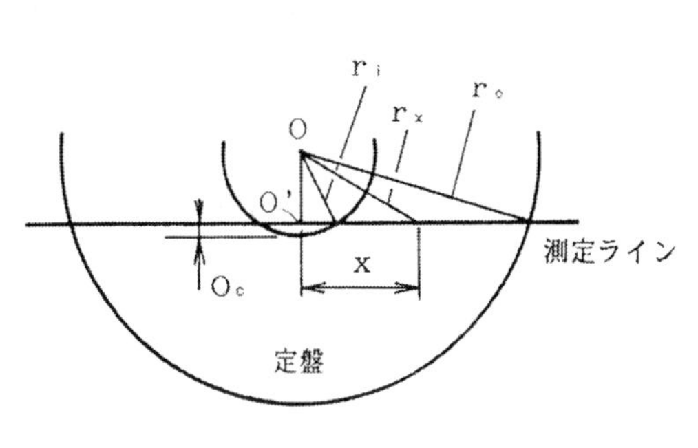

図6　装置上の測定ライン

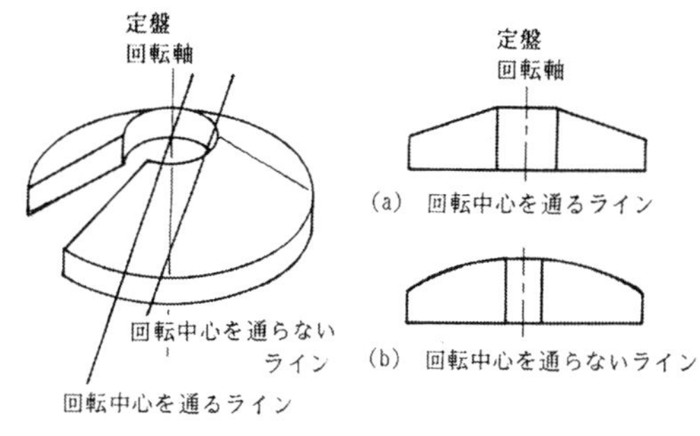

図7　通過ラインと断面形状

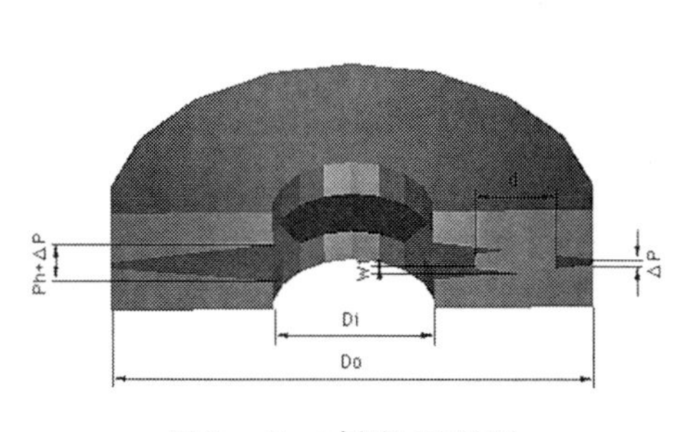

図8　ラップ定盤の平行性

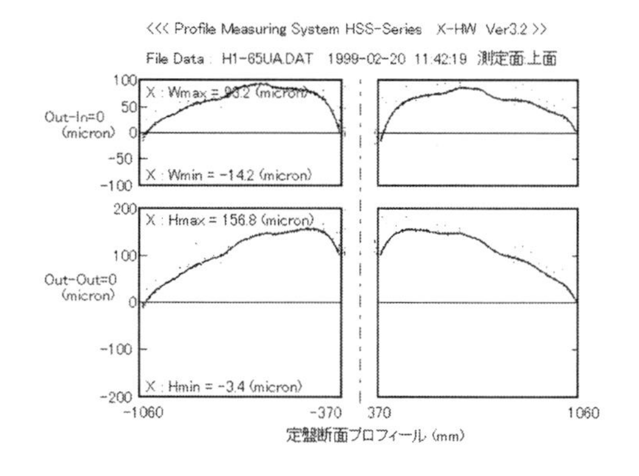

図9　形状測定データ（事例）

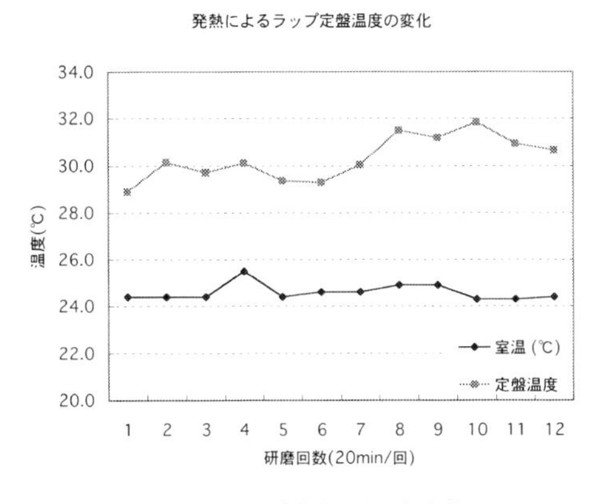

図10　ラップ定盤の温度変化

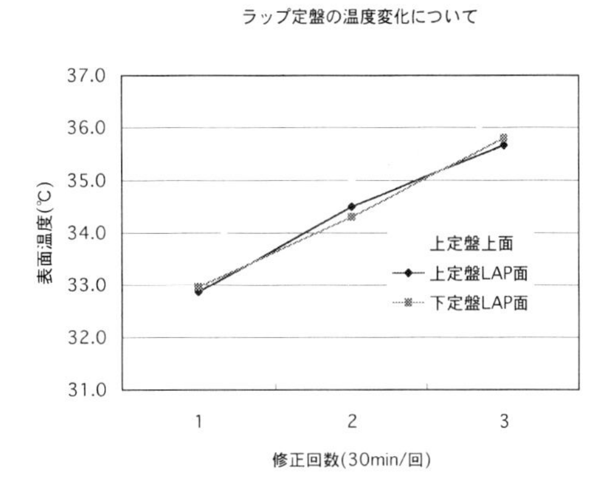

図11　ラップ定盤の温度差

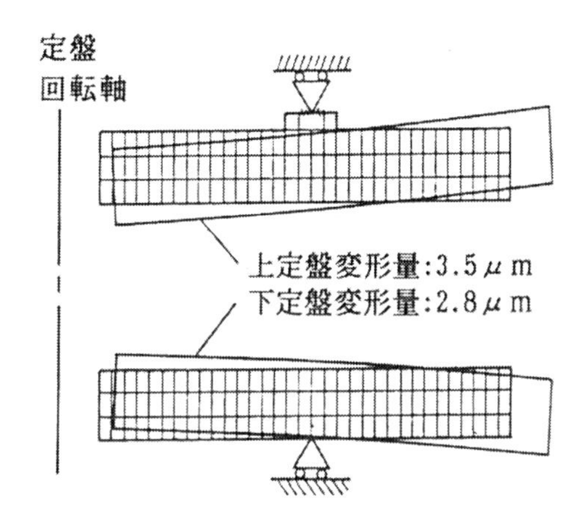

図12　熱変形の解析モデル

となる。また，図11に修正時の定盤表面の温度差を測定した結果を示す。加工熱とスラリー冷却のバランスにより温度差が生じている。定盤内部の温度差をできるだけ小さくすることが形状精度を維持するためには必要である。

研磨前の準備として，ラップ装置の初期修正や空運転を行い装置の温度が一定になってから加工する事が望ましい。温度が安定してから研磨を開始することで，定盤形状の安定化が可能となる。また，一旦，上昇した温度を下げない様に，できるだけ装置を停止せずに連続研磨を行う。また，定盤洗浄やスラリー清掃時も冷水を使用せずに温水の使用も有効である。スラリーの温度管理を行うことも重要となる。

研磨時間が長く，発熱量が多い場合は，ラップ定盤に背面に冷却ジャケットを配置し，冷却で温度調整を行うことも有効である。

研磨定盤の変形は装置の支持方法や支持位置により大きく影響される，近年は有限要素法を用いた解析などで，図12に示すような熱変形のシミュレーションも可能となった。

1.5.2　清掃管理

ラップ定盤はスラリーを使用するため，溝内部に付着堆積しやすい。研磨ワークを適切に加工するためには，新しいスラリーの供給と排出は不可欠である。そのため，ラップ定盤の溝は定期的に清掃を行い残留したスラリーや溝内部に付着した固形物を清掃することが必要となる。図13のように溝内部に砥粒が堆積すると溝が閉塞しスラリーが流れることができず加工痕発生の要因となる。そこで，図14に示す様に定期的に作業完了後は，スクレーパなどを用いて溝内部を清掃する。

1.5.3　状態管理

ラップ定盤の主成分は鉄であるため，腐蝕しない様に注意が必要である。ラップ面に水分が残留した状態で保管すると図15に示すような錆を発生する場合がある。錆が残ったまま，ワークを研磨するとスクラッチなどが発生し不良となる。そのため，作業終了後にラップ装置を長時間停止する際は，溝の清掃や洗浄を行った後に水分を拭き取っておく。特に，溝内部の水分除去は念入り行い，最後に防錆剤を希釈したものを塗布あるいはスプレーする。

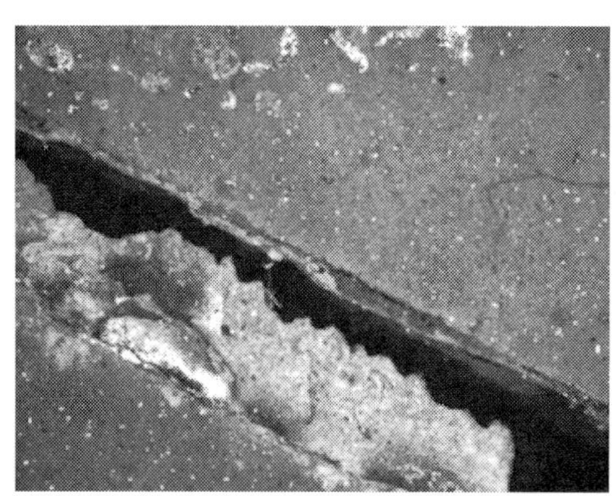

図13　堆積付着した砥粒

図14　溝の清掃作業

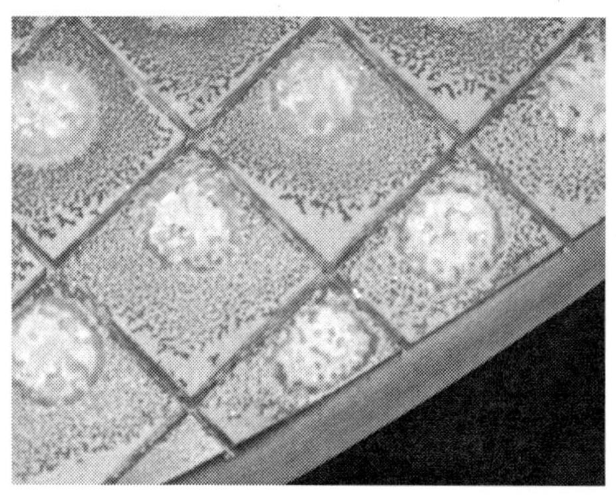

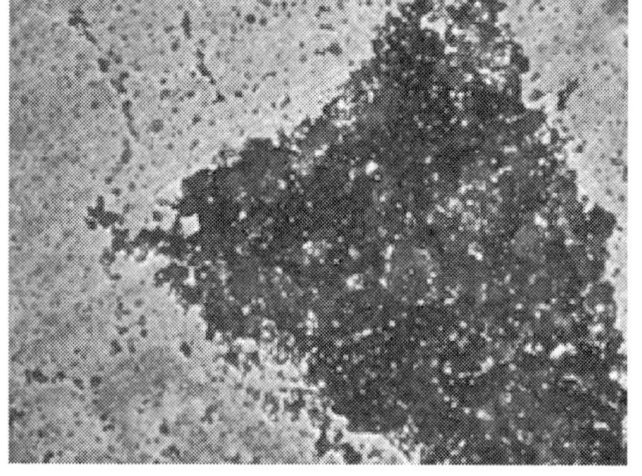

図15　ラップ面の錆

1.6　ラップ定盤へのニーズ

現在，ラップ作業では遊離砥粒を使用して高平坦面を創出しているが，環境の負荷が大きく，廃棄物のリサイクルやリデュースやリユースが注目されている。

ラップ定盤自体も消耗品であるため，ライフタイムの向上や改善が強く求められている。最近のニーズは以下の項目が代表的なものである。

⑴　高硬度化

ラップ定盤の寿命を延長することでランニングコストの低減が求められている。

また，定盤交換時の操業ロスを低減し，稼働率向上のためにも寿命延長が求められる。

長寿命の手段として，ひとつは硬度を上げて摩耗性を改善することが最も容易な方法となる。ユーザのニーズに応じた硬度のラインナップを揃えて対応を図っている。先の表１に示す幅広いラインナップで対応している。近年は，高硬度化に移行する傾向が強いが，加工条件を統一して大量に生産する工場では定盤仕様を統一して安定化させる傾向にある。

⑵　深溝化

寿命延長に最も有効なのが，溝深さの増加である。従来の深さ以上に溝を深くすることでライフの延長に繋がる。この場合，注意が必要な点は素材の健全性と摩耗時の形状管理である。ラップ定盤は表面から内部にかけて，組織が緩やかに変化して行く。研磨に対して，組織の変化や機械的性質の安定したものが求められる。

⑶　高平坦化

ラップ定盤を装置に取付けた後に，研磨面の修正などの立上げが必要である。一般的には修正キャリアを用いて，定盤の表層を除去して初期面出しを行なう。装置の稼働率をあげるためには定盤交換時間の短縮および初期修正時間の短縮が求められる。そこで，定盤の形状を限りなく高平坦に仕上げ初期修正時間の短縮を図っている。

1.7　砥粒へのニーズ

ラップ加工に欠かせないものとしてスラリーが挙げられる。用途に応じて様々な砥粒が用いられる。以下に砥粒へのニーズと最近の動向について説明する。

ラップに不可欠なスラリーには，水あるいはオイルに砥粒を加えて，分散性や防錆性を持たせるために界面活性剤などの添加を行ったものを用いる。それらの配合比は，ユーザ毎で研究され設定されている。

また，アルミナ系砥粒，SiC系砥粒，ダイヤモンド系砥粒などが用いられている。代表的な砥粒を表３に示す。また，粒度の規格を図16に示す。ワークの材質，物性値，研磨量に応じて最適な砥粒の材質と粒度の選択が必要となる。

一般的には，スラリーの使用方法は使捨式，循環式があるが，前者の場合は多量の廃棄物が発生する。そのため，最近は環境負荷の低減から，循環方式や砥粒の回収再生方式が注目されている。当社では，分級技術を利用したスラリーの回収再生システムの提案を行っている。使用済み

表3　砥粒の一般特性

Materiales 材質	Diamond ダイヤモンド	Boron nitride 窒化ホウ素	Boron Carbide 炭化ホウ素	Silicon Carbide シリコンカーバイト	Al_2O_3 アルミナ	ZrO_2 ジルコニア	Mn_2O_3 酸化マンガン	CeO_2 酸化セリウム
組成	C	BN	B_4C	SiC	Al_2O_3	ZrO_2	Mn_2O_3	CeO_2
粒径　μm								0.5~0.8
結晶構造	cubic	hexagonal		Hexagonal cubic	Monoclinic			
圧縮力 kg/cm^2			20~21 K	5 ~ 6 K				
モース硬度	10		9.6	9.3	9	8.5		
ヌープ硬度 Kgf/mm^2	7000~8000	4500~4700	2750	2480	1700-2500	1250		800
比重 g/cm^3	5.32	2.18	2.51	3.14	3.987	5.8		7.3
融点℃	1,511	2,700	2,450		2,050	2,715		1,950
CAS No.						1314-23-4		

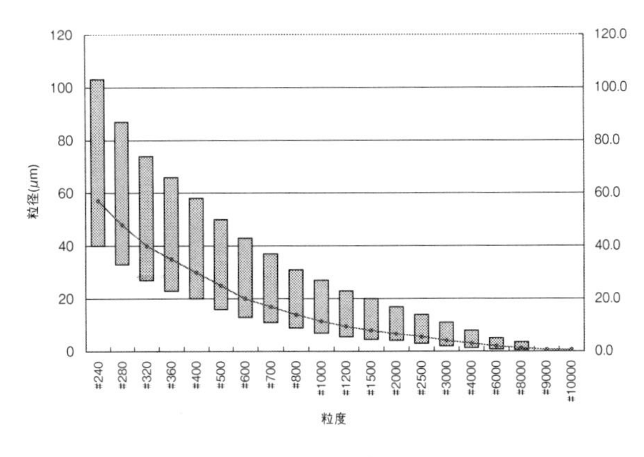

図16　砥粒の粒度と粒径

砥粒（図17，図18）のSEM画像の様に，すべての遊離砥粒が加工に寄与しているわけでなく一部の砥粒のみが作用して，砥粒の大半はまだ使用できる状態である。そこで，まだ潰れていない有効な砥粒を回収し研磨屑などの微細粒子は分離し排除する（図19，図20)。砥粒を再生し利用することで，コストの低減や廃棄物の削減を行う事が可能である。

また，高精度な研磨を行うためには，スラリーの管理が重要な要素で，スラリーの濃度，流量，粒度分布などのモニター管理を推奨している。

遊離砥粒の回収再生装置を図21に示す。機器の構成としては，分級して微粒子を除去するサイクロン，再生液の比重の調整を行う調合ユニット，スラリー中に存在する粗大粒子の除去を行うフィルターユニットから構成される。このように，作用していない有効砥粒の回収を行えば，砥

図17　使用済み砥粒

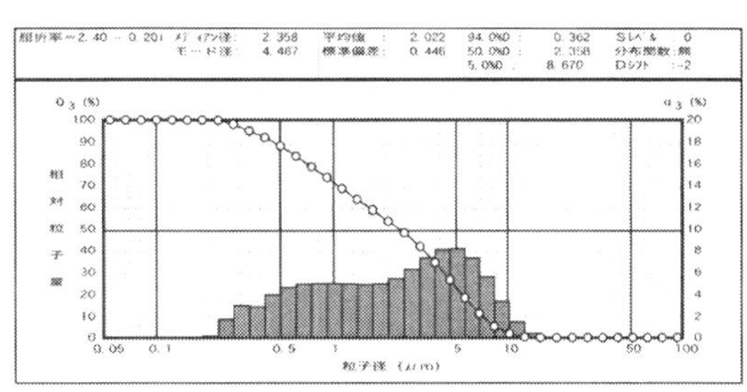

図18　使用済の粒度分布

図19　再生後の砥粒

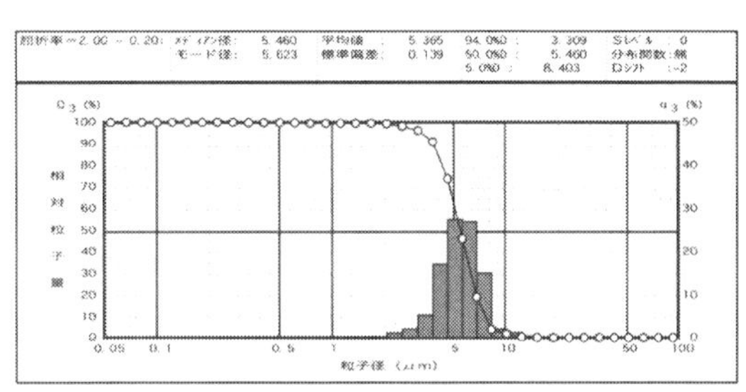

図20　再生後の粒度分布

図21　スラリー再生装置

粒の種類によって40〜70%の回収を行なうことができる。

1.8 結言

以上のように，ラップ加工に不可欠なラップ定盤とその付帯消耗品の特性について説明を行ってきた。ラップ加工は，ワーク，ラップ定盤，砥粒およびラップ装置の条件により高精度で高効率な薄型基板の研磨加工を簡単に行う事ができる。

近年，スマートフォンなどの市場の拡大につれて，電子部品の価格下落が著しい。そのため，ラップ加工に求められる要求も年々変化し，高精度から低価格で量産性が重視される傾向にある。当社では，コスト低減にも取り組みながらプロセスの提案を行い，将来に対してラップ加工の拡大に微力ながら精力的に取り組んで行きたいと考えている。

参考文献

• 宮本紳司，両面ラッピングの高精度化に関する研究

2 研磨用ピッチ

広川良一*

2.1 はじめに

紀元前約14世紀頃には既にガラス製造所がエジプトなどにあった事は知られている。当然,「磨く」,「研磨する」などの作業はこの頃から行われていたと推測される。研磨材料として「ピッチ」の言葉が使われたのは,1720年頃にニュートンが著書の中に記載したのが初めてと伝えられている。現在でも研磨材料として「ピッチ」の名称が一般的に用いられているが,「タール」,「タールピッチ」などの名称でも呼ばれることも多くある。

原因は従来から「タール」と「ピッチ」の言葉が混同して用いられて来たためである。本来「タール」はより液体に近いものと見なされる一方,「ピッチ」はより固体に近いものと見なされているが,両者の間に明確な定義がない事が混同されて使用されている原因になっている。英語およびフランス語では「タール」は主に石炭に由来する物質のことであり,「タール」は以前はガス製造所の製品のうちの１つの品名であった。

古くから研磨用ピッチの原料として主に,アスファルト系,石炭系および木タール系のピッチなどが使用されていたので,これらの名称が混同されて使用されて来ても不思議はないが,それは30年以上も前のことであり,現在は有害性,環境性などでタール系の研磨用ピッチは使用されていないので,「ピッチ」に統一されるべきであると思っている。 研磨用ピッチについて少しでも正確な情報を提供出来たらと思い,研磨加工者の立場ではなく,研磨用ピッチを開発・製造・販売して来た立場から,今回研磨用ピッチについて執筆した。研磨用ピッチは日本のみでなく,スイス,ドイツなど数カ国で製造されているが,世界的に見ても研磨用ピッチの製造メーカーは非常に少ない。更に現在市場で流通している研磨用ピッチの殆どは日本製品であり,90%以上はK社で製造されている製品である。

2.2 研磨材料としての必要な特性

硝子の研磨材料としては砥粒を保持し,硝子面に対して押し付ける様な特性と硝子面になじんでいく特性が必要であり,これらを同時に満たす事が出来る粘弾性を持つ材料が研磨用材料として適していると言える。この粘弾性の特性を更に細分化すると弾性,遅延弾性,粘性に分かれる。

図１に光学用ピッチのレオロジー(粘弾性)特性を記載した。

このレオロジーが硝子などの研磨にどの様な働きをするかは以下の様に考えられる[2]。

① 研磨皿上の研磨材料は研磨の初期においては,研磨されるワーク面にピッタリとは当たっていなくても,研磨の進行と共に少しずつ変形して研磨曲率に適合していく作用が必要で,このためには研磨皿上の研磨材料は適当な粘度率を持っていなければならない。

② 研磨剤の粒子がワークの表面の凹凸を破壊するためには,粒子はある程度の面積でもって,

* Ryoichi Hirokawa 九重電気㈱ 伊勢原事業所 化成品部 取締役化成品部長

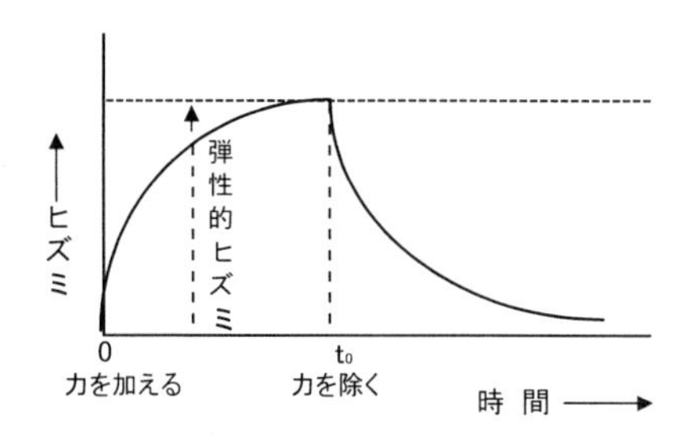

図１　研磨用ピッチのレオロジー[3)]

研磨皿の表面に保持されていることが必要で，研磨皿が適当な速さで研磨剤をその表面に捕らえ，また研磨剤があまりに速く皿の内部に埋め込まれてしまわないためには，研磨皿上の研磨材料は適当な粘性（または遅延弾性）を持っていなくてはならない。

③　研磨剤がワーク表面を破壊するとき，その反作用として研磨皿上の研磨材料は瞬間的な力を受ける。研磨皿上の研磨材料はこの瞬間的な力に対しては，強い弾性を持っていなければならない。

これらの条件を備えた研磨材料として先人が試行錯誤して来た結果，木タール系ピッチ，石炭系ピッチ，アスファルト系ピッチが最終的に選択され最も多く使用されてきた。なかでも研磨材料自体の硬度が密接に関係する事から，アスファルト系の研磨用ピッチは硬度範囲が広く比較的容易に希望の硬度が得易い利点があり，研磨の機構に非常に適した材料であると言える。

この他にも，アスファルト系の研磨用ピッチの研磨皿表面の物理的性質の適正も無視は出来ない。研磨皿はワークに強い接着力を持っては不都合が出る。またワークとの研磨皿の間に研磨剤を含んだ水溶液がいき渡ることも必要である。アスファルト系の研磨用ピッチは炭化水素を主成分として本来疎水性のものであるが，その表面に研磨剤が付着することによって水に濡れる様になる特性を持っている。研磨剤の砥粒は研磨と共に次第に皿の中に埋め込まれていく必要がある。この過程は同じ仕上げ研磨の過程の中でも，最初は粗く，最後は精密な研磨がされるために必要であるが，アスファルト系の研磨用ピッチはこの作用にも適した適当な粘度を持っている。良い研磨結果を得るためには研磨条件に適した研磨用ピッチを吟味して選ぶ必要があり，このために選択出来る幅が多くあることが大きな長所として生きて来る。各社においては長い経験からおのおのの研磨条件に適する研磨用ピッチを見つけ出している様子である（図２）。

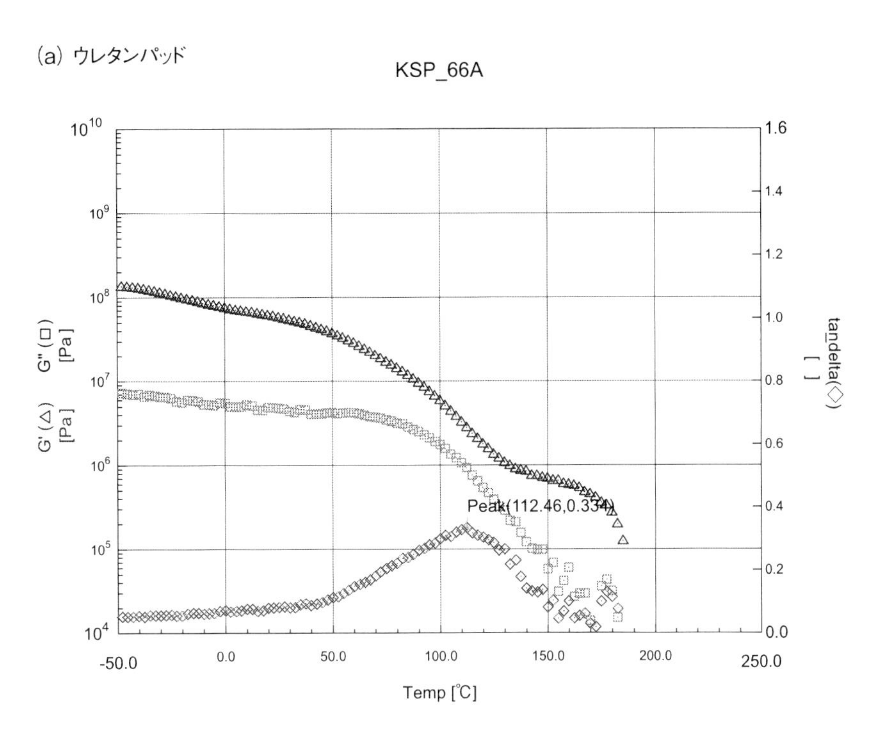

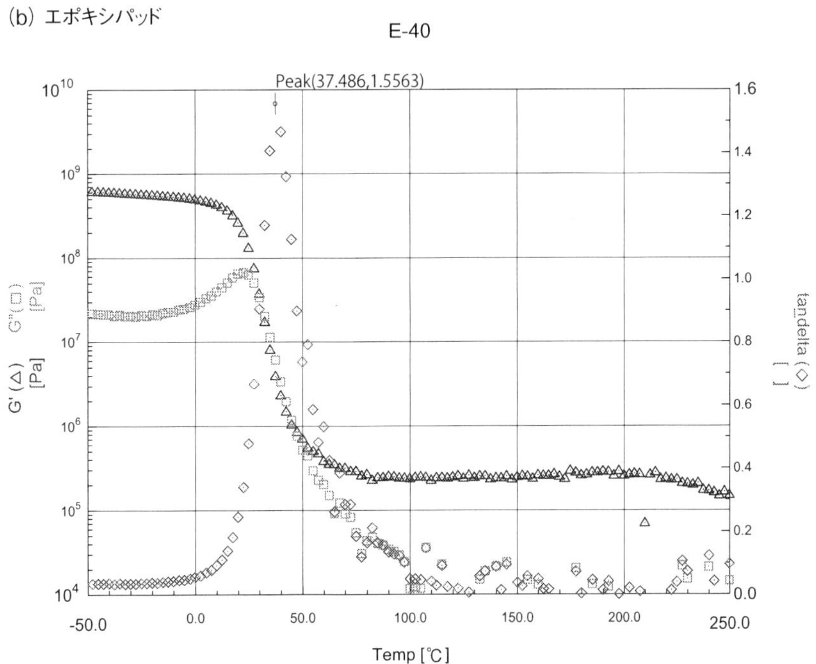

図2　他の研磨材料（ウレタンパッド）とアスファルト系ピッチの粘弾性比較[4)]

(c) ストレート系ピッチ

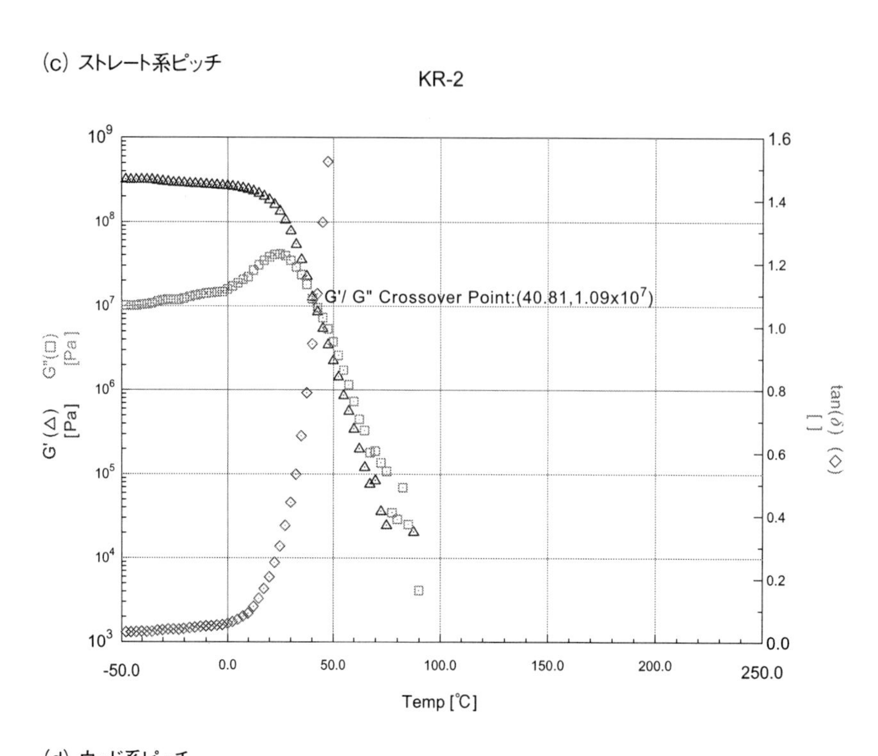

(d) ウッド系ピッチ

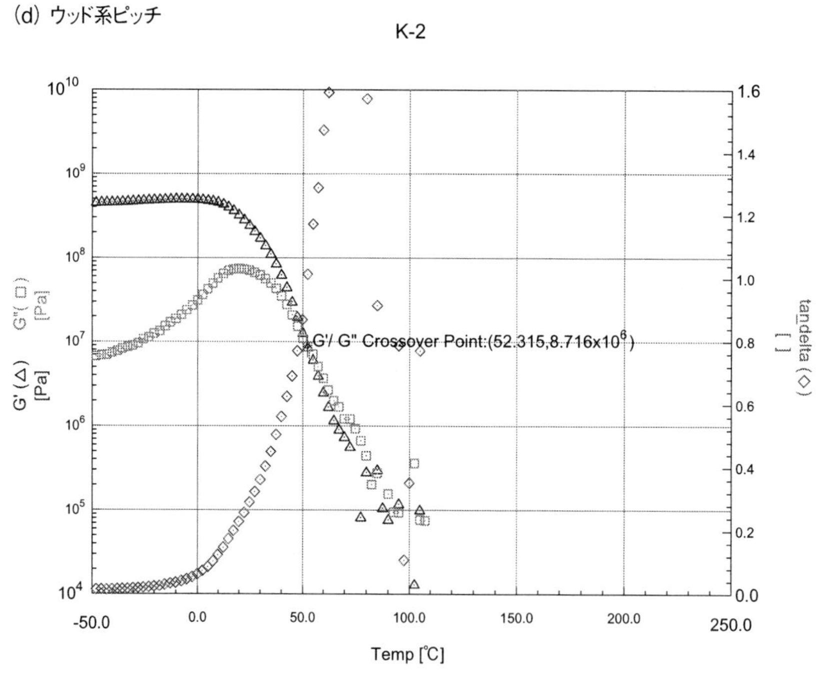

図2　他の研磨材料（ウレタンパッド）とアスファルト系ピッチの粘弾性比較[4]

2.3　研磨用ピッチの原料系の使い分け

各原料系のピッチは研磨品（ワーク）の用途によって表１の様な使い分けがされていた。

表1　各原料系研磨用ピッチの主用途[1)]

成　分　系	用　　途
石油アスファルト系（ストレートアスファルト）	一般研磨用
石油アスファルト系（ブロンアスファルト）	高加重・短時間研磨用
木タール系（ウッド系）	原器などの高精度研磨用・手磨き用
石炭系（タール系）	原器などの高精度研磨用・特殊品研磨用

2.4　現在市販されている研磨用ピッチの種類

研磨用ピッチは使用方法，製造方法だけでも研磨面に及ぼす加工精度が異なる。また同じ原料系の研磨用ピッチを用いても他の研磨条件（室温，回転数，揺動幅，加重，材質，貼り付け角度，曲率半径，面精度）によって適合した硬さの研磨用ピッチを選択することも必要である。

現在市場に出でいる主な研磨用ピッチは表２の通りである。

表2　Ｋ社製の研磨用ピッチ一覧表[5)]

成　分　系	級　別	No.	針入度	軟化点℃	主　な　用　途
ストレートアスファルト系	Ｋ　級	1	0～5	100以上	光学ガラスの研磨用として代表的なピッチで精度が高く使いやすい汎用品である。
		2	6～10	90 〃	
		3	11～15	85 〃	
		4	16～20	75 〃	
		5	21～25	70 〃	
		6	26～30	65 〃	
		7	31～35	50 〃	
		8	36以上	50 〃	
ウッド系	ＫＲ級	1	0～5	85以上	Ｋ級とほぼ同様に使用されますが、特に平面研磨に使用される。
		2	6～10	80 〃	
		3	11～15	75 〃	
		4	16～20	70 〃	
ブローンアスファルト系	ＫＢ級	1	0～5	120以上	高荷重、短時間研磨用としての特性をもつ汎用品である。
		2	6～10	110 〃	
		3	11～15	100 〃	
		4	16～20	90 〃	
レジン系	ＫＳ級	1	0～15	65以上	高精度、特殊品の研磨用である。
		2	16～30	60 〃	
		3	31以上	60以下	

針入度測定条件　　25℃　　200ｇ　　60秒

2.5　研磨用ピッチ物性[3)]

研磨用ピッチの実用に際して特に重要なものとして，そのものの力学的性質がある。研磨用ピッチは熱可塑性を有しており，軟化点以上の温度おいては液体状態である事からこの状態で使用される事はないが，軟化点以下の実用上の温度では流動性と同時に弾性的性質を持っている。更に低温のゼイ化付近の温度では殆ど完全な固体状態になり弾性的な性質を示す。この様に光学用ピッチが複雑な力学的性質をもち，しかも温度によって著しく変化する事が，その実用性能をわかりにくくしている一つの要因になっている。

研磨用ピッチの物性の測定方法はJIS K2207に規定されている石油アスファルトの物性試験方法が主に用いられて規格になっている。特に光学用ピッチの代表的特性として溶解温度などを表す値としての軟化点，硬さを示す値としての針入度の２特性によりクラス分けされているが，実際には上記に記載した様に２特性で識別出来る程単純ではなく，力学的性質を含めて多くの物性が各研究者によって測定されており，いずれも研磨用ピッチの特性および働きを知る上では重要な特性である。

下記に研磨用ピッチの物性について代表的なものを記載した。

⑴　軟化点（softning point）

研磨用ピッチの主原料になっているアスファルトは，各種炭化水素やその誘導体の混合物であるため，明確な融点は存在せず，温度を上げると徐々に軟化して半固体状態を経て液体に変化する。軟化点は研磨用ピッチの流動性がある限界に達した時の温度で表示されるが，これは温度変化による可塑性の限界を評価するための研磨用ピッチの重要な特性になる。

⑵　針入度（penetration）

針入度は研磨用ピッチのコンシステンシーを知るために利用されている。

⑶　感温性

光学用ピッチの感温性は実用時におけるそのものの性質を左右する最も重要な因子と考えられる。

感温性の表示法として，２点又は３点における針入度の差から求める感温因子など各種の表示方法があるが，最も広く用いられているのは針入度指数であり，この方法は温度を普通目盛りとし，針入度を対数目盛りとした図表に温度と針入度の関係を記入すると直線関係が得られことから，直線の勾配でその性質を表したものである。

⑷　温度－粘度関係

光学用ピッチは内面的にみると温度変化によってニュートン流動から複合流動にいたるまでの複雑な挙動を示しているが，現象はかなり単純なものであり，動粘度の対数の対数と温度の対数の間には次式で示す様な直線関係が成立する。

$$\log\cdot\log(VR+1)=m\ \log T+C$$

VRは動粘度（センチストローク），Tは絶対温度，mとCは定数である。

粘度の測定方法は種々の方法があるが，光学用ピッチのような粘度の高い物質は一般的に非ニュートン流動を示すから粘性は流動の速度コウ配が一定であるような測定方法が必要である。

(5)　その他の特性

その他K社では下記の特性を測定し技術資料で公開している。

比熱，平均膨張係数，熱安定性，荷重による変形など。

2.6　研磨用ピッチの選び方[1)]

ピッチ研磨方法では仕上げ研磨でも通常，研磨皿材料として研磨用ピッチを用いる。ピッチ研磨皿はレンズなどの曲面に合わせて成型し易いと同時に，適当な強さの研磨剤（酸化セリウムなど）の砥粒を保持する役目をする。研磨の進行に伴って皿は徐々に変形し，かつ研磨剤も皿の中に埋没していって良好な研磨が出来る。

この様に研磨用ピッチのレオロジー的性質が，良い研磨のために必要な条件である。

したがって荷重，研磨皿の回転速度，研磨剤の粒径などの多くの研磨条件により，研磨皿材料の研磨用ピッチの方もそれに合わせた選択が必要になる。図3，4に各研磨用ピッチの加工の1例を記載した。

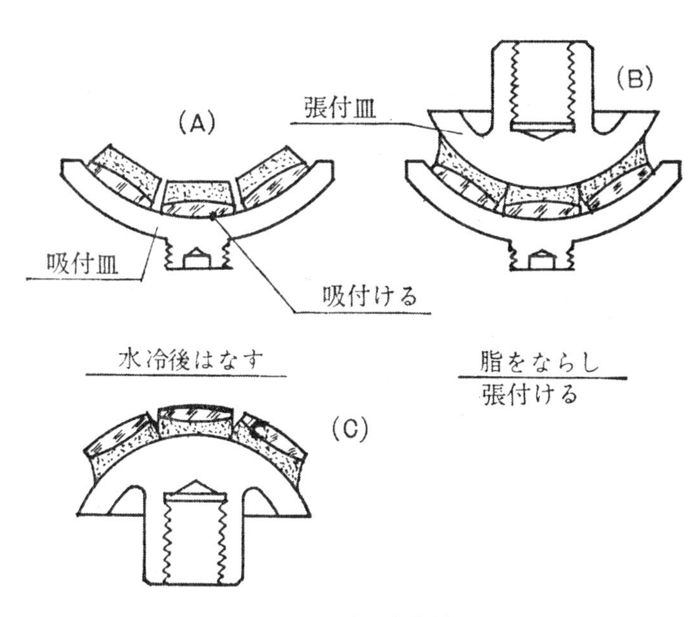

図3　研磨皿製作例

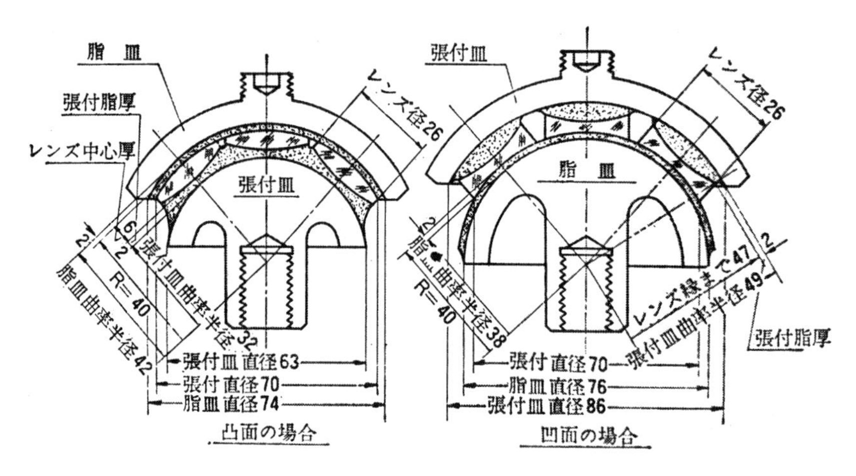

図４　ピッチ研磨加工方法例

2.6.1　石油アスファルト系

(1)　ストレート系研磨用ピッチ[1)]

• ベタ皿，網目皿に使用され，研磨熱によるピッチ皿面の変化が僅小である。この特性は加工個数の多い研磨に適しているので，汎用品として現在最も多く使用されている。欠点としてはピッチ研磨皿の使いはじめに加工面と馴染ませる仕事と時間と技能を要することである。

• ベタピッチ皿（ベタ脂皿）：多数貼りで砂目を速やかに取り除くワークの研磨に適している。面精度も40 mm～50 mm以下のワークなら$\lambda／2$程度は可能である。

• 網目皿：一個磨きに多く用いられている。面精度の高い要求に適している。

(2)　ブロン系研磨用ピッチ

上記ピッチと使用方法および加工精度には大きな差はないが，ブロン系研磨用ピッチは非常に弾性が強いので，ストレート系ピッチよりも高荷重を掛ける事が可能で，粘性も高いので研磨速度を上げる事が出来ることから，高速，高荷重での研磨用ピッチとして用いられている。但し量産性に優れる一方，弾性が強いのでストレート系研磨用ピッチよりは精度が出しにくい。

2.6.2　ウッド系研磨用ピッチ

松ヤニなどを配合して製造されている。加工面の馴染みは良いが温度変化でピッチの硬度の変化が著しい欠点を持っている。概して小物レンズに適し外径の大きいワークには不向きである。

加工面精度は石油アスファルト系より優れている。使用にあたってはピッチ面の変化が速く，温度変化で当たり具合が短時間で変わるので，上皿の回転状態馴染み具合に留意して研磨条件を適合させねばならない。研磨肌は石油アスファルト系よりも多少劣るが平坦度を出し易く平面研磨に非常に適している。

2.6.3　レジン系研磨用ピッチ

温度変化の影響を非常に受け易く，面が直ぐ変化するので使用が難しい研磨用ピッチであるが，弾性が殆どなく，脆い面もあるが加工面への馴染みが非常に良いので，この特性を生かして高精度の加工面を得る。使用方法としては砂目抜きでの加工面精度の高低，面のくせをある程度まで面出しして使用しなければならないので，最終仕上げ皿のみに使用しなければならない短所もある。研磨剤は凝固防止した上澄みを補給し，ピッチ面の微細な崩れに注意が必要である。他の原料系のピッチと比較にならない様な高精度加工面が得られるので光学原器および高精度品（λ／60～λ／100）の研磨に用いられている。

加工条件により大きな違いが出るのも特徴で，自社の研磨条件に適する様に添加物などを加えて使い易い様に調整する事も必要であるが，各熟練者，匠などからはλ／100以上の高精度品の加工が出来たなどの発表も多く出ている。

2.7　今後のピッチ研磨方法について

ピッチ研磨方法の最大の特徴は，他の研磨材料（ウレタンシート，スエードなど）では得る事が出来ない高精度にワークの加工が出来る事であり，この特性を生かさなければピッチ研磨を行う意味を持たない。反面，ピッチ研磨は加工速度が遅いので採算性が悪く，高付加価値品以外に用いる事が出来ないという大きな短所も持っている。ここでは採算性を上げてピッチ研磨の最大の特徴を生かす研磨方法として，既に市場では一部の企業で実施されている方法ではあるが，大型研磨機でのピッチ定盤（直径２～４m）を用いてのピッチ研磨方法を紹介する。

大型ピッチ定盤を用いた研磨方法も基本的なことは小型定盤を用いた研磨方法と同じであるが，大型ピッチ定盤を使用する場合の大きな問題は研磨中に発生する局所熱で，一時的な部分変形を起こし，加工物が変形した状態で研磨される，加工終了と同時に熱を受けなくなるので熱による変形から解除された時に，研磨された面の形が変化するなどの現象が発生し易く，加工物が大きくなるほど熱変化も大きくなる。当然形状が複雑なほど変形も複雑になり研磨は更に難しくなる。これらの問題を解消するためには，温度変化と研磨で発生する熱の影響を極力少なくして，加工物形状に対しては，保持する支点を低い位置に置くような条件が必要になる。例えば砂目が抜けた段階では，研磨圧を低くするため荷重を軽くし，回転も落として極力研磨熱を発生させないで磨く低圧低速研磨が必須条件になる。更には前条件として，他からの振動を受けない様に，研磨機の土台は他から縁切りされている事。研磨機は振動を吸収し易い構造になっている事と各部分で熱を他の部分に伝えにくい構造になっている事など細かい所にも注意が必要である。ピッチ定盤の作製についても同様で，一度に多量のピッチを流し込むと熱収縮の問題で，定盤から剥がれる原因になる。最初は全面に渡る薄いピッチ層を造ってから，少しずつピッチを流し込みピッチ層の厚さを序々に厚くして行く方法を取る必要がある。ピッチ定盤の厚さは応力に関係するので，無制限ではなく約10mm～15mmが最適である。ピッチ定盤を造る他の方法として，約10mmの厚さのピッチを約20～30㎠角で何枚も作製して，１枚１枚定盤に貼り付けて行く方法も有効である。但しこの場合は貼り合わせ部分の隙間は熱膨張を考慮した溝幅を設ける必要が生じる。一度基準面を得たならば長期間その研磨皿を使用する事が出来るので，高精度加工品を量産する有効な研磨方法といえる。他の最新情報としてはエポキシパッドを用いる事も考えられる。

図２に記載した通りエポキシパッドはこれまでの研磨材料（ウレタンパッド，スエードなど）とはまったく異なった粘弾性の特性を有し，その特性は研磨用ピッチに非常に類似している事と感温性の特性も殆どピッチと同等であり，ウレタンパッドに比べて高精度な面が得られる事も実証されている。更に硬度の低い品種および厚さの薄いパッドを用いる事により研磨用ピッチと同じく高精度加工が出来る研磨材料としての期待が高まっている。

謝辞

今回「研磨用ピッチ」の執筆の機会およびご指導を賜りました立命館大学の谷　泰弘教授に深く感謝申し上げます。

文　　献

1）光学素子加工技術85，光学工業技術協会編集（1985）
2）針入形レオメータ，光学工業技術組合発行技術資料，**4**(3)（1969）
3）アスファルト，日刊工業新聞社発行（1963）
4）光学用ピッチカタログ，光学用ピッチの技術資料，エポキシ樹脂パッド資料，九重電気株式会社

3　研磨布

繁田好胤*

3.1　はじめに

研磨布はラップ後の鏡面研磨用として，ラフなものから高精度に加工精度が要求されるものまで広範囲の用途で使用されている。ここでは主に平面研磨を目的とした，電子材料用の研磨布に関して記載した。

電子材料に於ける研磨加工は，デバイスの配線微細化や各種の基盤材料の発達に伴い，より高性能化し多様化してきている。また前工程であるラップ工程も固定砥粒による加工など，研磨の前段階の加工方法も高能率化が進められており，遊離砥粒方式で使用される研磨布に関して要求される性能はより精緻なものになっている。研磨布の役割と代表的な研磨布を主な用途ごとに紹介する。

3.2　研磨布の働き

研磨布は，研磨時にスラリーを被加工物の中央まで，安定して搬送し，研磨砥粒を被加工物に作用させる重要な役割を担っている。このため，研磨布は，表面の微小凹凸構造と，これを作り込み易くするためのある程度の発泡構造が必要である。殆どの場合，研磨布は何らかの発泡体で構成されている。

3.2.1　研磨布の表面状態

研磨特性に影響を与える研磨布の最重な要素として研磨布の表面粗さが挙げられ，多くの粗さ指標と測定方法が提案されている。表面粗さの中でRaは，パッド上の凹凸を平均的に数値化した最も代表的な粗さ指標である。Raは，測定後の解析処理が簡便かつ研磨布自体の構造や表面状態を広く表すことが可能なために，これまでも多く用いられてきた。しかしながら研磨布が実際に被加工物へ力を及ぼす作用点は，粗さ成分の中でも凸部に限られるため，最近では選択的に凸部だけ，即ち，被加工物が接触する可能性の高い部分だけを定量化する試みがなされている。図1には模式的なパッド表面を表し，その高さ成分の頻度をグラフ化したものである。加工条件に依存するが，高さ頻度のピーク値より，高い部分が大きく研磨に影響している可能性が高い。

レーザー顕微鏡や光干渉式コンフォーカル顕微鏡での表面観察が活発に行われ，研磨前後の表面状態が，空孔部と樹脂部に分けて，詳細に解析が行われるようになっており，コンディショニングのかかり方や目詰まりの状態をより明確にしている。図2は研磨布のコンデイショニング後の表面と研磨後の表面の測定例を示したものであるが，研磨後，高さ分布がよりシャープになり，表面の突部分が摩耗や塑性変形，目詰まりなどより高さが揃っていることを示している。

研磨布の表面状態をコントロールする方法は，研磨布の使用前や研磨中に行うコンデイショニングが一般的である。ダイヤモンドやセラミックの砥石で研磨布の表面を荒らす方法である。研磨布を製造するメーカー側では，事前に研磨布の表面を適度な表面粗さに整える作業も行われて

---

* Yoshitane Shigeta　ニッタハース㈱　技術部門　本部長

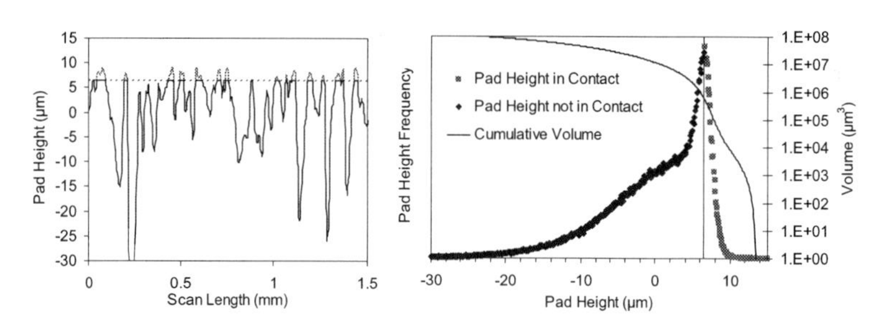

図1　模式的に描かれたパッド表面の粗さと高さ成分の分布図[1)]

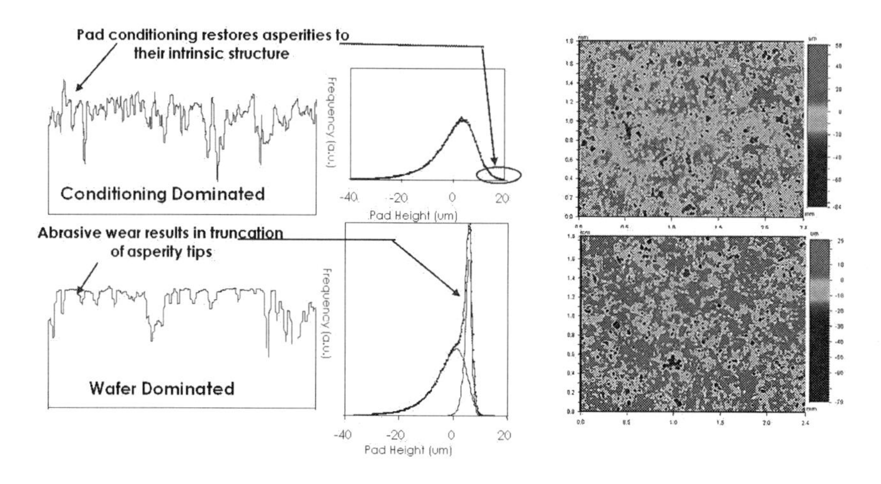

図2　コンディショニング後と研磨後のパッド表面状態（コンフォーカル顕微鏡による測定例）[1)]

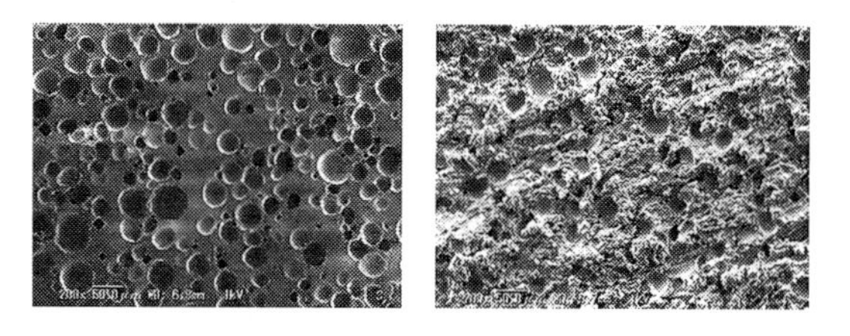

図3　スライス加工後の研磨布表面とコンディショニング後の研磨布表面のSEM像[2)]

いる。図3は研磨布の成型後の表面状態とバフ加工により表面状態を整えた例を示した。表面がより複雑な状態となり，コンタクトポイント[3)]が得やすい状態となっていることが分かる。

研磨布の空孔も表面粗さに大きく影響する。空孔は，一般的にスラリー保持のためとされているが，パッド表面の状態を安定化させる重要な要素でもある。研磨布は，研磨の立上げ作業時や各バッチ処理終了後に，ダイヤモンド粒子を含むコンディショナーによって，研磨布の表面粗さを均一化し，若しくは目詰まりの除去が行われるが，空孔が無ければ研磨布の表面の見かけ密度が高く，コンディショニング効果が小さくなり，表面の目詰まり除去を阻害してしまう。したがって，研磨布の表面状態を安定化させる意味でも空孔の密度，大きさといったファクターは，重要な位置を占めている[6]。

3.2.2　コンタクトエリアとコンタクトポイント

研磨布の表面粗さと密接に関係する指標としてコンタクトポイントやコンタクトエリアに関する研究が活発になされている。動的な研磨状況において，被加工物と研磨布とが直接接触するか，スラリーなどが研磨布の表層を薄い層となって存在するかは研磨条件により一概には言えない。しかしながら研磨布の被加工物への作用点として定量化することは重要と考えられる。図4にはモデル的に示した研磨布と被加工物の関係を示している。実際の加工圧は，コンタクトエリアに依存することを示しており，コンタクトポイントやコンタクトエリアに関する考察が重要であることが分かる。

当然のことながら，パッドを構成する材料にも大きく影響され，低モジュラス樹脂を用いた場合，加圧すると接触面積が大きくなり接触点も増加する。その影響から，研磨中の被加工物への摩擦力は高くなり，研磨レートが増加する。図5には弾性率や発泡状態の異なる研磨布の荷重と

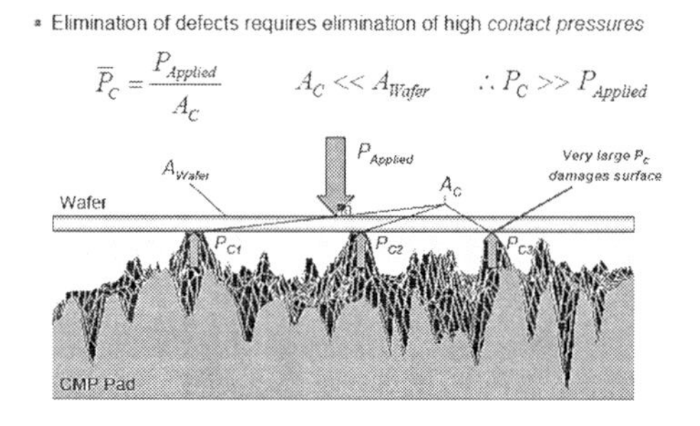

図4　研磨布表面と被加工物の関係をモデル的に示した図[3]
実際に作用する圧力はPcで示される。

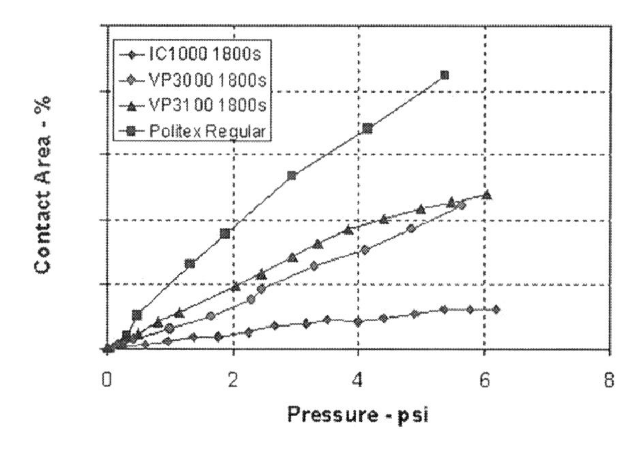

図5　各種の研磨布における研磨圧力とコンタクトエリアの測定例[3]

コンタクトエリアの変化を示している。研磨布の特性によりコンタクトが大きく変わる事を示している。

このように，被加工物との接触をコントロールするためには研磨布の粘弾特性や表面粗さを適度にコントロールする必要がある。研磨布の表面状態を長時間安定化させるためには，研磨布を構成する樹脂の特性の最適化も重要である[6]。

3.2.3 研磨布の圧縮挙動と粘弾特性

研磨布はポリウレタン樹脂やポリエステル樹脂などの高分子材料で構成されており，研磨時の圧縮方向の応力により，圧縮変形を受け，粘弾性挙動を示す。これは粘弾性の4要素モデルで表現され，図6で表される。

図7には研磨布の圧縮測定の事例を示した。圧縮応力をかける事により非線形に変形する。当然これらは，軟質研磨布では変形が大きく，硬質では変形量が少ない。また発泡倍率や前記の研磨布の表面粗さとが密接に関係している。研磨布の表面の粗さが粗ければその分，初期の圧縮変形量は大きく観測される。

図8には，繰り返しサイクルによるヒステリシスループの例を示した。圧縮サイクルを受ける

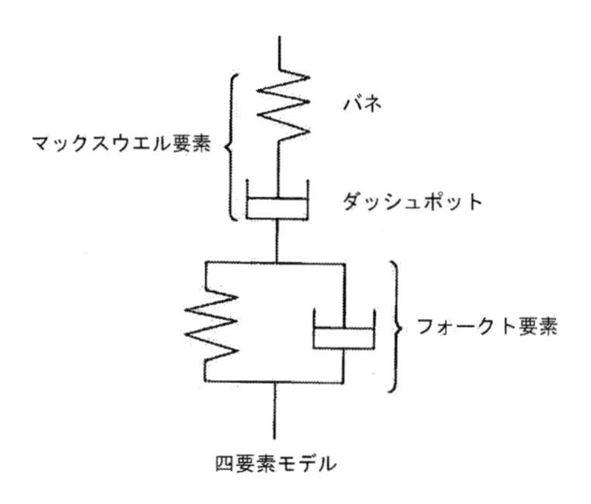

図6　研磨布の粘弾性　四要素モデル[4]

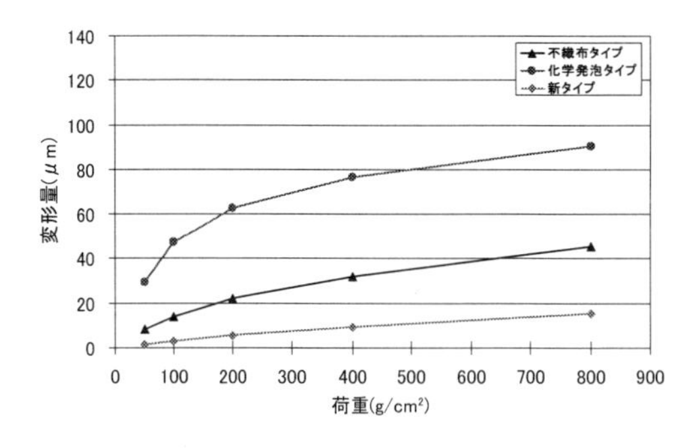

図7　不織布タイプ研磨布の圧縮挙動の測定例[5]

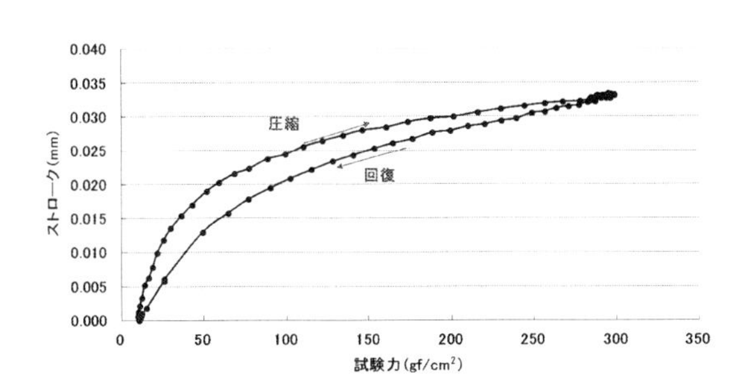

図 8　研磨府への繰り返し圧縮王禄によるヒステリシスループの測定例

ことで塑性的変形が発生していることを示している。繰り返して圧縮されることにより，通常は，変形量が徐々に小さくなり，このループの面積も小さくなる。研磨布の圧縮特性は，研磨加工に於いて，被加工物の平坦性に影響し，特にエッジ部分のダレや平坦化性能に顕著に影響が現れる。

3.3　研磨布の分類

研磨布の分類方法には各種のものがあるが，構造から次のように分類される。

a. 連続気泡タイプ（不織布製研磨布）

b. 独立気泡タイプ（発泡ウレタン製研磨布）

c. 涙滴気泡タイプ（スエード製研磨布）

夫々が，特徴的な特性を持っており，用途に適した選択が行われている。

3.4　連通気泡タイプ研磨布（不織布製研磨布）

連通気泡タイプの研磨布の典型例は，不織布製研磨布である。このタイプの研磨布は，シリコンウェーハの一次研磨用研磨布として，広く使用されている他，一部のデバイスの研磨，サファイヤなどの難研磨物の研磨にも利用されている。特徴は発泡構造が，連通発泡構造であり，通気性を持つ。研磨布の表面はより複雑な形態をとるため，研磨の基本的な性能は得やすい半面，より高い平坦化を目的とする場合には工夫が必要となる。シリコンウェーハの研磨の場合，高平坦度グレードへの要求が高まる中，より低圧縮率を持ち，高硬度である研磨布が要求されている。シリコンウェーハの研磨は通常，複数段階の研磨が行われ，夫々の段階で異なる研磨布が使われている。

3.4.1　シリコンウェーハの一次研磨用研磨布

不織布製研磨布と独立気泡性の高い発泡ポリウレタンパッド（後述）が主流となっている。この加工段階の目的は，ウェーハの形状を維持しつつ加工変質層を除去することがメインとなる。加工変質層の厚さは十数ミクロンで，この部分の除去が行われる。研磨スラリーは，コロイダルシリカスラリーが用いられ，メカノケミカル作用[4]により，効率的な加工が行われる。通常研磨レートは，約0.5～1.0μ/分程度の条件が採用されている。研磨布は，ウェーハの形状を維持若しくは，改善する目的で，研磨布の圧縮変形量の小さいものが採用される。

不織布タイプの研磨布は，ポリエステルやナイロンの不織布にウレタン樹脂などを含浸させ，約1mm厚さに，厚さを揃えたものが標準となっている。不織布は，繊維を三次元に交絡したもので，通常カードで解繊された50～100mm程度の短繊維をウエブ状に堆積させ，ニードルパンチを施すことで，三次元状に交絡させる。不織布は，1～3mm程度の厚さのものが原材料として使用される。含浸用ウレタン樹脂は，溶液重合された湿式成型用の樹脂が使用される場合が多い。エマルジョン系のウレタン樹脂などを用いて含浸する製品も販売されている。ウレタン樹脂の発泡成形は，繊維中に含浸したウレタン樹脂を，不織布の内部で均一に発泡できることから，湿式成型が行われる場合が多い。研磨布は，製品の厚さばらつきを，出来るだけ小さくする必要があり表面平滑加工（バフ加工）が行われる場合が多い。前記した研磨布表面の細かい凹凸を整えることにより，細かいコンタクトを得られることもあり，重要な加工となっている。

代表的な不織布製研磨布のSEM像を表1に示した。不織布製研磨布は，その用途に応じて物性の異な種類がある。ニッタハース株式会社製の不織布タイプの場合，400番台の型式では，比較的軟らかい物性で，半導体用シリコンウェーハの製造工程では，二次研磨以降の研磨キズの除去およびウェーハの表面粗さの低減の用途に使用される。600番台以降の型式では，比較的高硬度の物性で，一次研磨にてウェーハの平坦性を重視した工程にて使用される。

表1には，同時に研磨布の物性の代表例も示しているが，何れも研磨性能に影響を与える重要な因子である。圧縮率は，研磨布に一定の圧力を負荷し，その際に生じる圧縮変位量を研磨布の厚さを基準とした比率で表している。この数値が低い程，一定圧力下での圧縮変位量が低く，より硬い物性を意味する。近年，高平坦度が要求される一次研磨工程では，できる限り低い圧縮率の研磨パッドが要求される。

表面粗さ，表面形状は，前記のように研磨性能に影響を与える重要な因子である。研磨布の表

表1　各種SUBA™のSEM写真像と代表特性

		unit	SUBA™400	SUBA™600	SUBA™800	SUBA™840
SEM Image (Cross Section ×50)		—				
SEM Image (Surface ×50)		—				
Typical value	Thickness	mm	1.27	1.27	1.27	1.27
	Hardness	(Ascker-C)	60	81	82	87
	Compressibility	%	9.4	3.5	3.3	2.5
	Density	g/cc	0.30	0.37	0.41	0.41

面粗さは，適度に低い値が望ましいと考えられる。低い表面粗さの場合，多くの接触点にてウェーハを支え，一点に集中する荷重が低減する事により，研磨中に発生するキズを低減できると予測される。表面粗さの存在する層は，比較的軟らかいため，同じ材料を使用した，不織布製研磨布であっても，表面粗さの高い物は，圧縮率が大きくなり，構造体としては軟らかくなる。軟らかくなる事により，研磨時のウェーハエッジに対する応力が増加し，平坦度は低下する事が予測される。しかし，研磨パッドの表面粗さが低すぎる場合，研磨パッドが面として接触を開始し，スラリーや研磨残渣を保持する機能が低下して，研磨レートの低下や，寿命の短縮に繋がってしまう。従って，研磨布として最適な表面粗さを理解するためには，研磨布のウェーハに対する接触点や接触面積としての指標でも解析する必要がある。

不織布製研磨布のシリコンウェーハ研磨加工例を参考として示した。不織布研磨布，SUBA840を使用した研磨加工例を示している。スラリーは，アミンタイプのコロイダルシリカスラリーを使用，研磨量は，約20 μmとし，研磨時間は，研磨の終了時にウェーハ厚さとキャリア厚さが同じとなる様に，投入ウェーハの厚さにより調整した。その他の主な研磨条件は，表2に示した。研磨レートおよびウェーハの平坦度に関する研磨結果について，図9，10に示した。横軸は，研磨バッチ回数を示しており，10バッチの研磨を連続して実施している。この研磨条件では，研磨レートは，最初の6バッチ間は，次第に上昇し，7バッチ移行に安定した様に見られる。これは，最初の6バッチの研磨が進行する間に研磨布が厚さ方向および表面の形状について，ウェーハからの加工圧力と水平方向の応力により塑性変形あるいは磨耗の影響を受け，次第にウェーハ面に対してより大きな接触面積を得たためと推定される。7バッチ以降の研磨レートの値は，安定し，図11に示したウェーハの平坦度についてもほぼ同様の傾向が見られる。このように研磨レートと平坦性は密接に関係しており，研磨布表面の状態や粘弾性特性が密接に関与していることが窺える[6)]。

表2　SUBA™840によるシリコンウエハのDSPによる加工条件例；加工条件[6)]

研磨装置	スピードファム株式会社製，DSM20 B-5P-4D
ウェハ	8インチ，P+エッチドウェハ
スラリー	ナルコ社製，2350
パッド	ニッタハース株式会社製，SUBA 840
平坦度測定機	ADE社製，Ultra Gage 9500
ドレス	#100，20分間
下定盤回転数	35.0 rpm
上定盤回転数	13.4 rpm
リングギア	7.0 rpm
サンギア	25.0 rpm
加工圧力	17 Kpa
研磨量	18～24 μm
ウェハとキャリアのギャップ	研磨後に0 μm

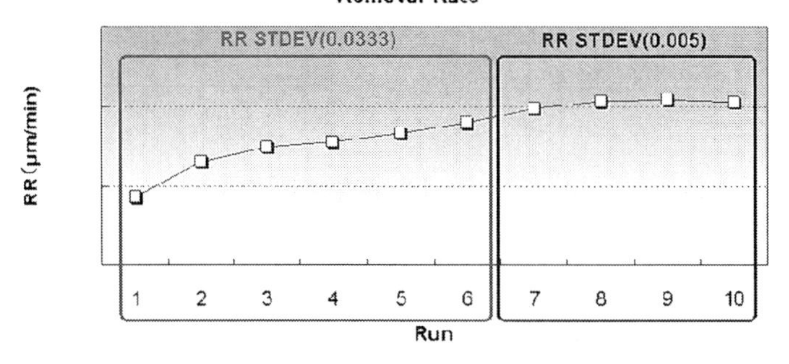

図9　SUBA™840によるシリコンウエハのDSPによる加工結果；研磨レートの推移[6)]

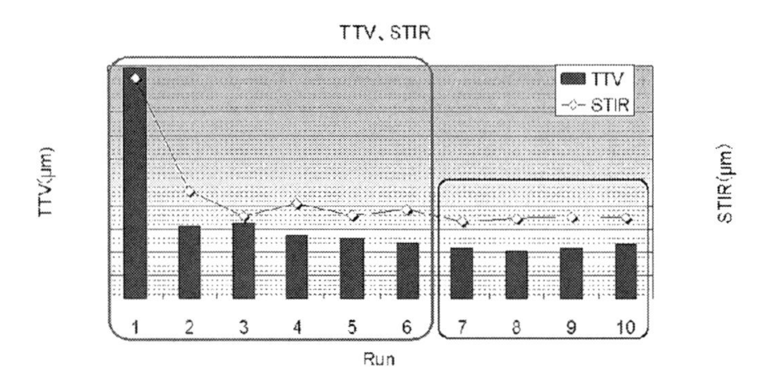

図10　SUBA™840によるシリコンウエハのDSPによる加工結果；ウェーハの平坦性の推移[6)]

3.5　独立気泡タイプ研磨布

不織布タイプに比較して独立気泡性の高い研磨布で，通常ウレタン樹脂のみの発泡体で構成される場合が多い。比較的構造が製造工程シンプルで，研磨布としての構造が安定していることから使われている場合が多いが，ドレス条件などの研磨加工の条件の最適化が難しいなどの問題を持つ。完全な独立気泡性を持つものから，若干の連通気泡を含む物まで，多くの種類が製品化されている。

原料は，主にウレタンのプレポリマー，硬化剤，発泡剤などからなり，バッチ混合機や低圧のウレタン成型機でブロックやシート状に成型される。ブロックで成型した場合にはスライス加工で1～2 mm程度の製品に仕上げている。

ウレタン樹脂には，耐水性や耐薬品性の観点から，エーテル系のウレタン，硬化剤にはジアミンなどが使われる場合が多い。ウレタン樹脂を発泡させ，スラリーの保持および研磨残渣をある程度吸収できる構造としている。発泡倍率は，シリコンウェーハの研磨に使用される発泡ウレタン製研磨布の場合，密度[4)]は，およそ0.4～0.5 g/cm^{3}の物が多い。デバイスウェーハを研磨するCMP工程にて使用され場合には，およそ0.6～1.0 g/cm^{3}と，比較的高密度の研磨パッドが使用される。半導体用シリコンウェーハの一次研磨工程では，研磨量がデバイスウェーハのCMP工程に比べ大きく，研磨時間も10倍以上に長いためである[6)]。

3.5.1　シリコンウェーハ用研磨布

この用途には，密度が0.4～0.5 g/cm^{3}程度（発泡倍率で2倍程度）に発泡させた研磨布が使われている。目的は一次研磨が主な用途である。代表的な発泡ウレタン製研磨布の構造と物性を表3に示した。

発泡ウレタン研磨布は，研磨装置に設置された後，使用される前にダイヤモンド・ドレッサなどにより表面処理して使用される。この目的は，研磨布に一定の表面粗さを与えて，スラリーを研磨布表面に一定量保持できる様にするためである。発泡ウレタン研磨布の場合，この処理をしない場合，研磨レートは，極端に低い。理由として，発泡ウレタン研磨布は，ウレタン樹脂をケーキ状に成形した後，鋭利な刃物でスライスして生産されるため，発泡したポアとポアの間の表面粗さは非常に低い。ウェーハが研磨される場合，このポアとポアの間の部分にスラリーを保持して，スラリーが研磨に寄与すると考えるため，この部分の表面粗さが低すぎる場合は，スラリーをこのポアとポアの間の部分に保持できず，良好な研磨が実施されない。良好な研磨を実施するためには，その研磨に適した研磨布の表面粗さ造りこむ必要があるためである。

シリコンウェーハの一次研磨加工例を表4以降に示した。表4には研磨条件，図11には加工例の結果を示している。研磨布の表面状態により研磨特性が大きく変化していることが分かる。このときの研磨布の表面状態を図12に参考として示した。研磨布の表面状態が，全く異なることが分かる。

3.5.2　デバイスの平坦化用研磨布

この用途には，主に独立発泡性の高いポリウレタン製研磨布が使用されており，この種の消費量も，最も多い。用途によっては，緻密な不織布タイプやスエード製研磨布が使用される場合が

表3　代表的な発泡ウレタン製研磨布のSEM像と物性値

Item	Nitta-Haas standard products		
	MH™-S15 A	MH™-S24 A	MH™-S15 S
SEM Image (Surface ×50)			
SEM Image (Cross Section ×50)			
Thickness（mm）	1.00	1.00	0.80
Density（g/cm^3）	0.52	0.42	0.52
Hardness（JIS-A）	84	82	83

表４　発泡ウレタン製研磨布によるシリコンウェーハ　研磨加工条件の一例[2)]

Variables	Conditions
Polisher	POLI 500
Measurement of roughness	Contact surface profiler system
Measurement of viscoelasticity	Viscoelasticity measurement system
Polishing pad	MH pad – Buffing conditions - No buffed(ref), Rough, Middle, Fine
Slurry	NP 6217A(Amineless) NP 6220 (Amine)
Flow rate	120(ml/min)
Pressure	300 g/cm^2
Velocity	Head: 100rpm, Table: 100rpm
Polishing time	Polishing time: 15min
Wafer	Si wafer – 4"

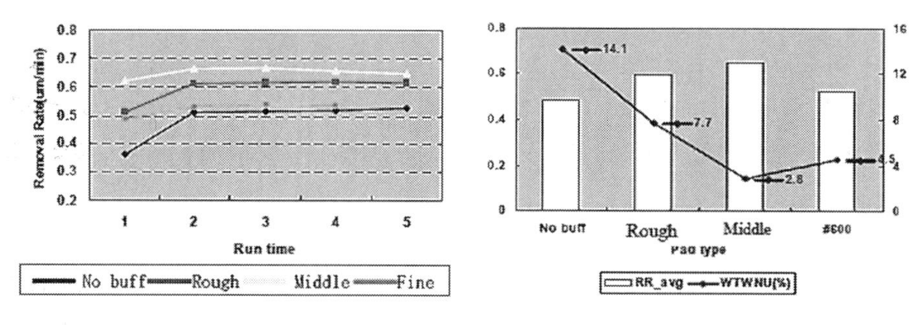

図11　発泡ウレタン製研磨布によるシリコンウェーハ研磨結果[2)]
研磨布の表面状態により研磨特性が変化している。

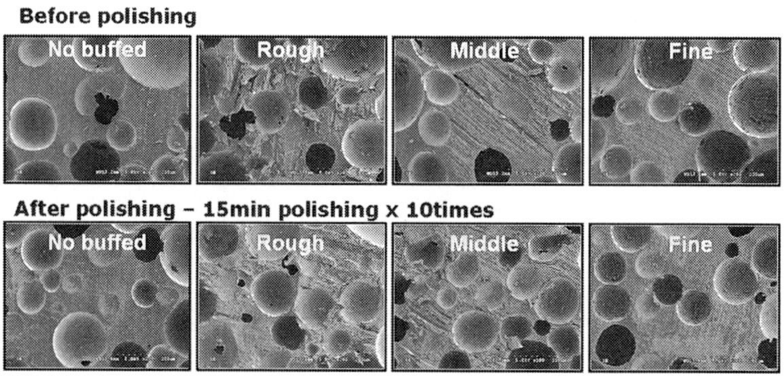

Before polishing
No buffed　Rough　Middle　Fine
After polishing – 15min polishing x 10times
No buffed　Rough　Middle　Fine

図12　発泡ウレタン製研磨布の表面処理（バフ）の状態と研磨後の研磨布の表面状態[2)]

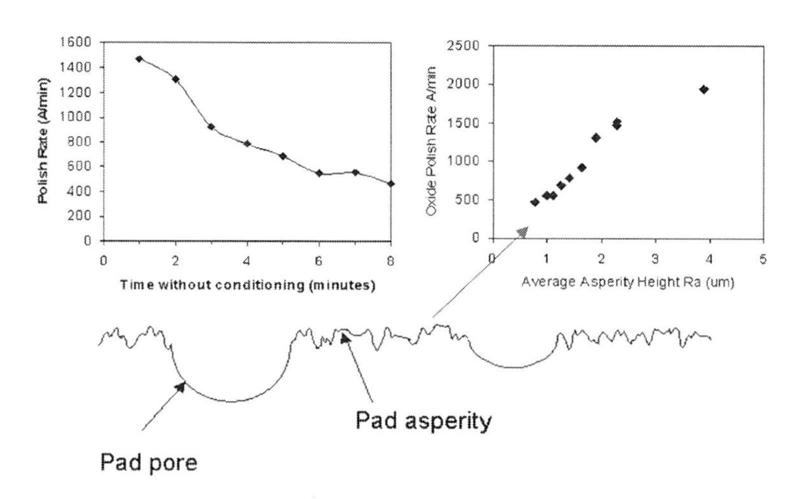

図13　ILD研磨におけるダイヤモンドドレスの影響，ドレスをあえて行わない事例[10]
ドレスを使用しないと，研磨レートが急速に低下することが分かる

ある。ここでは主に発泡ウレタン製研磨布に関して記載する。

デバイスの平坦化用研磨布の特徴的な使用方法は，ダイヤモンドによるドレスを連続して，若しくは比較的短いサイクルで行い，パッドの表面の粗さを維持しながら使用することである。これは，スラリーの保持性を高め，コンタクトポイントを多く作りこむために行われている。使用される研磨布が，デバイスの平坦化性能を確保するために，密度の高い研磨布が使用され，よりドレスが重要となる。図13には，酸化膜の研磨事例で，ドレスを行わない時の研磨レートの変化を示している。研磨レートが比較的早期に低下し，これに伴い研磨布の表面粗さも小さくなっていることが分かる。この分野の研究は，活発に行われている。

この用途の研磨布は，研磨層とクッション層（下地層）の２層構造を取る場合が多く，ウェーハの表面基準[4]での研磨が行われている。トップ層は比較的弾性率の高いものを使用して，配線の平坦化性能を発揮するため，下地層はウェーハ全体の研磨の均一性を維持する機能を担っている。２層構造の機能概念図を図14に示した。図15には，この用途で標準的に使用されているIC1000^{TM}などのポア構造を示した。最近では各種の用途に合わせて種類も増えてきており，目的とされる研磨の用途にあわせた製品が開発されている。研磨布は，微小中空体により発泡させた硬質ウレタンで，微小中空体を使用することで，ばらつきの少ない安定した独立発泡体を得ることが出来ている。また，酸化剤やアルカリ性の高いスラリーが用いられることから，耐薬品性，耐水性のあるエーテル系のポリウレタンが主に用いられる。

基本的な平坦化性能は各種のデバイス構造で違いがあり，各工程の研磨の特徴を次に示した[7]。

①　層間膜（ILD）平坦化

凹凸のある素子や配線の下地に対して絶縁膜を成膜し，これを研磨して平坦化するのがILDの平坦化工程である。図16に平坦化特性の一例を示すが，研磨を進めるとともに初期段差が減少し

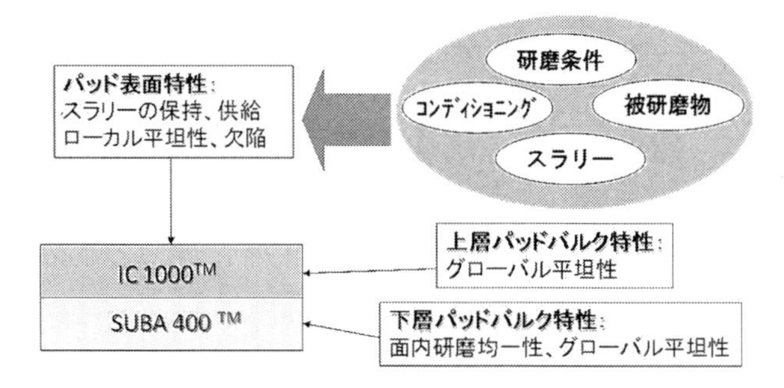

図14　2層構造研磨布の機能概念図[7)]

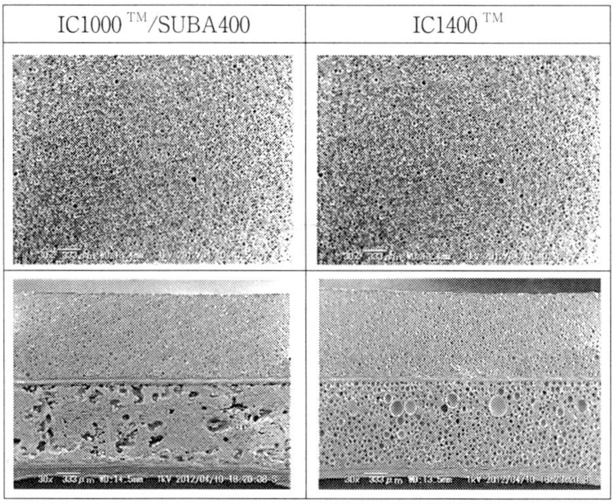

IC1000 TM/SUBA400	IC1400 TM

図15　IC1000 TMのSEM像の例

左；IC1000 TM下地：SUBA400の積層例，右；IC1400 TM下地：フォームの例

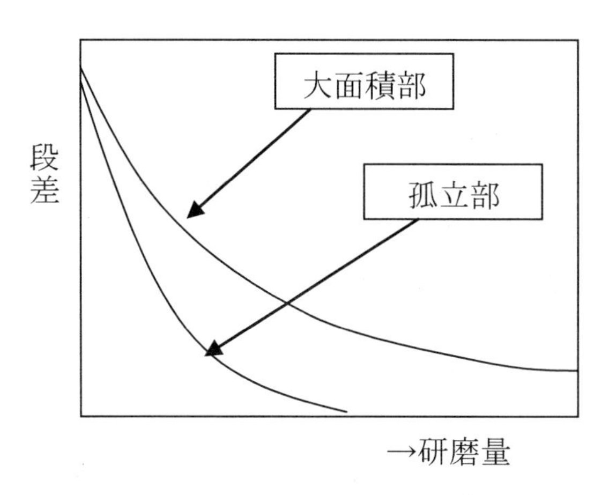

図16　ILD層の平坦化特性の典型例[7)]

ていき，チップ内パターンにより平坦化速度が異なる。その他の工程と異なる点は，研磨対象膜の途中で研磨をストップさせなければならないことで，残膜の制御が課題となる。

② プラグプロセス

Wプラグ，ポリシリプラグなどに応用されている。上下の電気的導通を得るための開口部に導電物を埋め込み，開口部以外の導電物を研磨除去し，開口内のみに導電物を残す。層間絶縁膜CMPとの大きな違いは，サイズの制限を設けられた開口に対して十分な膜厚を成膜するため，研磨前の表面凹凸はほとんどないということである。図17に示すプラグCMPの平坦化特性をみてわかるように，層間絶縁膜では研磨量が多いほど平坦性が向上するが，プラグプロセスの場合は逆に研磨量が多いほど平坦性が悪化するということである。Cu配線の適用に伴い，より高い平坦化，低欠陥性が求められるようになってきている。

③ STIプロセス

素子間の分離を行うためシリコン基板に溝を形成し，シリコン酸化膜を埋め込んで溝以外の膜を研磨除去する。ストッパーとしてシリコン上にシリコン窒化膜が使われる。埋め込み膜の除去という点でプラグCMPと似ているが，パターンサイズが多様であり，また，パターン率自体も大きいこと，また，そうした溝を埋め込むために研磨前の凹凸も存在することにより，図18に示すようにSTIの平坦化特性はプラグプロセスと大きく異なっている。また，出来上がり形状は素子の特性に影響するため，より高度な平坦化が要求されている。

④ Cuプロセス

溝に導電性膜を埋め込みこれを研磨除去することにより配線を形成するプロセスをダマシンプロセスと呼び，W，Cu，PolySiなどが研磨対象となる。その中でもCuCMPは，Cu配線の広がりと共にその重要性が増大している。構造はSTIとよく似ており，平坦化の仕組みも同様だが，バリアメタルとCuの2種類の膜を研磨除去しなければならないことが異なる点である。CuCMPの

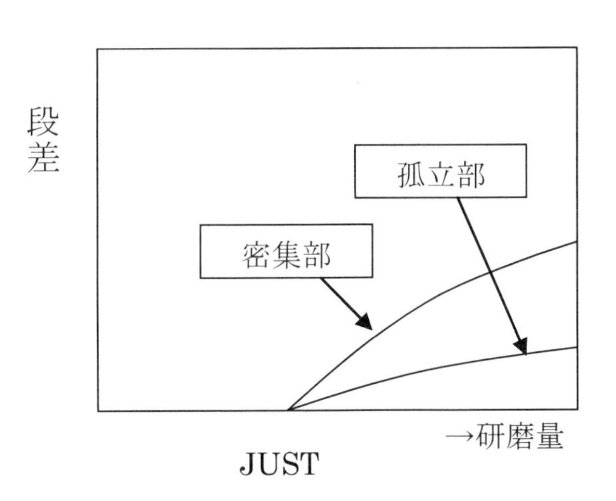

図17　プラグプロセスの平坦化特製の典型例[7)]

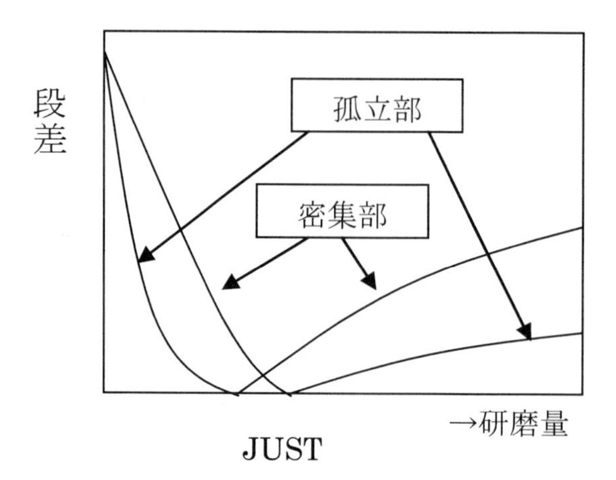

図18　STIプロセスの平坦化特性の典型例[7)]

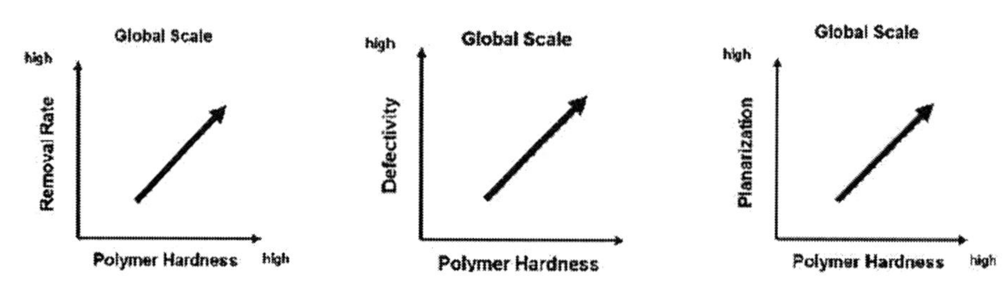

図19　各種研磨特性と研磨布に使用されるウレタン樹脂の硬さとの関係概念図[9)]

平坦性は配線抵抗のばらつきに直結するので，デバイスの微細化とともにその平坦性への要求はますます厳しいものとなってきている。また，層間膜に用いられるLow-k膜の低誘電率化に伴い，機械強度が低下するため，欠陥に対する要求も厳しさを増している。

何れのプロセスでも，使用される研磨布はIC1000^{TM}が標準となっているが，デバイスの高集積化，配線の微細化に伴い，研磨欠陥の低減要求が厳しくなってきており，各種の研磨布が要望されるようになってきている。研磨布の特性要素と各種研磨特性との関係を概念的に図19に示した。平坦化特性と低欠陥には相反する部分があり，これの最適化が重要である。低欠陥特性は，前記の表面粗さや研磨布の粘弾性特性が密接に関係している。図20には研磨後ウェーハの欠陥と実行的な研磨圧力との関係を示した。欠陥発生のレベルが実行研磨圧力と関係していることが分かる（図４）。

図21には最近の各種CMP用研磨布の例を示した。最近は使用する樹脂の硬さは，やや軟質のグレードにシフトしてきており，各種の研磨布を適用した，プロセスの最適化が活発に行われている。

この用途での研磨布への溝加工は，他の用途で通常使用されるスラリーの循環使用があまり行われず，掛け流しで使用される。また特殊なスラリーが使用される場合が多く，ランニングコス

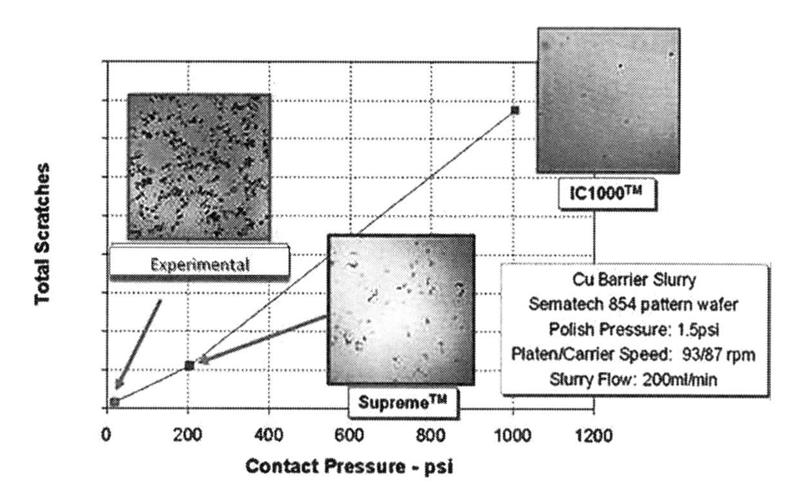

図20　Cu平坦化研磨に於ける欠陥とコンタクト圧力との関係[3)]

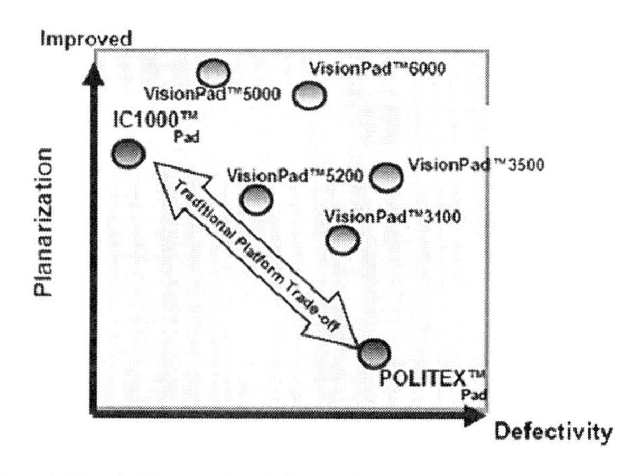

図21　最近の各種CMP用研磨布の研磨レートと平坦化性能の概念図[9)]

トが高くつくために，より溝加工が重要となっている。図22に溝加工の例と研磨加工例を示してる。溝加パターンにより研磨レートなどの研磨特性が大きく変化している。溝形状によりスラリー使用量の低減，研磨レートの向上，またディフェクト低減なども実現できるようになって来ており，各プロセス条件に適した溝加工の最適化の検討も活発に研究されている。

3.5.3　ガラス研磨用途

一般的な研磨で研磨布の密度は，0.4〜0.6 g/cm^{3}程度，ガラスのうねり除去などのハードな研磨用途には更に密度の高く，発泡量の少ない0.7〜0.9 g/cm^{3}程度のものが使用されている。通常，パッドの磨耗特性や硬さ調整のために酸化セリウムなどの研磨剤を研磨布に充填させ，ドレス特性や研磨布の摩耗特性の最適化が行われている。研磨スラリーは，酸化セリウムを用いられて来

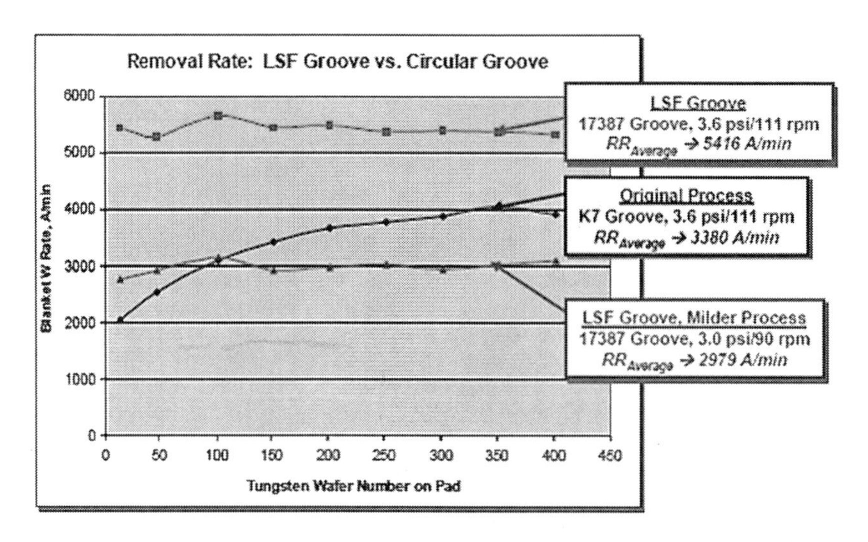

図22　タングステンプロセスにおける，研磨布の溝加工と研磨レートの関係[9]

表５　ガラス用発泡ウレタン製研磨布のSEM像と物性例

Item	Nitta-Haas standard products			
	MH™-C14G	MH™-C14G	MH™-C16G	MH™-C24G
SEM Image (Surface×50)				
SEM Image (Cross Section×50)				
Thickness (mm)	2.00	2.00	2.00	1.50
Density (g/cm³)	0.42	0.52	0.62	0.42
Hardness (JIS-A)	79	85	88	76

たが，レアアースの高騰から，酸化ジルコニウムなどの代替スラリーの検討が精力的になされている。この用途の研磨布の例を表５に示した。この用途には耐磨耗性や発泡成形の容易性などからウレタン系の研磨布が主流であるが，エポキシ樹脂製のパッドも開発されてきている[8]。

3.6　スエード製研磨布

スエード製研磨布は，シリコンの仕上げ研磨，ハードディスクの基盤研磨など，幅広い用途で使用されている。

スエード製研磨布の製法は，人口皮革の製法そのものである。基材として用いられるものには，

PETフィルムベースと不織布にウレタン樹脂などを含浸したものの2種類が市販されている。これらの基材にウレタン樹脂を塗工して，湿式成型を行う。湿式成型は，ウレタン樹脂のDMF（ジメチルホルムアミド）溶液を塗工剤として用い，塗工液中のDMFを凝固液（水）と置換することで，涙滴状のポアを形成している。この工程は凝固と呼ばれ，ポアを形成する重要工程となっている。その後溶剤を完全に取り除くための洗浄が行われ，乾燥処理が行われる。この時点の研磨布は，銀面と呼ばれるスキン層が形成されており，これをバフ加工により取り除くことで，研磨布の表面に40～80 μ程度のポアが開口させている。ウレタン樹脂は，凝固特性の観点から，溶液重合で合成された，比較的分子量の揃った材料が使用される。通常ソフトセグメントにエステル系のものが使われる場合が多いが，より耐水性の優れたエーテル系やポリカーボネート，ポリカプロラクトンなどの分子を導入して特性を変化させている。また他の熱可塑性樹脂のブレンドも多く行われている。また配合液にカーボンなどの粒子を添加することも製法上の一つの特徴となっている。スエードの製造工程は，各工程が非常にセンシティブであるので，夫々の工程が各社のノウハウとなっている。

3.6.1　シリコン用仕上げ研磨

この用途では超高純度シリカゾルのアルカリ水溶液とスエード製研磨布の組み合わせで研磨が行われている。研磨後ウェーハのヘイズ，LPD[4]などが，主要な評価項目で，これらの特性を指標として研磨布の選定が行われている。パッドの素材やポアの構造，表面の粗さにより，これらの性能に影響を与える。表6にはスエード研磨布の各種事例を示した。また，シリコンのファイナル研磨例を表7と図23に示した。研磨布の種類が変わると，ヘイズ，LPDといった特性が大きく変化していることがわかる。最近の300 mmウェーハの研磨では軟質なグレードが用いられている。

表6　スエード製研磨布のSEM像と物性例

Pad name	Pad A	Pad B	Pad C
Substrate	Felt	Felt	PET film
Surface view ×100			
Cross-section view ×100			
Thickness（mm）	1.61	1.55	0.71
Compressibility（%）	15.0	8.0	6.0
Ra（um）	9.0	9.0	7.6

表7　シリコンウェーハの仕上げ研磨条件例

• Polisher	Okamoto SPP800S
• Wafer	8"
• Slurry	NP8030
• Dilution ratio	1:30
• Slurry flow rate	1L/min
• Head/Platen	39/40 rpm
• Polishing time	5min
• DF (wafer)	0.010MPa
• DF (guide ring)	0.013MPa
• Runs	10runs
• Evaluation	SiRR, Haze, LPD (>60nm)

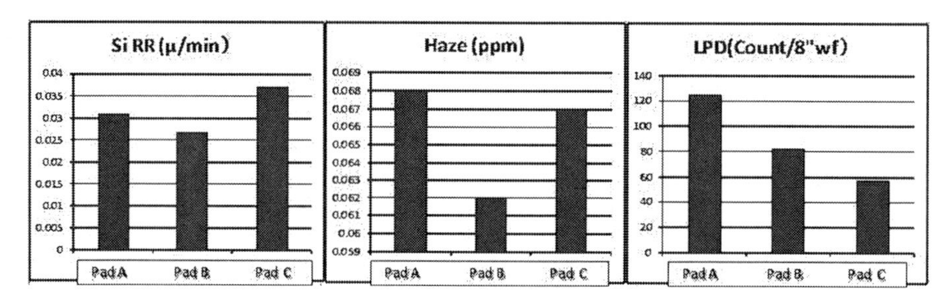

図23　シリコンウェーハの仕上げ研磨結果

3.6.2　ハードディスク用研磨布

ハードディスク基板は，アルミ製とガラス製が量産されている。最近は2.5インチサイズが多くなっている。両研磨とも，主に２段階以上の研磨ステップで加工される。アルミディスク基板は，一段目に硬質のスエード，二段目に軟質のスエードを用いる。この研磨は，一次研磨でアルミナ砥粒入りスラリーにより研磨され，研磨布は，ポアが緻密で圧縮変形量の少ないグレードは用いられる。二次研磨では，コロイダルシリカスラリーが用いられ，よりソフトな研磨が行われる。何れも使用前にドレッサーにより，パッドの当たりを均一にし，パッド表面の表面粗さを整えてから使用される。ガラスディスクの場合は，一般的に一次研磨で前記のポリウレタン製研磨布，二次研磨でスエード製研磨布が使われている。

3.7　おわりに

研磨メカニズムは研磨条件により大きく変化し，そのために現象の解析を難しくしているが，徐々にその機構が解明されつつあり，メカニズムに沿った研磨布の設計も可能になりつつある。スラリー中の砥粒と研磨パッドとウェーハの接触状態といった，より詳細な研磨メカニズムを追求することで，さらに新しいコンセプトの研磨布が開発されるものと思われる。

文　　献

1) A. S. Lawing *et al.*, Semicon China SEMI Technical Symposium (2004)
2) Jaehong Park *et al.*, ECS-ISTC2007, p.211 (2007)
3) C. Markham *et al.*, CMP-MIC Conference (2006)
4) 木下正治ほか，半導体CMP用語辞典，p.63他 (2008)
5) 大嶋伸之治ほか，精密工学会春季大会学術講演会講演論文集，p.221 (2007)
6) 吉田光一治ほか，精密研磨の基礎と実務，p.137他 (2010)
7) 礒部　晶，プレスジャーナル　Semiconductor FPD World 6月号，p.45, (2008)
8) 谷　泰弘ほか，精密工学会春季大会学術講演会講演論文集，p.281 (2011)
9) 原　成利，電子ジャーナル，第663回テクニカルセミナー資料 (2011)
10) 礒部　晶，技術情報協会，0806技術情報講演会資料 (2008)

第5章　各種研磨技術

1　固定砥粒研磨

谷　泰弘*

1.1　はじめに

研磨用砥石，研磨ベルト，研磨テープなどの固定砥粒工具を用いて圧力切込み（圧力転写）方式で表面仕上げを行う加工技術を固定砥粒研磨と呼んでいる。通常研削加工は固定砥粒工具である砥石を運動転写方式（定寸切込み方式）で用いる加工技術で，研磨加工は工具から離れ加工液に分散させた遊離砥粒を工作物と工具の間に供給して圧力転写方式で表面仕上げを行う加工技術である。固定砥粒研磨はまさにこの2つの加工技術の中間に位置づけられる加工技術で，そのため研削加工と研磨加工の特徴を併せ持った加工技術となっている。すなわち，「固定砥粒工具」と「圧力転写」の2つのキーワードが固定砥粒研磨の特徴を表すものとなっている。「固定砥粒工具」がもたらす特徴は，遊離砥粒研磨に比較して，

①高加工圧力や高加工速度領域で研磨能率が向上しなくなる飽和現象がない，
②自動化・省力化が行い易い，
③作業環境が優れる，
④振動などの外乱の影響を受け易い，
⑤目づまりが発生し易く，発生すると加工状態が悪化し，振動・焼け・スクラッチの発生などの原因となる，

などである。一方，「圧力転写」がもたらす特徴は，運動転写に比較して，

①微小な切込み制御が可能で，高仕上げ面粗さが得られる，
②振動などの外乱の影響を受けにくい，
③前加工面の形状修正能力に劣る，

などである。このように外乱の影響に関しては，「固定砥粒工具」と「圧力転写」で全く正反対の効果を出現させるが，合わさることで研削加工よりは外乱の影響を受けにくいが，研磨加工よりは受け易いという特徴を出現させる。

目づまりは研削加工同様固定砥粒工具最大の問題点で，固定砥粒研磨では研削加工と異なり固定砥粒工具が面当たり状態で用いられることが多く，切りくずが排出されにくいことから研削加工よりもさらに目づまりが生じ易い。そのため，結合度の比較的低い砥石が使用されるか，微細砥粒が用いられ特に目づまりが発生し易い研磨テープにおいては，目づまりの影響が加工特性に出ない程度に常に新しい研磨テープを供給する（テープ送りする）ことで使用される。

---

* Yasuhiro Tani　立命館大学　理工学部　機械工学科　教授

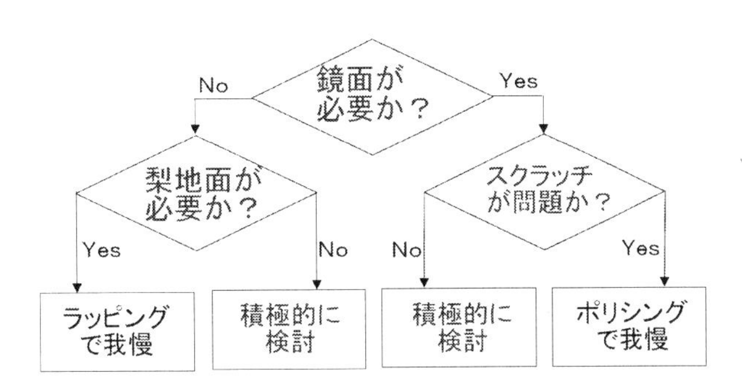

図1　固定砥粒研磨採用の基準

固定砥粒研磨は遊離砥粒研磨に比較して研磨特性や作業環境に優れ自動化がし易いことから，置き換えたいという現場の要望は非常に強いが，上記の特徴からその置き換えの基準は，図1に示されるようになる。すなわち，まず鏡面が必要かどうかを判断し，鏡面が必要でない場合には，等方的な面である梨地面が必要かどうかを判断し，梨地面が必須である場合，遊離砥粒研磨のラッピングに頼らざるを得ない。現状では固定砥粒加工法で梨地面を実用できる加工法は見出されていない。梨地面が必要でない場合，その粗加工は研削加工や固定砥粒研磨で置き換えられる可能性が高い。積極的に検討することが望まれる。鏡面が必要な場合は，スクラッチの発生が問題となるかどうかを判断し，スクラッチの発生頻度が高いと問題となる場合には，遊離砥粒研磨のポリシングに頼らざるを得ない。上述のように固定砥粒研磨においては砥粒の脱落や目づまりによりスクラッチの発生確率が遊離砥粒研磨より高い。スクラッチが多少発生しても問題がない場合には，その鏡面加工は固定砥粒研磨により置き換えられる可能性が高い。この場合も固定砥粒研磨の導入を積極的に検討すべきである。しかし，固定砥粒研磨で安定した状態を見出すためには，最適な固定砥粒工具と最適な加工条件を見出すことが必要である。また安定して加工が行えるマージンが狭いため，環境を整え，外乱が生じないように注意すべきである。

1.2　従来の固定砥粒研磨

1.2.1　超仕上げ

砥石を使用した固定砥粒研磨として最も一般的に行われている加工方法には，超仕上げおよびホーニングがある。超仕上げは比較的簡単な装置を用いて，鏡面や鏡面に近い仕上げ面を迅速に加工できる方法である。円筒外面を加工する場合には図2のような形態にて行われる。すなわち，回転する工作物に砥石を押し付けながら，砥石に短周期の微小振動を加える。加工を行う区間が軸方向に長い場合には，砥石を軸方向に送ることが必要となる。これと同様な方法で円筒内面，平面，曲面などの加工も行うことができる。超仕上げの長所は，①スルーフィールド型の超仕上げ盤を用いれば，粗仕上げ，中仕上げ，最終仕上げと，違う粒度の砥石を並べて工作物を通過させるだけで精密研磨が行え，精密部品の大量生産ができること，②振動と回転運動の重畳により，

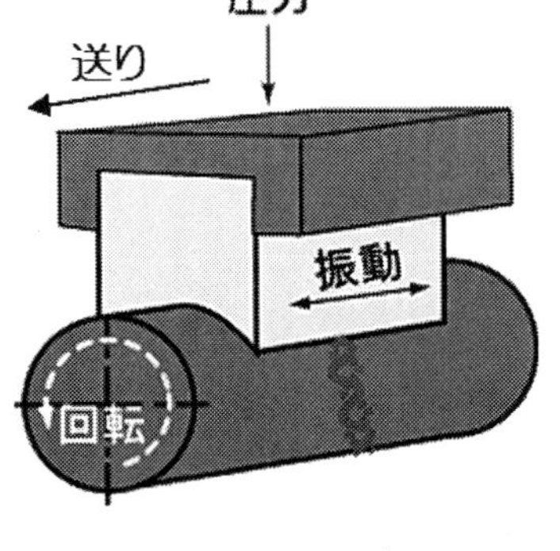
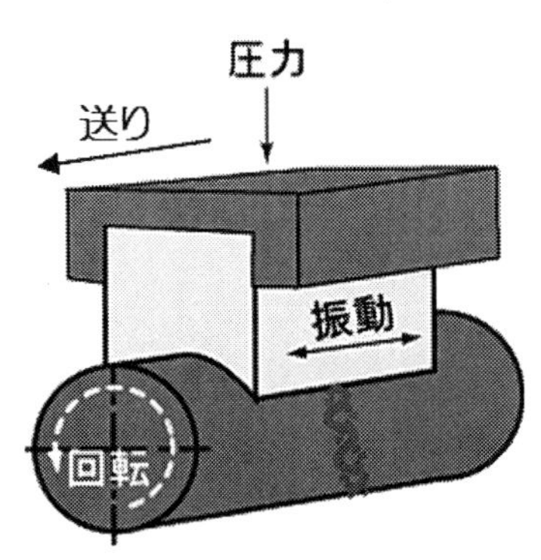

図2　超仕上げ

図3　超仕上げの加工状態の変化

加工物表面の変質層が少ないこと，などである。一方，短所としては，①研削量が少なく倣い加工となるため，前工程の加工精度が要求されること，②砥石の少しの変化に対し加工特性に大きな影響を与えるので，新しく砥石を選定するのが難しいこと，などである。超仕上げでは加工圧力や砥石の振動状態などにより図3のようにその加工形態を変化させることができる。たとえば，加工圧力の高い状態では砥石の自生発刃が促進され，仕上げ面には無数の切削条痕が形成され無光沢面となる。加工圧力が低い場合には砥石の目づまり，目つぶれが促進し，仕上げ面には切削条痕はほとんど観察されず光沢をもった鏡面となる。中程度の加工圧力の場合には砥石は軽度の目づまりを生じ仕上げ面の切削条痕は浅く鈍い光沢を持った面となる。すなわち，高い加工圧力のもとでは砥石は軟らかく作用し，逆に低い加工圧力のもとでは硬く作用する。加工マークの交差角に関しては，交差角が大きい場合は切込み量が大きく砥石が軟らかく作用し，切削状態となり，交差角が小さい場合は切込み量が小さく砥石が硬く作用するので，鏡面状態となる。そこで，加工圧力と交差角で加工状態をマッピングすると，図3のようになる。

超仕上げ加工では，最初は加工圧力の高い状態で除去量を稼ぎ，徐々に加工圧力を低下させて，鏡面状態に仕上げることが行われている。目づまりした砥石も次に加工圧力の高い状態で用いることで自生発刃を促進し切れ味を復活させることができる。超仕上げの加工面はクロスハッチ模様が存在するため潤滑油の保持力に優れ摩擦係数が低く，そのため耐摩耗性や耐食性に優れる。その特性を生かして，ころがり軸受のレース面，ローラ，ピン，その他高級な回転軸などの仕上げに幅広く利用されている。超仕上げ砥石としては，WA砥粒あるいはGC砥粒の，粗加工用に#300～500，仕上げ加工用に#600～4000程度の，ホーニングの場合よりもより微粒の砥石が使用される。この使用砥粒径の約1/10～1/15の仕上げ面粗さが得られる。砥石の結合剤としてはビトリファイドかレジンボンドのものが使用される。砥石の結合度にはG以下の軟らかいものが使用される。

1.2.2　ホーニング

一方，ホーニングは図４のように数個の棒状砥石をホーンと呼ばれる保持具に取り付け，これをばねや油圧で工作物に押し付けながら，このホーンを往復回転運動させて工作物の内面を仕上げる加工法で，最近では平面や円筒外面の加工にも適用されている。ホーニング加工はエンジンのシリンダ内面の加工や各種長穴の仕上げ加工に多用されている。ホーニングの特徴は，①ホーニング加工の回転，往復運動により生じる交差状のキズ（クロスハッチ模様）が，製品使用時の油溜まりとなり，潤滑性や摺動性をよくすること，②遊離砥粒による内面研磨などの加工法に比べて，研削能力がはるかに高く能率的であること，③小径長尺であっても加工できること，④簡単な機械構造でも仕上げ面粗さ，寸法精度，加工精度（円筒度，真円度）が高く管理しやすいこと，⑤仕上げ面粗さの良い仕上げ面は，加工変質層や熱変質層が少なく耐摩耗性に優れていること，などである。ホーニング砥石としては，粗加工には＃120～180，中仕上げには＃220～320，仕上げ加工には＃400～800の，結合度I～Kのものが使用されている。またホーニング砥石には潤滑性を付与するために硫黄が添加されていることが多い。

超仕上げでは工作物に回転運動を持たせているが，ホーニングでは工作物は静止していて全ての運動を砥石側に持たせている。しかし，この両者の加工法の加工メカニズムはほとんど同一で，前加工面にならった加工が行われ，またいずれの場合も網目模様の加工面が生成される。これらの加工法はいずれも面当たりで砥石が使用されており，切り屑除去のため通常の研削砥石よりは

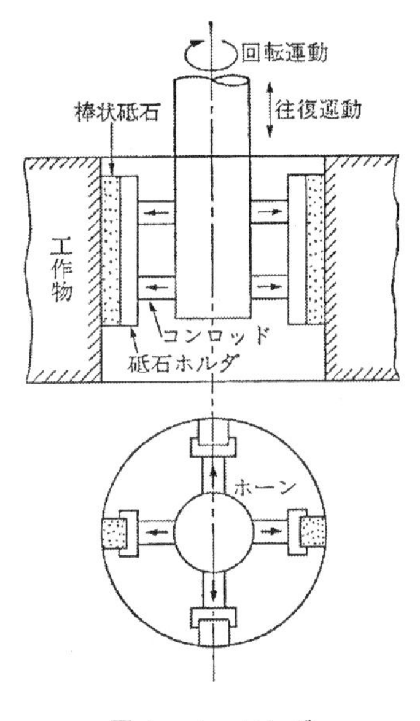

図４　ホーニング

結合度の低い物が一般的に用いられている。しかし，砥石の砥粒には色んな角度から力が作用するため，脱粒が促進される。そのため，いかに均一に砥石を摩耗させるかが重要となる。また，いずれの場合も粗研磨の工程では加工能率の向上などのため，寿命の長い超砥粒砥石が使用されるようになっている。この場合はワンパスで仕上げを行うホーニング加工も採用されている。

超硬合金やサーメット，セラミックスなどの切削工具のスロアウェイチップの両面同時加工に，平行平面ホーニング（あるいは砥石ラッピング）と呼ばれる加工が採用されている。この加工には立軸両頭研削盤のような加工機械が用いられ，砥石を貼りつけた上下定盤に小円運動と公転運動を加えて加工を行っている。工作物は遊星キャリアにより保持されており，自転と公転が付与されている。両面同時加工では上下の砥石の切れ味を同一に保つことが重要で，加工液の供給などに注意が必要である。定圧加工では一般に工作物の厚みを管理することが難しいため，この加工を行う研削盤には上下定盤間の距離を示す自動定寸装置が設置されている。

超仕上げやホーニングのような砥石に揺動を加えず，インフィード研削のように回転するカップ型砥石を一定圧力で回転する工作物に押し当てて加工する定圧研削と呼ばれる加工法もある。硬脆材料の加工に適していると言われているが，適用事例は少ない。通常のインフィード研削盤でも動力計を設置したり，主軸のモータ電流を計測し，それらの出力を一定に保つように切込み制御を行うことで，定圧加工に近い加工を行うことが可能となる。

1.2.3　ベルト研削

紙や布の表面に強力な接着剤で砥粒を固着させた帯状の工具である研磨ベルトの両端を接合し，エンドレス状態にして回転させ，図5に示すような方法でこの研磨ベルトを工作物に押し当てて加工する方法をベルト研削と呼んでいる。駆動輪と従動輪との間にエンドレスの輪っか状にした研磨ベルトに張力を作用して張り，駆動輪に対向する位置（①），駆動輪と従動輪との間に設置したプラテンに対向する位置（②）あるいはこのプラテンのない状態で駆動輪と従動輪の中間の位置（③）において研磨ベルトに工作物を押し当てて加工を行う。この加工法は切り屑のはけがよ

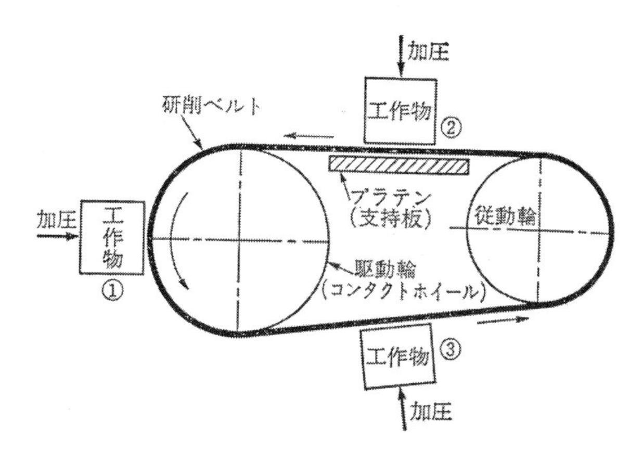

図5　ベルト研削

く加工能率は非常に高い。研磨ベルトが可撓性を持っているため，平面のみでなく円筒面や形状の複雑な曲面も加工できるが，形状精度は高くない。このように，比較的簡単な装置で複雑な加工を能率よく行えるので，めっきや塗装の下地加工，鋳造品や鍛造品，溶接材などの表面仕上げ，板や棒材などの磨き加工に適している。

砥粒としては通常Ａ系砥粒が用いられており，Ｃ系砥粒は非鉄材料やステンレス鋼などＡ系砥粒では十分に加工能力が発揮できない場合に使用される。また粒度としては，粗加工用に＃24～100，中仕上げ用に＃60～220，上仕上げ用に＃100～400程度のものが使用される。接着剤には接着力と耐水性の関係から，最近では主として合成接着剤が使用されている。基材となる紙や布の表面に砥粒を重力塗装あるいは静電塗装を行うことにより研磨ベルトが製作されている。静電塗装では砥粒の長手方向が基材に垂直になる砥粒が立った状態で固着され，切れ味のよい研磨ベルトが製作できる。しかし，切れ味はよいが仕上げ面粗さは悪くなる。通常砥粒は一層しかないので，切れ味を回復させるためには研削砥石を軽く当てたり，ワイヤーブラシが使用される。ベルトの回転速度は研削加工とほぼ同程度の1000～2000 m/minとし，加工圧力は研磨ベルトが新しい場合には小さく50 kPa程度とし，摩耗してくるとこれを大きくして150 kPa程度とする。加工液は加工能率の向上，加工熱の除去，研磨ベルトの長寿命化などのために用いられ，水，切削油，その他通常の鉱油などが使用されている。切り屑の除去や冷却性能の向上など研削特性の改善のために，砥粒の固着箇所をパターン化した研磨ベルトも生産されている。

1.2.4　テープ研磨

研磨ベルトよりも高番手の研磨材を使用し，より平滑な仕上げ面を得るために研磨テープが使用されている。図６はポリエステルフィルムのうえにコロイダルシリカを塗布した研磨テープ（研磨フィルム）で，ジルコニアフェルールで保護された光ファイバ端面の曲面研磨に使用されている。研磨テープ表面には図のように網目模様の亀裂があり，切り屑の排出と切れ味の向上を果たしている。ジルコニア部分と光ファイバの石英部分の段差をいかになくすかが焦点で，砥粒の結合剤にある種の添加剤を加えることで対処されている。光ファイバ端面の加工では，このコロイダルシリカテープの研磨の前に，微細なダイヤモンド砥粒を塗布した研磨テープで粗研磨が行わ

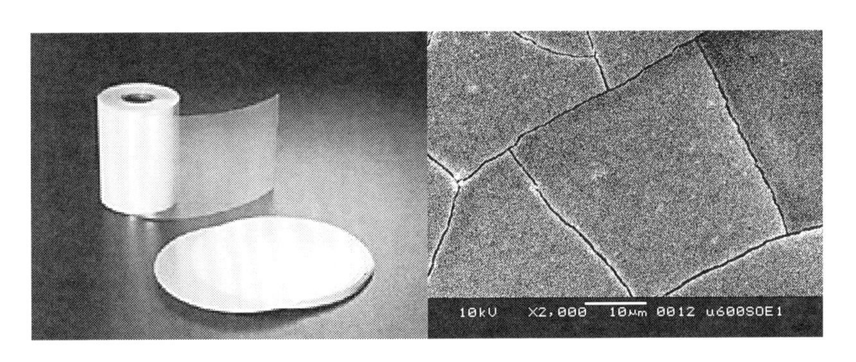

図６　コロイダルシリカ研磨テープ

れている。いずれも回転テーブルの上に研磨フィルムを貼り付け，これに複数本の光ファイバを鉛直方向に保持した治具を押し付けることで研磨を行っている。研磨フィルムの裏側には弾性を付与するために，ゴムシートのような弾力性に富むものが貼り付けられている。このことにより，曲面研磨が行えるようになっている。光ファイバを均一に研磨するために，光ファイバを保持した治具は回転テーブルの上で小円運動を描くようになっている。

従来研磨テープは磁気ディスク基板のテクスチャリング加工（円周方向に微細な同心円状の傷をつける加工）に使用されていたが，固定砥粒研磨では山谷が均等に加工され，その盛り上がり部分が基板の特性に好ましくないとのことで，遊離砥粒研磨によるテクスチャリングに変わり，その需要を減らしている。

1.3　最近の固定砥粒研磨

上述のように遊離砥粒研磨を固定砥粒化するには結構高いハードルがある。固定砥粒工具の最大の欠点である目づまりに対処するために種々の試みがなされている。また，従来の固定砥粒研磨では期待できなかった化学的作用の付与についても検討が行われている。本項ではそれらの取り組みについて紹介したい。

1.3.1　目づまり対策

上述のように自生発刃の生じにくい加工状態や微細な砥粒を使用する場合など目づまりが生じ易い条件は存在するが，軟質金属や硬質材料でもサイアロンのように粘い材料の場合の加工においては，目づまりが非常に発生し易い。こうした場合には，アルミニウム磁気ディスク基板の加工のように，チップポケット（切り屑を貯めることのできる空間）の大きい高気孔率の砥石を用いるのが常套手段となっている。その代表的な砥石が図7に示されるPVA砥石で，結合材としてPVA（polyvinylalcohol）のアセタール化物が使用されており，スポンジ状の構造をしている。従来のフェノール樹脂のレジンボンド弾性砥石に比較して，その構造的な弾性が砥粒切込み深さを減少させるとともに均一化させ，仕上げ面粗さを向上させている。気孔率は60％以上で，気孔の

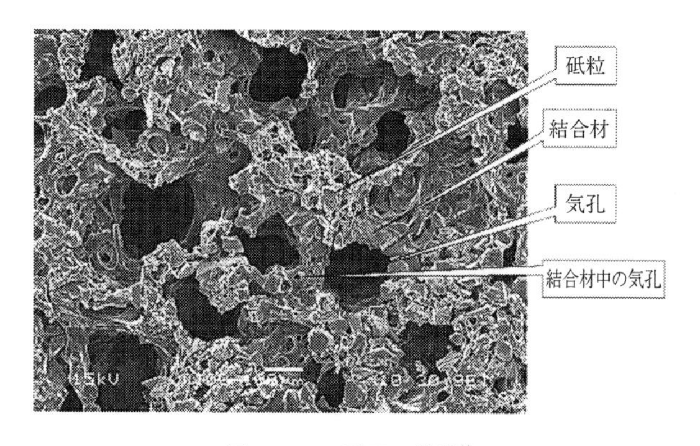

図7　PVA砥石の構造[1)]

大きさはおよそ0.1～0.4mmで，連続気孔となっており，目づまりに強いものとなっている。通常このPVA砥石は両面ラップ盤の上下定盤に貼りつけ，キャリアに保持した複数枚のアルミニウム基板を両面同時加工している。アルミニウム加工用のPVA砥石には切れ味のよいC系砥粒が使用され，#4000までの高番手の砥石が使用されている。この加工により10～20nmRa程度の面に仕上げられている。その後コロイダルシリカとスエードタイプ研磨パッドを用いた両面ポリシングにより，4nmRa程度の面にまで仕上げられている。

PVA砥石はグラビア印刷用銅シリンダ（印刷ロール）の研磨などにも使用されている。この場合は旋盤のような加工機械に取り付けられた印刷ロールに対して，垂直にカップ状砥石を押し当てることで加工が行われている。

アルミニウム基板はデスクトップ型コンピュータに使用されているが，ノート型コンピュータでは磁気ディスク基板としてガラス基板が使用されている。このガラス基板の粗加工には，平均粒径3～9μmの微粒のダイヤモンド砥粒をナイロン系の樹脂により固め，タイル状に成形したダイヤモンドタイル[2]と呼ばれる固定砥粒工具が使用されている。この工具の場合も両面ラップ盤の上下定盤に貼りつけ，キャリアに保持したガラス基板の両面同時加工を行っている。硬質なガラスが非常に短時間に加工が行えることが特徴となっている。硬質ガラスの同時両面加工ではダイヤモンドペレットによる研磨が試行されていたが，目づまりなどのため，たまに全割れが生じ，問題となっていた。このダイヤモンドタイルはその問題を解決した。ガラス基板の加工に非常に適した固定砥粒工具のようである。ガラス基板の場合は，その後後述のセリウムパッドと酸化セリウム砥粒を用いて両面研磨盤で1次研磨を行った後，スエードタイプの研磨パッドおよびコロイダルシリカを用いて仕上げ研磨が行われている。

PVA砥石はもともとPVA樹脂と言う水溶性の結合材を使用しているため，乾式状態に比較して湿式状態では大きく硬度が低下する。このことが目づまりを生じ易くし，加工特性を劣化させる。そこで，耐水性に優れる研磨パッドに使用されているポリウレタン樹脂を使用して，一般に使用されているPVA砥石と同等の砥粒率7.5体積％の図8のような研磨砥石を作製した[3]。ウレタンプレポリマは加水分解により高発泡現象を生じる。その発泡の核として超親水性で表面に水を多く吸着させている粒径30nmのアナターゼ形酸化チタンを樹脂内に分散させ，発泡・硬化させて研磨砥石を作製した。酸化チタンを均一に分散させることで，均質な多孔質体を製造できる。また，2体積％の酸化チタンを含有させた時には気孔率が約53％，4体積％の酸化チタンを含有させた時には気孔率が約70％の砥石が製作でき，酸化チタンの含有量により気孔率を制御できる。期待通りこの砥石では湿式状態でもほとんど硬度低下は見られなかった。しかし，ウレタン樹脂はPVA樹脂に比較して引張弾性率が非常に低いために，図9に示されるように粒径の大きな砥粒を用いても，仕上げ面粗さは向上するが，研磨能率は大幅に低下する。

目づまり防止には切り屑と親和性が高く切り屑の分散に効果のある適した加工油剤の選択も重要ではあるが，切り屑と砥石結合材との親和性を考慮した結合材の選択も効果的である。そういう意味で砥石の結合材として，他の物質との接着が困難なフッ素樹脂の採用は誰しも考えること

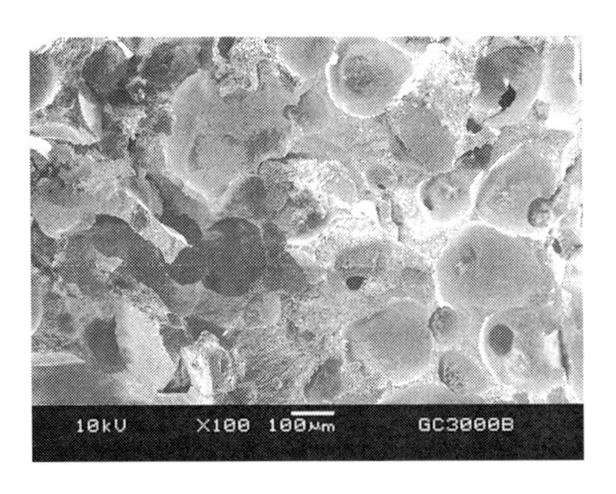

図8　酸化チタンを含有させ発泡させたポリウレタン砥石の構造[3]

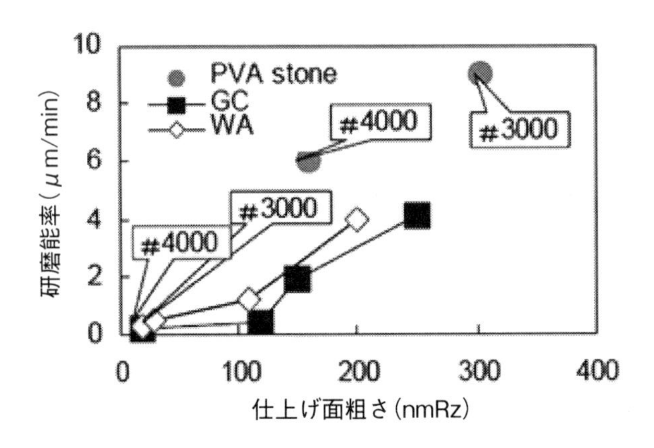

図9　PVA砥石とウレタン樹脂砥石の研磨特性の比較[3]

である。フッ素樹脂には三フッ化のフッ素樹脂と四フッ化のフッ素樹脂があるが，非粘着性が顕著なのは四フッ化のフッ素樹脂である。事実フッ素樹脂を結合材とする砥石を製作すると，四フッ化のフッ素樹脂を結合材とした方が三フッ化のフッ素樹脂を結合材とした場合よりも目づまり現象が少なくなる。しかし，フッ素樹脂は砥粒との親和性も劣るために，通常のホットプレスなどの製造方法では砥粒の保持力の非常に低い砥石ができあがる。そうした砥石を使用すると砥粒の脱粒が活発で加工を持続することが困難となる。そこで，この砥粒の保持力を向上させるためにはフィブリル化する液状フッ素樹脂を混合して砥石を製造することが有効な手段となる。図10は，そうして製作されたフッ素樹脂砥石の表面写真である[4]。繊維状のフッ素樹脂が砥粒をしっかりと抱きかかえていることが分かる。このフッ素樹脂砥石を使用してシリコンウェーハを目づまりすることなく安定して加工することが可能になっている。

超仕上げやホーニングのところでも記述したように，切り屑の排出を促進するためには結合度の低い砥石を使用することも効果的である。結合剤率を15体積％以下に大幅に低下させたり，結

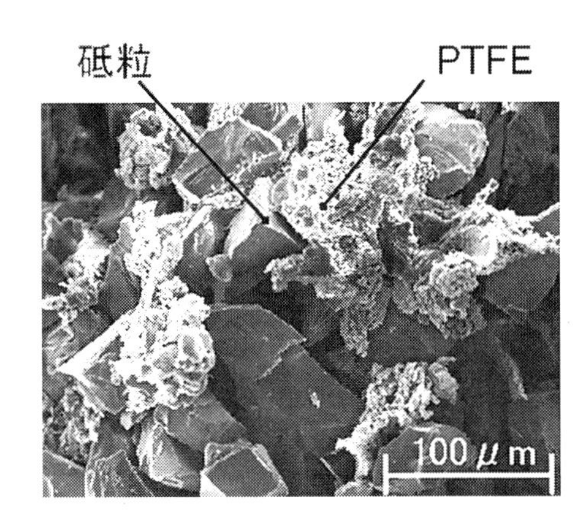

図10　フッ素樹脂砥石

合剤として従来使用されているフェノール樹脂よりも接着強度の低いアクリル樹脂やポリエステル樹脂などを使用することで，結合度の低い砥石を製造することが可能になる[5]。低結合度砥石の特徴は目づまりに対する耐性のみでなく，砥粒の保持強度が低いために深い砥粒切込み深さが発生せず，砥石に使用している平均砥粒径に対してかなり小さな仕上げ面粗さが得られる点にある。研削加工では砥石に使用している平均砥粒径の1/20～1/10程度の最大高さ粗さの仕上げ面が得られるのが一般的である。これに対して低結合度砥石を使用すると，平均砥粒径の1/100以下の最大高さ粗さの仕上げ面を得ることも夢ではない。低結合度砥石は硬脆材料の面当たり状態の加工に有効であるが，砥石の摩耗は多いために均一に摩耗させるような加工機構が重要となる。たとえば，そのためには遊星運動のみでなく，これに揺動などを加えることが望ましい。前述の平行平面ホーニング盤はそういった運動機構を有した加工機械の一つである。図11は焼結粒子の脱粒が生じ易い窒化アルミニウム基板の加工に低結合度砥石を適用した結果で，12 kPaの低加工圧下で銅定盤と0.5 μmのダイヤモンドスラリーの組み合わせを用いて研磨を行っても脱粒の非常に多い仕上げ面となるのに対して，低結合度砥石では＃8000の砥石を使用してその10倍以上の160 kPaの加工圧下でも全く脱粒のない優れた仕上げ面が実現できる。ここでは酸化クロムの砥石と言う特殊な砥石の例が紹介されているが，一般に使用されているWA砥粒の砥石でも似たような効果が報告されている。

目づまりを抑制するには，粘い材料の表面を変質させて切り屑処理が容易に行えるようにすることも有効である。図12はそういう発想から生み出された砥石である[6]。工作物の表面を変質させるためには加工液にそういった物質を含有させて加工域に供給することも可能ではあるが，液体として供給する状況では高濃度の反応物質を加工域に介在させることは難しい。後述の乾式メカノケミカル研磨のように砥石内に固体の反応物質を混合させて工作物と固相反応を生じさせることも可能ではあるが，固相反応は高温高圧下でないと発現せず，通常の研磨加工では圧力が低いために固相反応は生じにくい。そこで，液体の反応物質をマイクロカプセルに閉じ込め，これ

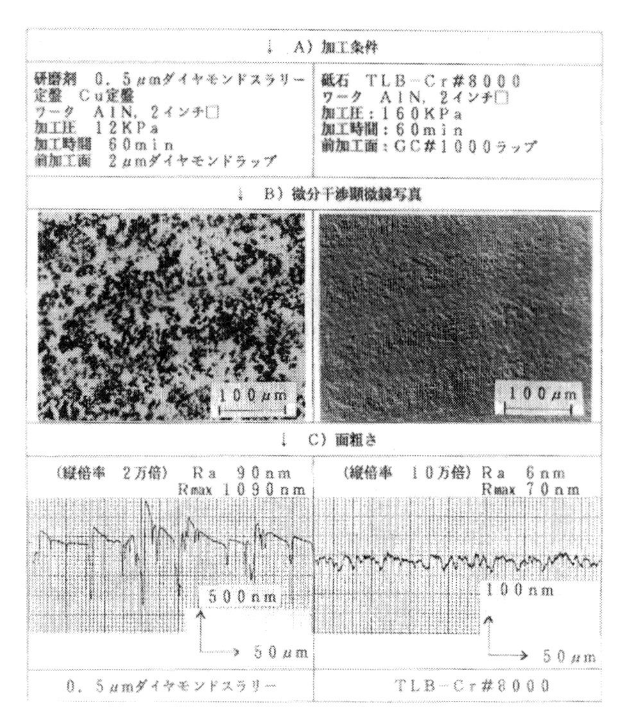

図11　低結合度砥石による窒化アルミニウム基板の加工

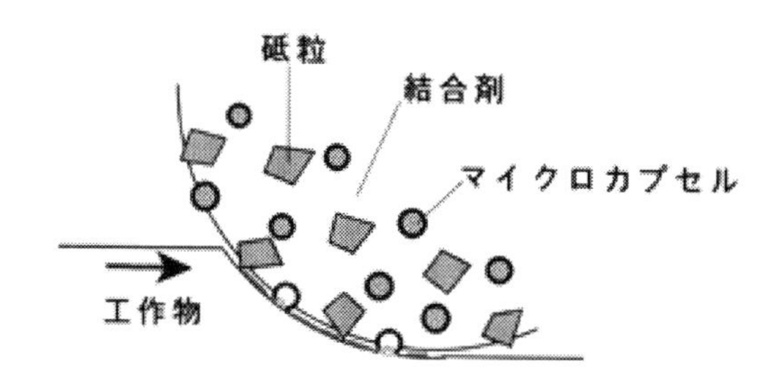

図12　マイクロカプセル砥石

を含有させたマイクロカプセル砥石を作製した。同じような脆化の作用があるものとしては酸化物よりもフッ化物のほうが除去し易いため，反応物質としてはフッ化を行うためフッ素系のオイルを使用した。マイクロカプセルとしては2～5μmの粒径のものを採用した。この粒径では1t/cm^{2}の大きな面圧を作用してもマイクロカプセルは壊れない。通常の研磨では200～300g/cm^{2}の加工圧力が一般的なので，通常の加工状態では圧力の作用でマイクロカプセルが壊れることはありえない。しかし，図11のように工作物との擦過により数百度の温度がマイクロカプセルに作用すると，中に封入した液体が数倍に膨張するためマイクロカプセルは破裂して内部の反応物質を放出する。したがって，砥石の表面近傍に存在するマイクロカプセルのみが割れて工作物との間

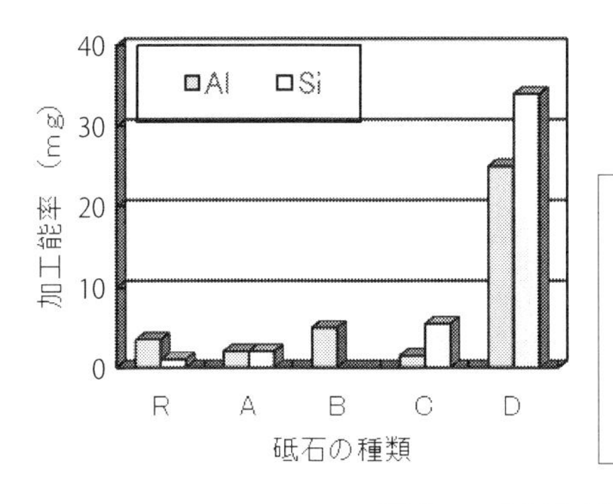

マイクロカプセルの芯物質：
R：無
A：合成オイル
B：シリコーンオイル
C：パーフルオロカーボンオイル
D：パーフルオロポリエーテルオイル
　＋パーフルオロカーボンオイル

図13　マイクロカプセル砥石の効果

で固液相反応を生じる。図13はその効果を示したもので，アルミニウムおよびシリコン単結晶のいずれに対しても非常に大きな効果を発現させている。マイクロカプセルを含有しない砥石や通常の合成オイルをマイクロカプセルに封入した砥石では，すぐに目づまりが生じて加工が持続できない状態となっているが，フッ素系オイルを封入したマイクロカプセルを含有した砥石では目づまりすることなく加工を持続することができている。反応物質としては固体潤滑などで使用されているパーフルオロポリエーテルオイルが最も効果的であるが，この油はマイクロカプセルの壁物質として使用したメラミン樹脂と反応したため，パーフルオロカーボンオイルにより希釈してマイクロカプセル内に封じ込めている。パーフルオロカーボンオイルでも反応は生じるが，パーフルオロポリエーテルオイルの効果はその数倍以上のものとなっている。このフッ化の作用はアルミニウムやシリコンのみでなく全ての金属と反応を行うが，粘い軟質金属に対して有効に働き，軟質金属の加工において目づまりすることなく安定した加工を実現する。

1.3.2　化学的作用の付加

通常の固定砥粒研磨に比較して遊離砥粒研磨の優れている点は化学的作用の付与である。化学的作用が加わることにより，全く加工ダメージのない面を創成できる。そこで，ポリシングを行う目的は鏡面の達成ではなく，加工ダメージのない面を作り上げるためと言う場合も多い。加工ダメージのない面は機械的作用だけでは実現しない。いかに微粒のダイヤモンド砥粒を使おうと，加工が機械的作用で行われている限り加工ダメージは残ってしまう。加工ダメージのない面は電解加工によっては創成できるが，電解作用では電場の付加と電解生成物の処理が問題となる。その点化学的作用は現場により受け入れやすいものとなっている。固定砥粒加工に化学的作用を付加するには３つの方法がある。一つ目は工作物と化学的反応を起こすような砥粒を用いること，２つ目は結合剤に化学的反応を生じさせるようなものを混入すること，そして３つ目は化学的な効果のある加工液を用いることである。

一つ目の代表的なものはガラス研磨に使用されているセリウムペレットやセリウムパッドであり，酸化セリウムは湿式状態でガラス表面に軟質の水和層を生成すると言われている。酸化セリ

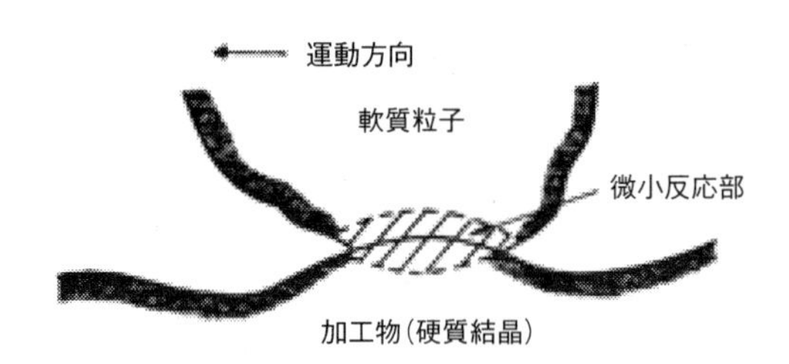

図14　乾式メカノケミカル反応[7]

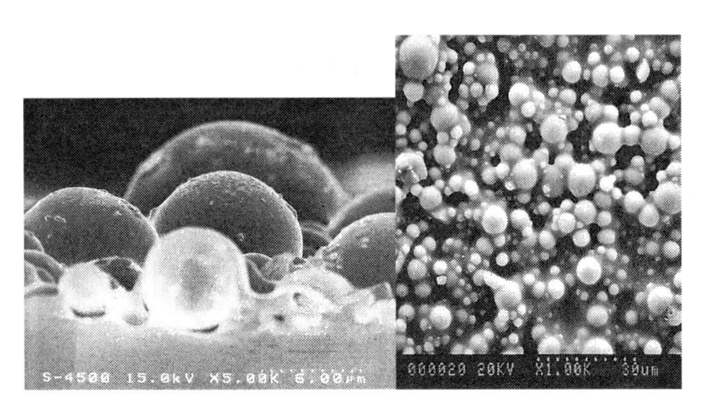

図15　凝集シリカ研磨テープ

ウム自体は研磨能力の低い砥粒で，乾式で酸化セリウムを用いてガラス表面を研磨すると，ほとんど研磨できずに竹箒で表面をはいたような浅い傷を無数に作ることになる。水和層を生成する砥粒としてはシリカ（酸化珪素）もよく知られている砥粒である。シリカは万能と言ってもよい砥粒で，シリカにより全く削れないものはほとんどないと言ってよい。固定砥粒の例としては，前述の光ファイバ端面の加工に使用されているコロイダルシリカを塗布した図６のような研磨テープが使われている。シリカは湿式でそういう固液相反応をすると言われているが，乾式でもある種の工作物に対して固相反応をすることが知られている。それは図14に示される乾式メカノケミカル反応と呼ばれているものである[7]。乾式メカノケミカル反応は前述のように高温高圧下で発現する反応で，湿式メカノケミカル反応に対して１桁以上の高速の反応で除去能率もそれに比例して高くなる。軟らかい砥粒で砥粒よりも硬いものを加工できると言う特異的な反応で，シリカによるサファイアの加工や炭酸バリウムによるシリコンの加工などで知られている。この乾式メカノケミカル反応は吸熱反応で，工作物に焼けを起すことはほとんどないが，やはり加工点は高温となるため，形状精度のうるさい工作物の加工には向いていない。先ほどのコロイダルシリカ研磨テープでシリコンウェーハの乾式エッジ研磨が可能であるが，この場合加工点が多く圧力が高くならないために除去能率が高くならない。そこで，図15のような凝集シリカを用いた研磨テープが用いられている[8]。凝集シリカは10 nmオーダの超微粒シリカを化学的方法（ゾルゲル法）

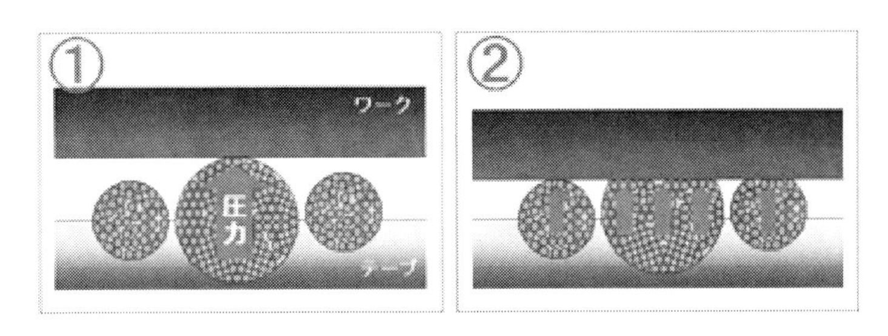

図16　凝集シリカ研磨テープの作用メカニズム

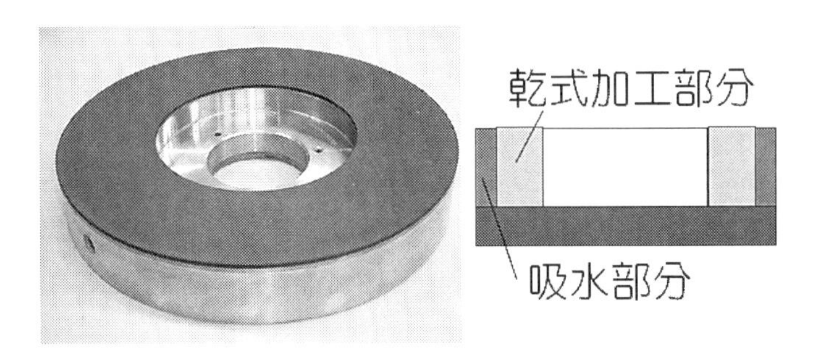

図17　シリカPVA砥石

により球状に凝集させたものである。数μm～20 μm程度の大きさで気孔率に数段階あり，給油量により整理されている。凝集シリカは，非常に大きな比表面積を持っていることから，艶消し，ブロッキング防止，流動性改良，粘度調整，固結防止などの用途に使用されている。研磨材としてはあまり使用実績がない。この研磨テープの場合図16に示されるように最初は数少ない加工点で高能率に加工を行い（①），次第に砥粒の先端が平滑に摩耗しシリカの１次粒子が作用する研磨モード（②）に移行し優れた仕上げ面を実現する。コロイダルシリカ研磨テープとは異なり，凝集シリカ間には十分な隙間があるため，切り屑の排出が問題になることはない。

前述のように乾式メカノケミカル作用と湿式メカノケミカル作用では100倍程度の除去速度の開きがある。しかし，乾式研削では工作物の形状精度を大きく劣化させることになる。またシリカは少しでも濡れると乾式メカノケミカル作用を発現しない。そこで吸水性の良いPVA樹脂を使用して，図17に示すようなシリカ砥石を作製した[9]。この砥石を用いて湿式状態でインフィード研削を行うと，砥石の外周部分で吸水し，その部分が多少膨張することで，内部への水の浸入を遮断する。そのため内周部分では乾式研削が行える。この砥石を用いて８インチのシリコンウェーハの加工を行った結果，平面度４ μm以下で仕上げ面粗さ30 nmRyの鏡面加工が実現している。この砥石に採用するシリカ砥粒としては，砥粒の吸水能から上述の凝集シリカよりも溶融シリカ[10]のほうが適していることも判明している。

凝集シリカと溶融シリカの差異については，これを研磨テープに用いて光ファイバ端面の研磨

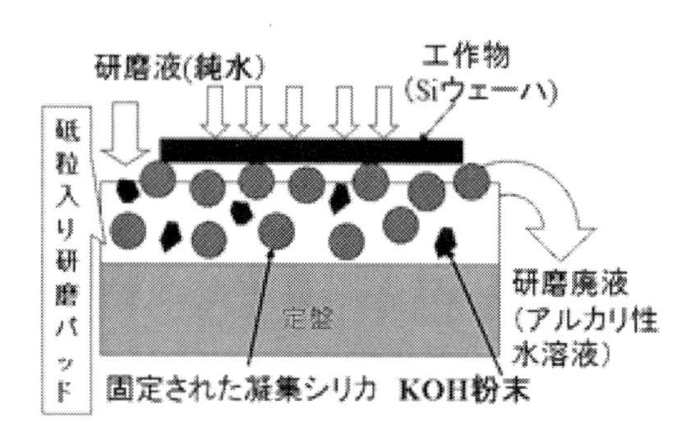

図18　アルカリ含有研磨パッド

を行うと，研磨面に付着する汚れ（残留砥粒）が大きく異なることも知られている[11]。溶融シリカの場合親水性に劣るために付着が生じない。凝集シリカを使用した場合でも，研磨している光ファイバを経由して紫外線を照射すると，研磨フィルムの親水性が改善し，付着を防ぐことができる。このように中途半端な親水性が研磨面での砥粒の残留を増加させることになる。

2番目の砥石の結合剤に化学的作用を発現する物質を入れたものとしては，従来の一般砥石に塩化ナトリウム（食塩）を入れることがよく知られている。鉄材料の研削において非常に切れ味が向上する。しかし，それが残留すると錆を生じさせることになるので注意が必要である。アルミニウムのような目づまりのしやすい軟質金属を加工するために，フッ素系オイルを封入したマイクロカプセルを混入したラッピング砥石が効果的であることは前に紹介した。シリカの湿式メカノケミカル研磨において固液相反応を活性化するには，温度をあげることも効果的であるが，温度をあげると工作物の形状精度の管理が難しくなる。化学的作用を活性化するには加工液として高pHのものを使用することも効果的であるが，加工機械へのダメージや作業環境の劣化，化学焼けの問題が生じる。そこで，図18に示すようにアルカリ性結晶をシリカ含有研磨パッド内に含有させることを行った[12]。砥粒含有研磨パッドと砥石の差異は，砥粒率と結合剤率の関係により決まる。砥粒率が結合剤率より勝る場合は砥石と呼ばれ，逆に砥粒率が結合剤率より劣る場合は砥粒含有研磨パッドと呼ばれる。砥石のほうが砥粒含有研磨パッドよりも高硬度で加工能率は一般に高くなるが，仕上げ面粗さは劣ることになる。アルカリ性結晶として使用した水酸化カリウムは潮解性を示し，そのままで研磨パッド中に含有させることができない。そこで，あらかじめ水酸化カリウム結晶をカップリング剤により包み，シリカ含有ウレタン樹脂研磨パッドに混入させた。このことにより，表面に現れた水酸化カリウムのみが溶解し，局所的に高pHの環境を作るため，外部から砥粒スラリーを添加しなくても除去速度を向上させることができる。また，その効果は長時間にわたって持続する。アルカリ性結晶の溶出の程度はカップリング剤の分子量によりある程度制御できる。カップリング剤の分子量は高いほど，溶出は少なくなる。無機アルカリの場合は高pHでは化学焼けを生じることが多い。そういう場合は有機アルカリ結晶を用いるのがよいが，有機アルカリ結晶として毒性のないものは少ない。

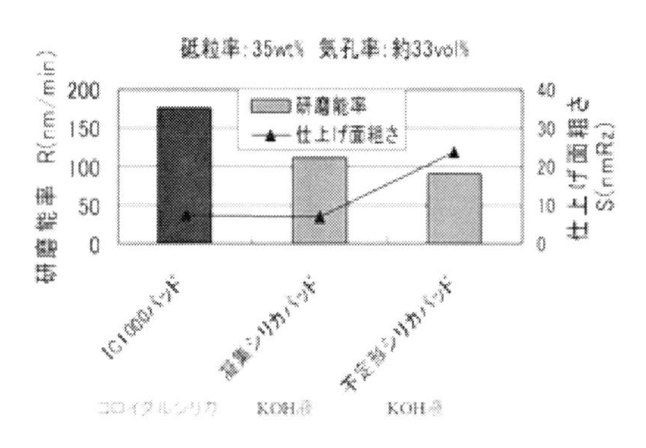

図19　シリカ含有研磨パッドの加工特性

図20　セリウム研磨パッド[13)]

通常砥粒を含有した研磨パッドのみで加工を行っても，遊離砥粒研磨の加工特性を越えることは困難である。図19は代表的な多孔質研磨パッドIC1000を用いてコロイダルシリカによりシリコンウェーハの研磨を行った結果と，水酸化カリウム溶液により同一のpHに調整した砥粒を含有しない加工液を供給してシリカ含有研磨パッドで研磨を行った結果を比較したものである。研磨特性に優れる凝集シリカを用いても，遊離砥粒研磨の６割程度の研磨能率しか達成できない。通常破砕により製作された不定形シリカを使用した場合には，研磨能率が低いうえに仕上げ面粗さが悪くなる。不定形シリカの場合非常に鋭利な先端を持つため，仕上げ面に傷を発生させる。

ガラスの研磨においては，図20に示すような酸化セリウム含有研磨パッドが多用されている。このウレタン樹脂研磨パッド中での酸化セリウムの含有量はたかだか数体積％程度で，この研磨パッドにガラスを押し当てて湿式研磨を行っても上述のようにほとんど研磨が進行しない。そのため，基本的に外部から酸化セリウムスラリーを添加するのが常識となっている。外部から砥粒スラリーを供給する場合の研磨パッドに含有された酸化セリウム砥粒の役割としては，①軟らかい研磨パッドと工作物間に隙間を作り，砥粒が侵入し易くする，②砥粒の滞留性を高める，③高研磨能率を有する軟らかい研磨パッドを使用しても形状精度を劣化させない，などが考えられる。

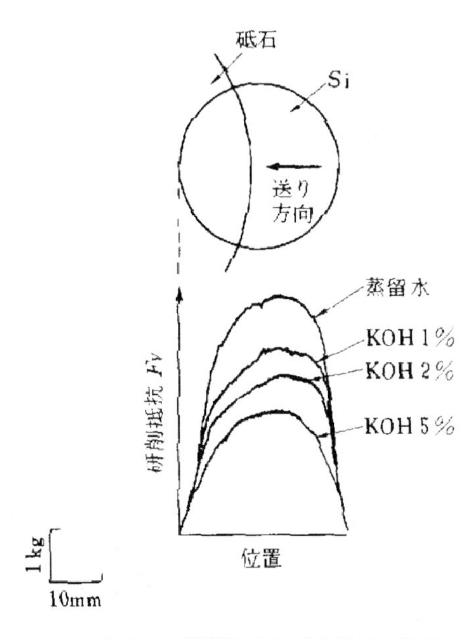

図21　シリコン研削における化学液の効果

事実この酸化セリウムの代わりに硬質の微粒子ポリマーを添加しても，ほぼ同一の研磨特性が得られることが確認されている。

3番目の方法として，加工液としてエッチング液を使用することが検討されている。図21はシリコンウェーハのインフィード研削において研削液に水酸化カリウムを添加した効果について示している。このように研削抵抗が減少し，仕上げ面粗さも若干向上する。効果的な方法であるが，化学的作用は1～2μm/min程度の速度であることをよく考えないと，全く効果のない結果になる。すなわち，通常の研削における切込み速度では効果が現れない。また，そういう化学液はレジンボンド砥石の結合剤を劣化させることがあるので注意が必要である。劣化によってセルフドレッシングが活発になり加工能率が向上することもあるが，あまりにも早い工具摩耗は生産コストの著しい低下につながる。

1.4　おわりに

本節では固定砥粒研磨について説明した。固定砥粒研磨は自動化・省力化につながるため，遊離砥粒研磨からの代替が望まれているが，その代替は容易ではない。固定砥粒の最大の短所である目づまりの影響を生じることなく，高い研磨特性を実現することが重要である。目づまりを生じるとスクラッチ発生の原因となり，加工抵抗を上昇させ振動や焼けの原因となる。適した固定砥粒工具を適した加工条件で用いれば，その最適条件の範囲は非常に狭いものの，高付加価値の加工が行える。その最適条件を見出すことは容易ではない。また使用に関しては環境を整えることが必要となる。従来の粗加工代替のみでなく，仕上げ研磨の代替にも可能性を秘めている。

文　　献

1) 日本特殊研砥石㈱ホームページ http://www.nittokuken.co.jp/tech1.html
2) 3M ホームページ http://www.mmm.co.jp/emsd/product/pdt_03_09.html
3) 高綺ほか，日本機械学会論文集（C編），**71**（701），pp.286-291（2005）
4) 谷泰弘ほか，砥粒加工学会誌，**49**（8），pp.441-444（2005）
5) 河田研治，谷泰弘，日本機械学会論文集（C編），**57**（542），pp.3314-3319（1991）
6) 榎本俊之ほか，日本機械学会論文集（C編），**65**（632），pp.1698-1703（1999）
7) 安永暢男，機械と工具，**37**（4），p.105-108（1993）
8) 榎本俊之ほか，砥粒加工学会誌，**46**（9），pp.458-463（2002）
9) 谷泰弘ほか，砥粒加工学会誌，**49**（11），pp.638-642（2005）
10) ㈱アドマテックスホームページ http://www.admatechs.co.jp/product/silica.html
11) 竹之内研二ほか，日本機械学会論文集（C編），**72**（718），pp.1995-2000（2006）
12) 高綺，谷泰弘，榎本俊之，日本機械学会論文集（C編），**70**（690），pp.584-589（2004）
13) 九重電気㈱ホームページ http://www.kokonoeele.co.jp/j/products.html

2　複合粒子研磨

村田順二*

2.1　複合粒子研磨とは

複合粒子研磨法は遊離砥粒研磨に用いられるスラリーに対し，メディア粒子と呼ばれる無機あるいは有機粒子を添加した研磨法であり，谷らによって提案された新しい研磨加工技術である[1~6]。従来の遊離砥粒研磨では，工作物，砥粒，工具（研磨パッド）の３つの固体（3BODY）により研磨が行われるのに対し，複合粒子研磨では第４の固体としてメディア粒子を導入する。４つの固体が介在することから4BODY研磨技術と呼ばれる。このメディア粒子がミクロな研磨パッドとして働き，これに砥粒が付着し工作物表面に作用させることにより研磨を行う。図１に示すように，従来の遊離砥粒研磨では，砥粒は研磨パッドにより保持され工作物表面に供給されるが，鏡面研磨においては粒径の小さな砥粒が用いられるため，研磨パッドと工作物が直接接触する部分が存在する。このような部分では工作物に作用させた研磨圧力が研磨パッドに逃げてしまうため，工作物と砥粒間に作用する力が減少してしまう。また研磨パッドの形状が工作物に転写されることや，工作物のふちに圧力が集中しふちダレが大きくなるといった問題点がある。一方，複合粒子研磨法では砥粒の粒径の５倍程度の粒径をもつメディア粒子が用いられるため，工作物と研磨パッドの間に隙間が生じ，両者が直接接触することはない。そのため，研磨圧力がそのまま砥粒と工作物間に作用し，従来の遊離砥粒研磨と比較して高い研磨能率が得られる。また，工作物と研磨パッドの直接接触がないことは，工作物形状精度の向上やふち形状の改善にもつながる。上記の複合粒子研磨法の利点を十分に発揮するためには，メディア粒子と砥粒の付着性が重要となる。図２には，メディア粒子ならびに砥粒が付着したメディア粒子の走査型電子顕微鏡（SEM）像を示す。図２(b)のように砥粒がメディア粒子に付着した状態により複合粒子研磨が実現する。

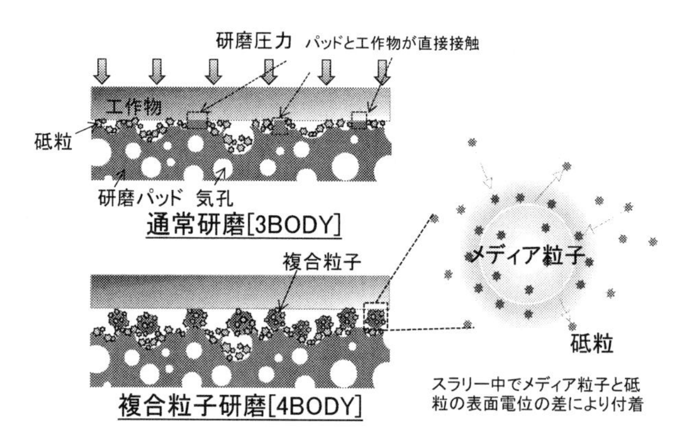

図１　複合粒子研磨法の加工概念図

*　Junji Murata　立命館大学　理工学部　機械工学科　助教

図２　(a)メディア粒子と(b)砥粒が付着したメディア粒子のSEM像

一方，砥粒が付着していない状態では工作物表面に砥粒が供給されず，著しく研磨特性を悪化させる。両者の付着はスラリー中における粒子間の相互作用，つまりメディア粒子と砥粒の反発力と引力のバランスによって付着性が左右される。この粒子間の相互作用には，粒子のゼータ電位，粒径，濡れ性などが関与し，用いる砥粒に適したメディア粒子を選択することで，複合粒子研磨による高付加価値研磨加工が実現する。

本節では，複合粒子研磨およびその派生技術に関する最新の研究開発状況として，NEDO希少金属代替材料開発プロジェクト「精密研磨向けセリウム使用量低減技術開発及び代替材料開発」（平成21年度～25年度）により得られた成果を中心に紹介する。

2.2　複合粒子研磨による研磨特性

複合粒子研磨法においては，メディア粒子が有機物か無機物かにより大別される。まずポリマー粒子を用いた有機メディア粒子による研磨特性について紹介する。有機メディア粒子としては水系スラリーに分散させるため，親水性を持つ必要がある。そこで，親水性を付与したポリスチレン（以下H-PS）およびポリエチレン（以下H-PE）のポリマー粒子を用い，表１に示す実験条

表１　研磨実験条件

研磨機	片面精密研磨機（定盤径380 mm）
工作物	φ20×t10 mm ソーダガラス（前加工面粗さ0.4 μmRa）
研磨パッド	セリア含有発泡ポリウレタンパッド
研磨圧力	20 kPa
工具/研磨パッド回転速度	60 rpm
研磨時間	30 min
砥粒	酸化セリウム，平均粒径1.2 μm，濃度３wt％
スラリー供給量	25 mL/min

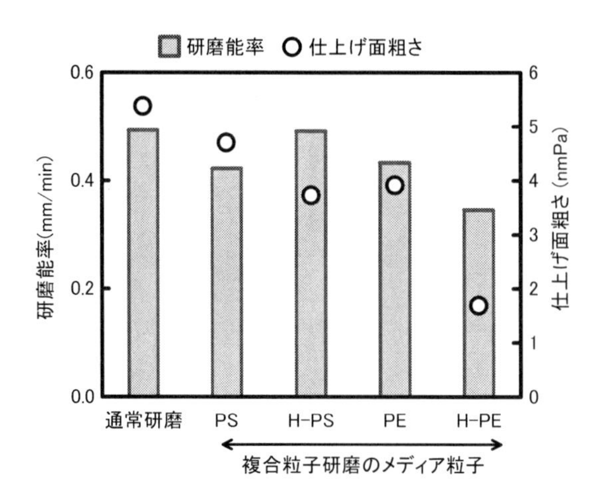

図３　ポリマー粒子を用いたソーダガラスの研磨特性

件でソーダガラスの研磨特性を評価した。メディア粒子濃度は0.25 wt％である。H-PS粒子は親水基をグラフト重合により表面に付着させたものであり，H-PE粒子は強固な界面活性剤を用いることによって親水性を付与したものである。図３に研磨特性を示す。また親水性を与えていないポリスチレン粒子（以下PS粒子）とポリエチレン粒子（以下PE粒子）を用いた結果も併せて示す。ポリスチレン粒子をメディア粒子として適用した場合は，親水性のH-PSを適用した方が研磨能率，仕上げ面粗さが共に改善され，研磨能率は酸化セリウム砥粒のみを用いた通常研磨の研磨能率と同等の値を示した。これに対してポリエチレン粒子をメディア粒子として適用した場合は，PEに比べH-PEを適用した方の研磨能率が減少した。ただし，仕上げ面粗さは通常研磨の場合の１/３程度となり，他に比べて非常に優れた仕上げ面粗さが得られた。ポリスチレン粒子では親水性の付与により砥粒の付着が改善され，そのためメディア粒子の滞留性が高まり，メディア粒子と工作物との相対速度が大きくなったためと考えられる。このことは，砥粒が付着したメディア粒子の沈殿時間が，PS粒子の場合は46秒であったのに対して，H-PS粒子の場合は40秒と早まったことから裏付けられる。一方，H-PE粒子では添加した界面活性剤の影響で，メディア粒子と工作物の間で滑りが生じ，研磨能率の低下につながったものと考えられる。このように，界面活性剤を使用せずに親水性を高めることで研磨能率が向上することが判明した。研磨能率のさらなる向上を目指して，親水性に優れる無機酸化物粒子をメディア粒子としての採用した。

まず，メディア粒子として非晶質リン酸カルシウムの無機粒子（以下AP粒子）の適用を試みた。この粒子はかさ比重が１以下の多孔質粒子であり，表面の水酸基の存在により親水性が高い粒子である。図４にこのAP粒子とAP粒子と砥粒を攪拌混合させた状態のSEM像をそれぞれ示す。AP粒子は酸化セリウム砥粒との付着性が良好であることがわかる。このAP粒子をベースとして，メディア粒子の滞留性の向上を図り比重を高めた粒子を採用した。

表２に採用した各無機粒子をまとめた。ここで，APS粒子はAP粒子にシリカを10％添加した

図4　(a)AP粒子，(b)AP粒子と酸化セリウムの混合物のSEM像

表2　無機メディア粒子の概要

	特徴	平均粒径（μm）	かさ比重（g/cm³）
AP	—	15.4	0.40
APS	シリカ粒子含有	16.3	0.42
APC	セリア粒子含有（粒径小）	14.5	0.44
APCL	セリア粒子含有（粒径大）	18.0	0.46

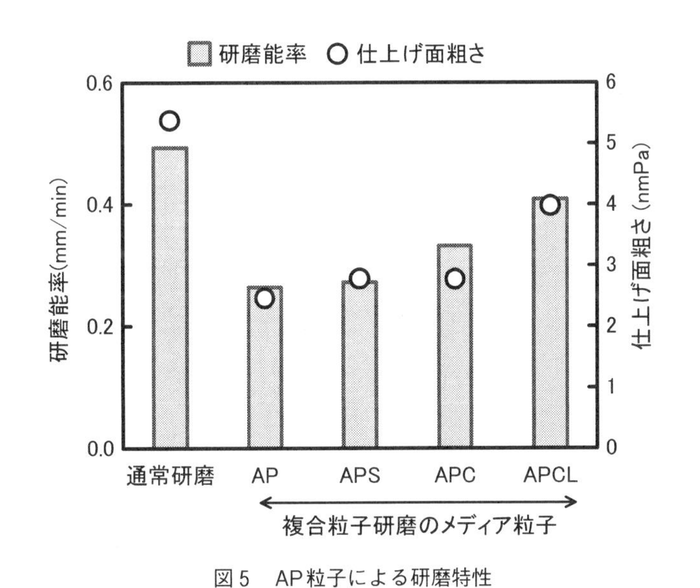

図5　AP粒子による研磨特性

もの，APC粒子はセリアを10%添加したもの，APCL粒子はAPC粒子の粒径の大きな粒子である。図5に示されるようにこれらの粒子を用いた場合は，期待に反して全て通常研磨に比較して研磨能率が劣っていた。しかし研磨能率はメディア粒子のかさ比重と強い相関を持つことがわかる。AP粒子は多孔質で比重が小さく滞留性に劣るため研磨能率が低下するが，これはかさ比重の増加により改善されることが分かる。一方，仕上げ面粗さは，通常研磨よりも優れていることが

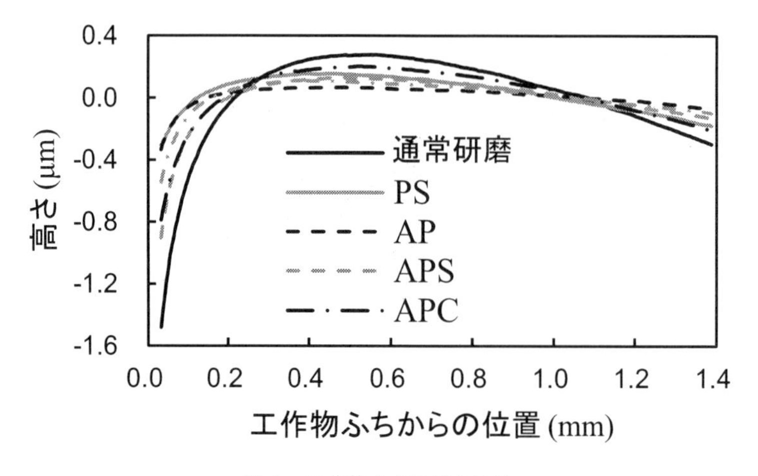

図6　工作物ふち形状の比較

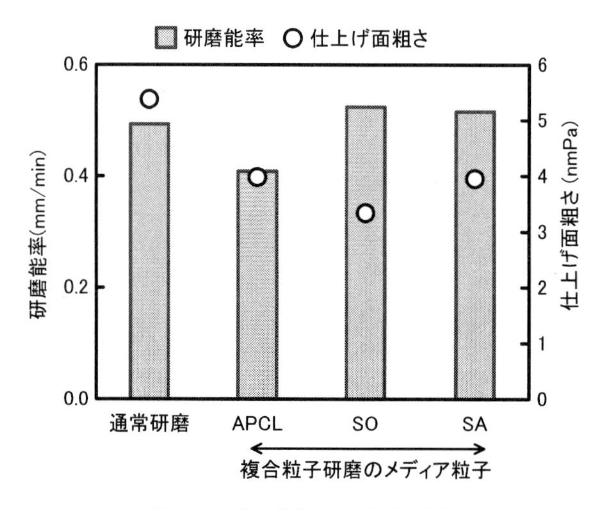

図7　シリカ粒子による研磨特性

わかる。

また，図6に示されるように，AP粒子，APCL粒子は通常研磨法で加工したものより縁ダレが低減できており，PS粒子を用いた複合粒子研磨法で得られた結果以上の高精度の加工が実現されている。以上の結果より，AP粒子よりも高い比重を持つ親水性無機メディア粒子により研磨特性の向上が期待できる。そこで，粒径が5 μm以下で親水性に優れた無機粒子として，多くの工作物の鏡面研磨を行う際に用いられている親水性の高いシリカ粒子をメディア粒子として適用した。採用した粒子は平均粒径2.2 μmの真球状溶融シリカ（以下SO粒子）ならびに平均粒径5.0 μmの凝集シリカ（以下SA粒子）をである。これらのシリカ粒子を用いた研磨特性を図7に示す。SO粒子，SA粒子ともに通常研磨を上回る研磨能率を示した。また，仕上げ面粗さも，通常研磨と比

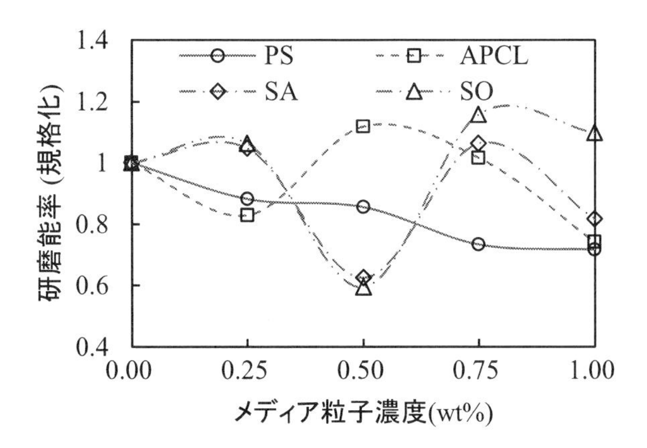

図8　メディア粒子濃度と研磨能率の関係

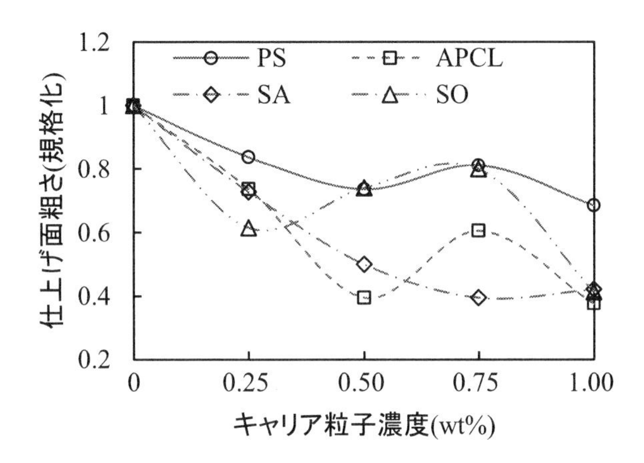

図9　メディア粒子濃度と仕上げ面粗さの関係

較して改善がみられた。各メディア粒子の添加濃度が研磨能率および仕上げ面粗さに与える影響を調べたものが図8，図9である。ポリマー粒子を用いた場合には，メディア粒子の添加率を増加させるほど，研磨能率は低下するという傾向を示した。これはポリマー粒子の製造時に界面活性剤が使用されるため，この界面活性剤の作用により研磨能率が低下したためである。一方，無機メディア粒子の場合，メディア粒子の添加率を増加させていくと，一様には研磨能率が低下しないという現象が現れた。特にSO，SA粒子の場合は研磨能率の極大値が2か所で生じる現象を示した。仕上げ面粗さに関しては，図12に示されるようにメディア粒子濃度が増加するにつれて，無機粒子，有機粒子ともに改善される傾向を示した。極小値の位置は若干異なるが，0.25～0.75 wt%の範囲で一度極小値を示した後，仕上げ面粗さは若干悪くなり極大値を示して，また減少する傾向を示した。その極大値は通常研磨よりは常に低い値となっている。この現象は基本的にはメディア粒子濃度の増加で有効砥粒数が増え，砥粒切込み深さが減少しているためで，極大値を生

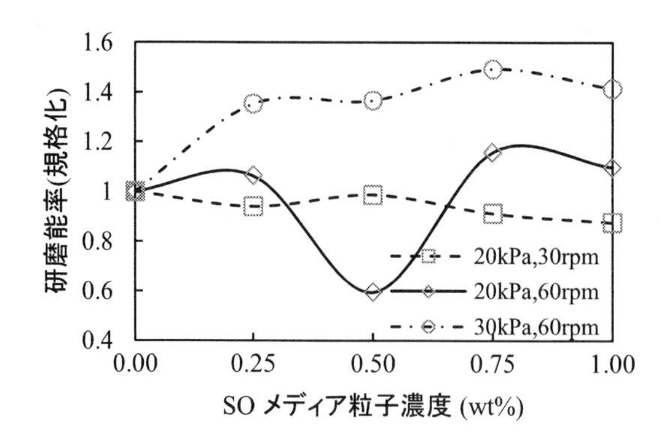

図10　各研磨条件におけるSO粒子濃度と研磨能率の関係

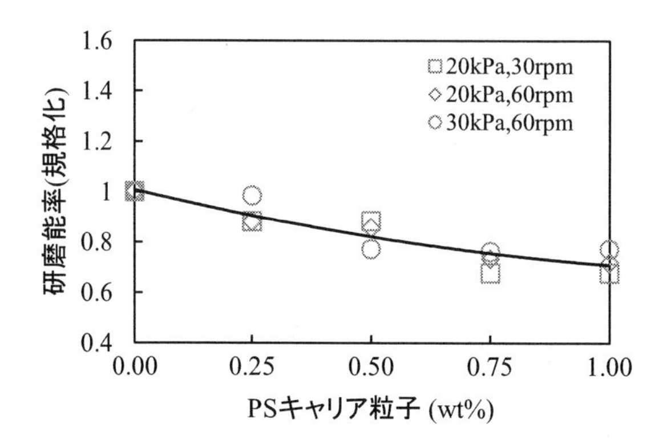

図11　各研磨条件におけるPS粒子濃度と研磨特性の関係

じたのはメディア粒子が複層化することで，有効砥粒数が変化したためと考えられる。

上記のような無機粒子の研磨能率に関する現象の原因を解明するために，工具速度および加工圧力を変化させて，この特異現象がどのように変化するか調査した。図10に示されるように，定盤回転数を低減させると，研磨能率の変動は小さくなり，最初の極大値の位置は右にずれた。加工圧力を高めると極大値を生じる現象は同様ではあるが，全体的に右上がりの傾向となった。メディア粒子の添加率0.75 wt％で通常研磨の1.5倍近くの研磨能率が得られた。以上のことから，一つの極大値は有効砥粒数の増加に伴うもので，今一つの極大値はメディア粒子の滞留性の変化に伴うものと考えられる。すなわち，メディア粒子濃度が増加して有効砥粒数が増加すると砥粒当たりの加工圧力も減るため，一つの極大値を生じたと考えられる。また有効砥粒数が増加すると動粘度が増加して一般にメディア粒子は動きにくくなり工作物との相対速度が増え研磨能率が高くなるが，あるメディア粒子濃度で複層化が進み，複層化すると一時的にメディア粒子が動きやすくなるため，今一つの極大値を示したと考えられる。

PS粒子を用いた場合，図11に示されるように，PS粒子の場合は加工条件に関係なくメディア粒子の添加率を上げるにつれて，研磨能率は低下する一方であった。このように，メディア粒子濃度を変化させたときに生じる特異現象は，無機粒子特有のものと言える。

2.3　複合砥粒研磨

前項で述べたように，複合粒子研磨法によりガラスの鏡面研磨における加工の高機能化を実現した。本項では複合粒子研磨法の洗浄性を改善し，さらなる高付加価値化を実現する複合砥粒研磨について紹介する。

複合砥粒は図12に示されるように，有機または無機粒子を母粒子とし，その周囲に砥粒（子粒子）を配置したコアシェル構造をもつ砥粒である[7]。シェル部の厚みが小さくなると複合砥粒の比重も小さくなり，スラリー中での分散性が改善する。また，砥粒は表面にしか存在しないため，酸化セリウムなどの希少な砥粒の使用量を低減することも可能である。母粒子としてポリマー粒子を用いた有機無機複合砥粒は，ポリマー粒子と砥粒を加熱雰囲気下で乾式混合することで製造することができる。母粒子表面が撹拌時の加熱により軟化し，これに砥粒が突き刺さることで複合砥粒となる。このような物理的付着であるため，よほどの力が作用しない限り，子粒子が母粒子から脱落することはない。母粒子としては粒径10 μm前後のポリマー粒子を採用している。図13にはポリマー粒子ならびにその周囲に酸化セリウム砥粒を付着させた複合砥粒のSEM像を示す。製造した複合砥粒はポリマー粒子表面が露出せず，酸化セリウム砥粒で均一に覆われていることがわかる。複合粒子研磨とは異なり，複合砥粒は子粒子である砥粒が母粒子に固定されているため，工作物表面への付着が少なく，洗浄性が改善されることも特徴の一つである。母粒子であるポリマー粒子の材質や硬度を変化させて研磨特性を調べた結果，図14に示されるように，母粒子にウレタン樹脂を用い，かつ硬度の高い粒子を使用した際に，従来研磨より20％程度高い研磨能率が達成できた。しかし，複合砥粒によるコスト増（ポリマー粒子のコストと製造コスト）

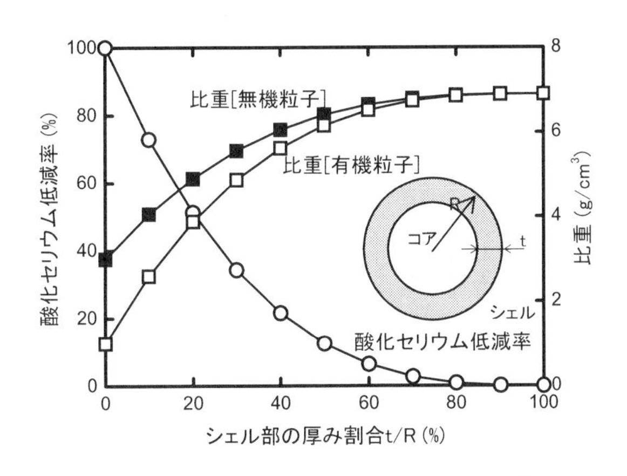

図12　コアシェル構造砥粒による酸化セリウム低減率

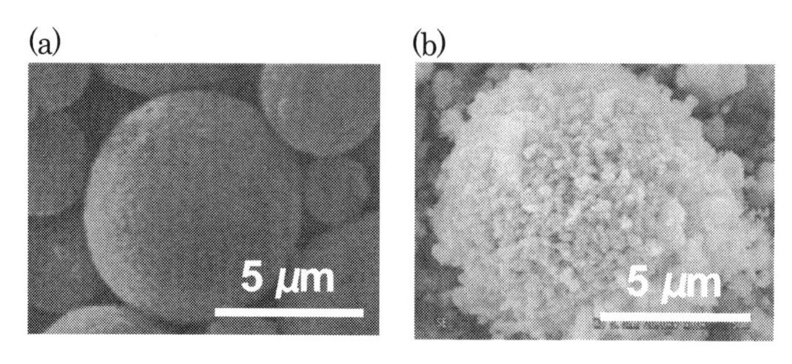

図13　(a)ポリマー粒子および(b)複合砥粒のSEM像

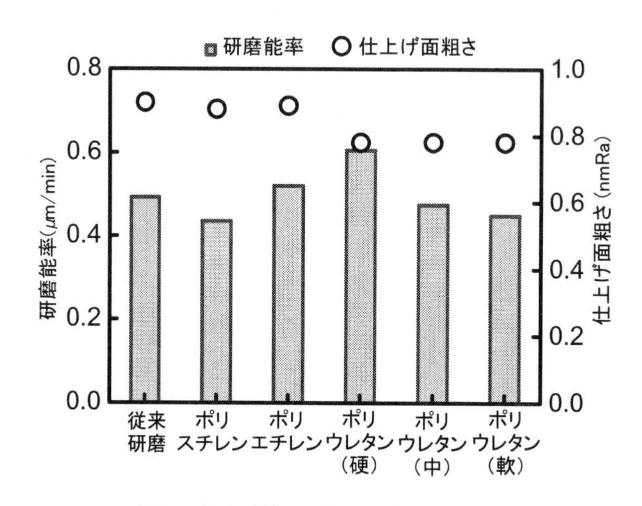

図14　複合砥粒の母粒子材質と研磨特性

表3　複合砥粒の母粒子の特徴

	母粒子A	母粒子B	母粒子C
平均粒径	10 μm		
材質	ウレタン樹脂	ウレタン樹脂	ウレタン/PMMA重合体
比重	1.17	1.37	1.16
特徴	真球状粒子	SiO_2粒子30 wt％配合粒子	異形粒子

を考えると，さらなる研磨能率の向上が必要となる。

そこで，複合砥粒の滞留性を高めるために，母粒子の形状や比重を変化させることにした。表3の母粒子Aは，比較の基本とした母粒子で，上記で20％の研磨能率向上を果たしたウレタン樹脂の母粒子である。これに対して，母粒子Bは母粒子Aに平均粒径0.5 μmのシリカを30 wt％含有させて比重を高めた母粒子で，母粒子Cは表面にくぼみが存在する異形の粒子である。母粒子Aの比重は1.17であるのに対して，母粒子Bの比重は1.37となっている。これらの母粒子のSEM

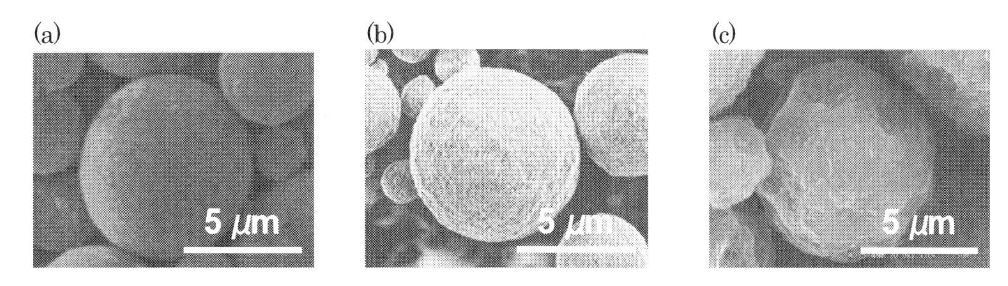

図15　各種ポリマー粒子のSEM観察像(a)母粒子Ａ（真球粒子），(b)母粒子Ｂ（SiO_2混合粒子），(c)母粒子Ｃ（異形粒子）

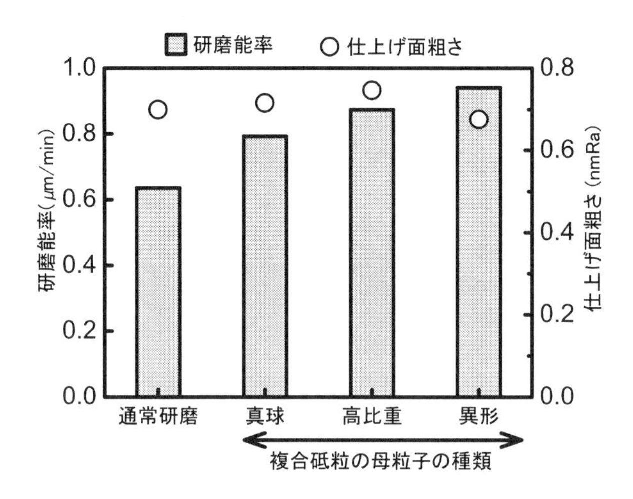

図16　滞留性を改善した複合砥粒の研磨特性

観察像を図15にそれぞれ示す。これらのポリマー粒子を母粒子とした複合砥粒を用いてソーダガラスの研磨を行った結果，図16に示されるように従来研磨に対して高比重の複合砥粒Ｂで37％の研磨能率向上，異形の複合砥粒Ｃで50％の研磨能率向上を実現した。30分の研磨で達成した仕上げ面粗さはほぼ同程度の値となっている。この結果が砥粒の滞留性が改善された結果であるのかを調べるために，傾斜させた研磨パッドの上に砥粒や複合砥粒を分散させたスラリーを滴下させ，傾斜を徐々に増加させてスラリーが滑落する滑落角を調べた。その結果，通常のスラリーは滑落角が46度であったのに対して，複合砥粒Ａおよび複合砥粒Ｂは滑落角が52度で，複合砥粒Ｃの滑落角は60度以上であった。これらのことから，滑落角と研磨能率には正の相関があり，滞留性が向上したことにより，研磨特性が向上したことが明らかとなった。

滞留性が改善されたことで研磨能率が向上するのであれば，もともと砥粒が動きにくい状態にある場合は，差異がなくなるものと予想される。図17は研磨能率の工具速度依存性を見たものである。定盤回転数60 rpm以上では差異が生じているが，30 rpmではほとんど通常研磨と差異のな

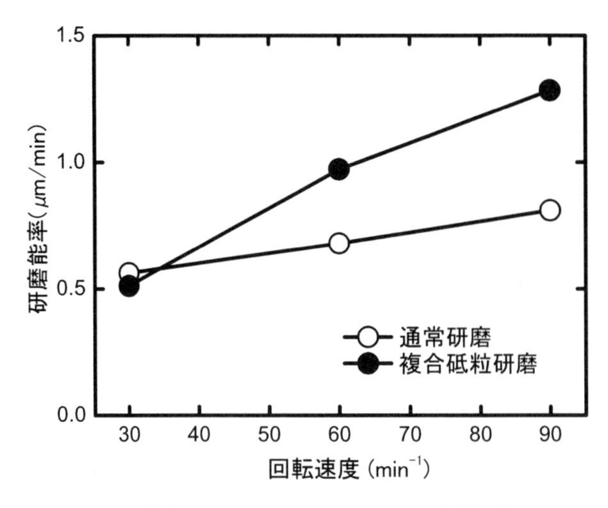

図17　複合砥粒の研磨特性の工具回転速度依存性

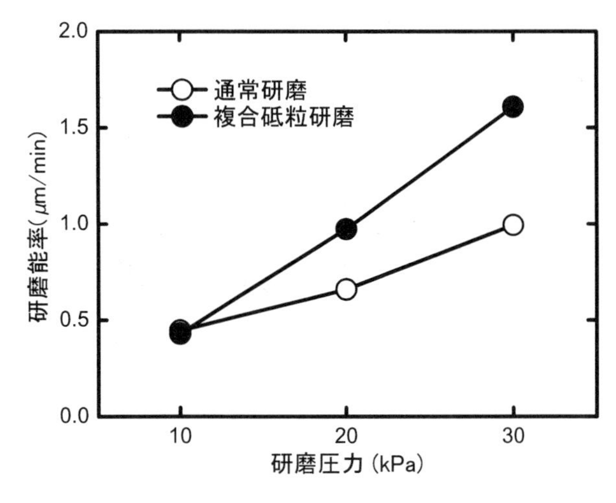

図18　複合砥粒の研磨特性の研磨圧力依存性

い結果となっている。ここで使用した複合砥粒は，定盤回転数60 rpm，加工圧20 kPa，スラリー濃度3 wt％で50％の研磨能率向上を達成した異形粒子の複合砥粒である。図18は，研磨能率の加工圧依存性を見たものである。加工圧が高いほど，通常研磨に比較して研磨能率の向上が顕著になっている。高速，高圧下では砥粒は動きやすい状態となっており，滞留性が改善された複合砥粒は，その条件下で効果が出たものと思われる。図19は，研磨能率のスラリー濃度による依存性を調べた結果である。低濃度のほうが効果は顕著となっており，高濃度の場合はもともと砥粒の動きが制限されているために差異が現れなかったものと判断される。

複合砥粒を製造する際には，母粒子に十分な量の砥粒を付着させるため，母粒子に対して砥粒

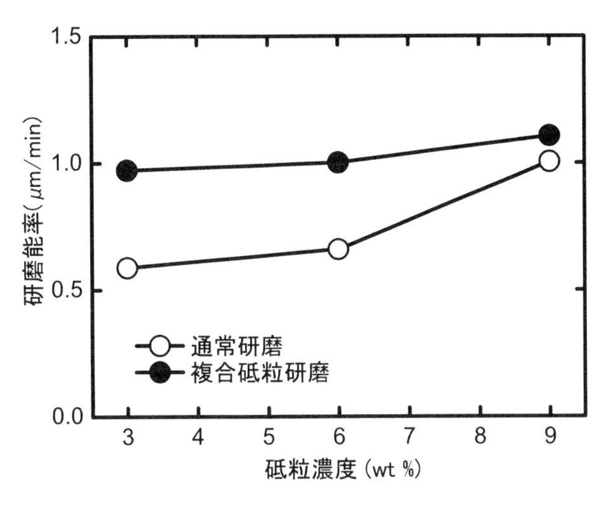

図19　複合砥粒の研磨特性の砥粒濃度依存性

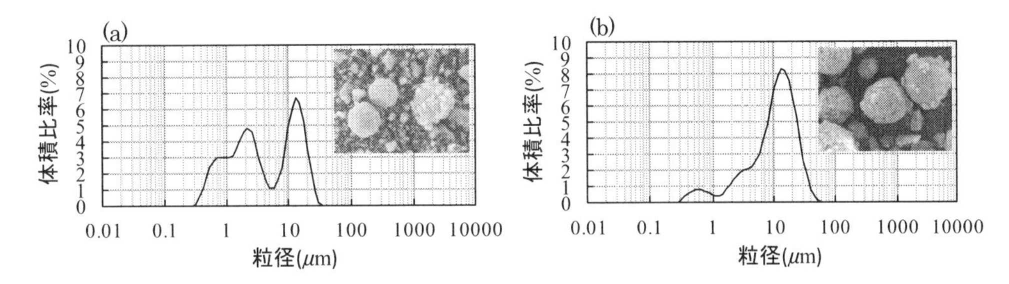

図20　複合砥粒の粒度分布とSEM像(a)分級前，(b)分級後

の量を多くし製造を行っている。そのため，製造後の複合砥粒には母粒子に付着していない砥粒が存在する。この遊離した砥粒を除去する分級処理を行うことにより，洗浄性の改善や砥粒の使用量低減にも繋がる。そこで，複合砥粒における遊離砥粒の除去が研磨特性に及ぼす影響を調査した。遊離砥粒の除去には，粒子の比重差（すなわち水中での沈降速度の差）を利用した湿式分級を用いた。分級前後の複合砥粒の粒度分布およびSEM観察像を図20に示す。分級前の複合砥粒の粒度分布は図20(a)に示すように広い領域で粒径が分布しており，ポリマー粒子の平均粒径である10 μmと酸化セリウムの平均粒径である1 μm付近にピークが存在する。一方，分級後の複合砥粒の粒度分布は，遊離した酸化セリウム砥粒が除去されシャープな分布となっていることがわかる。真球状および異形のポリマー粒子を用いた複合砥粒に対し，上記の分級処理を施し，その研磨特性を評価したものが図21である。いずれの複合砥粒においても，分級処理前の砥粒と比較して研磨能率の低下が確認された。しかし，異形粒子の複合砥粒は真球粒子の複合砥粒に比べて研磨能率の低下が少ないことがわかる。これは先に述べたように，異形粒子の複合砥粒がより高い滞留性を持つためである。分級処理前の遊離した酸化セリウム砥粒は，複合砥粒の粒径の1/10と

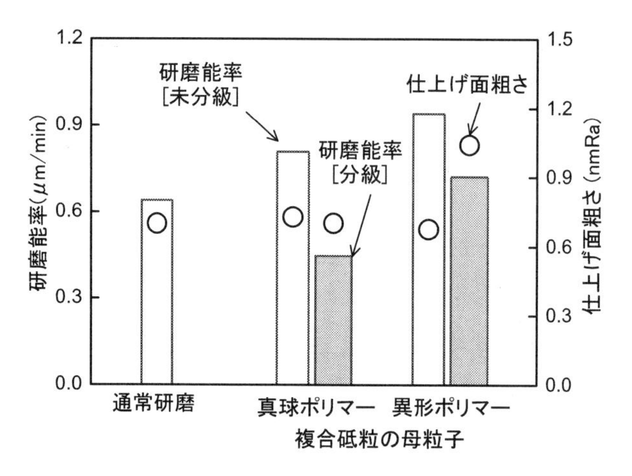

図21　複合砥粒の分級による研磨特性への影響

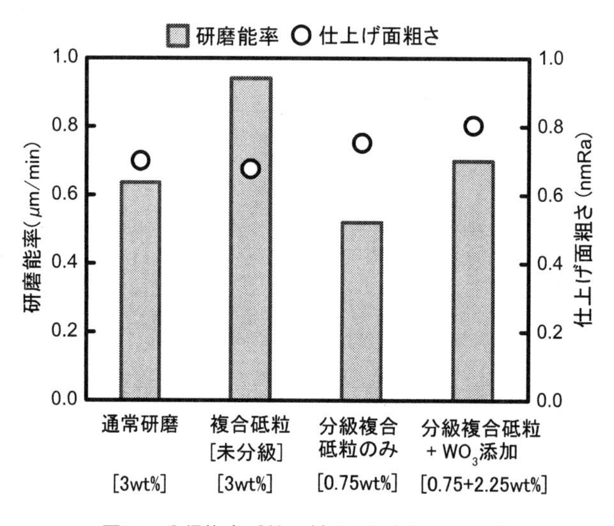

図22　分級複合砥粒に対する添加粒子の効果

小さく，直接工作物の除去作用に寄与するとは考えにくい。この遊離した砥粒は複合砥粒の動きを抑制し，その滞留性を改善していると考えた。そこで分級処理後の複合砥粒に対し，移動を抑制する粒子を添加することにより，研磨特性の改善を試みた。添加する粒子としては酸化セリウムと同等の比重と粒径を持つ三酸化タングステン（WO_3）を採用し，複合砥粒0.75 wt％に対し，WO_3粒子を2.25 wt％の濃度で添加した。その結果，図22に示すように分級した複合砥粒の研磨能率が向上し，酸化セリウムのみを用いた通常研磨と同等の研磨特性が得られた。WO_3粒子自体にはガラスの研磨作用がないことがわかっており，添加した粒子は複合砥粒の滞留性の向上に寄与したと考えられる。分級した複合砥粒に含まれる酸化セリウムの成分割合は30％程度であるこ

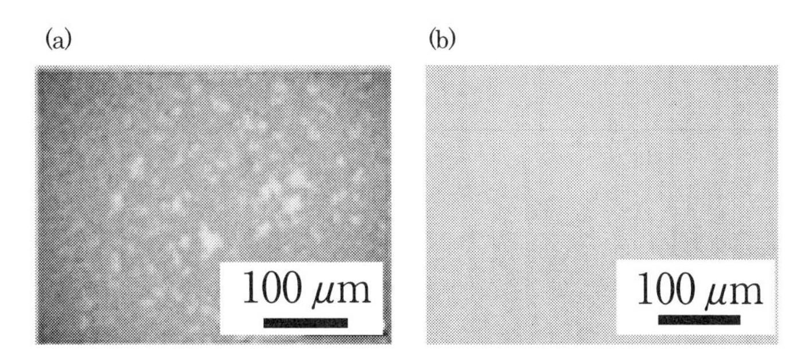

図23　研磨後ガラス表面の光学顕微鏡像（超音波洗浄後）
(a)未分級複合砥粒，(b)分級複合砥粒（添加粒子あり）により研磨

とから，スラリー中の酸化セリウム濃度は0.2wt％程度である。つまり，酸化セリウムの使用量を90％低減し，かつ通常研磨以上の研磨特性を実現したことになる。またタングステンなどの希少金属を使用しない移動抑制粒子も検討しており，酸化銅や酸化鉄の複合化粒子によっても同様の効果が得られることがわかっている。分級処理前後の複合砥粒により研磨したガラス表面を超音波洗浄し，光学顕微鏡で観察したものが図23である。分級前の複合砥粒には遊離した酸化セリウム砥粒が多数含まれるため，ガラス表面には酸化セリウム砥粒の付着が見られた。一方，分級した複合砥粒で研磨したガラス表面には砥粒の付着が少なく，洗浄性が改善されていることが確認された。

本項では複合粒子研磨による高付加価値化研磨技術および，そこから派生した複合砥粒研磨，の最新の研究開発状況を紹介した。これらの技術により酸化セリウムなどの希少な砥粒の使用量低減を実現している。またラッピング用砥粒への応用も検討をはじめており，今後SiCやダイヤモンドなどの希少砥粒への応用が期待される。これらの新しい研磨技術により研磨加工の高付加価値化・低コスト化に貢献できるものと考えられる。

文　　献

1)　盧毅申ほか，日本機械学会論文集（C編），**68**(674)，pp.262-267（2002）
2)　高橋敦哉ほか，砥粒加工学会誌，**47**(6)，pp.302-307（2003）
3)　男澤麻子ほか，砥粒加工学会誌，**48**(9)，pp.495-499（2004）
4)　周文軍ほか，日本機械学会論文集（C編），**71**(712)，pp.274-279（2005）
5)　榎本俊之ほか，砥粒加工学会誌，**50**(9)，pp.543-547（2006）
6)　谷泰弘ほか，日本機械学会論文集（C編），**76**(764)，pp.987-993（2010）
7)　一廼穂直聡ほか，日本機械学会論文集（C編），**75**(757)，pp.2429-2439（2009）

3　電解砥粒研磨

清宮紘一*

3.1　概要

電解砥粒研磨は，固定砥粒あるいは遊離砥粒を用いて金属材料を研磨する際に適切な電解を付加することを特徴とする加工法である。先行技術である電解研磨が強酸性あるいは強アルカリ性の電解液を用いるのに対し，作業者に危険ではない中性の硝酸ナトリウム（現場ではソーダと呼ばれる）水溶液を使用する。バフ研磨の代替を目的として，ステンレス鋼の表面粗さ改善と光沢度向上を可能にする手動研磨機に始まり，自動化，小径管内面研磨などを経て，オスカー式研磨機を利用して各種金属をシリコンウェハー並みの鏡面に仕上げる超精密鏡面研磨に至った。

3.2　背景

電解砥粒研磨は先行技術である電解研磨と電解加工に立脚する。電解研磨は1940年代に盛んに研究開発され，生産現場への技術移転も同時に進行した。工作物表面の加工変質層を除去して表面品位を上げるのが主目的であるが，適切な加工条件を選択して光沢度を向上させることもできる。1950年代に入り冷戦時代の米ソを中心に航空宇宙関連で使用される耐熱合金などの電解加工法が重点的に研究開発された半面，電解研磨の研究は下火になった。しかし，生産現場における金属表面処理の重要な技術として，現在に至るまで引き続き利用されている。

一方の電解加工は，1960年代の我が国において自動車関連の部品や金型への適用を主目的として盛んに研究開発が行われ，複数の会社による電解加工機の製造，販売が行われた結果，量産型の加工技術として生産現場に定着するに至った。しかし，切削加工（粗加工）の高速化と放電加工（仕上げ加工）の高度化に伴い，両加工法の組み合わせ方式に代替される形で，1970年代後半に入って次第に生産現場から姿を消していった。

高能率除去速度を特長とする電解加工が衰退していくのと並行して，電解加工を表面処理技術として見直す機運が高まり，電解複合加工を経て電解砥粒研磨へと発展していった。電解複合加工は，電解加工に柔らかく保持された砥粒による研磨を付加する旧ソ連での研究に端を発している。その後，我が国の企業が舶用部品の円筒外面の表面仕上げ用途で研究開発を行い，高能率加工法として実用化した[1,2]。

3.3　開発の経緯

3.3.1　基礎実験

電解砥粒研磨は当初，劣悪な作業環境（粉塵，危険な力仕事），熟練作業者の老齢化などの問題を抱えているバフ研磨の代替を目標として研究が始められ，先ず砥粒研磨に電解を付加した際に得られる表面粗さに関する基本特性を把握するための基礎実験が行われた。縦型ボール盤を改造

*　Koichi Seimiya　㈱トップテクノ　取締役

した実験装置による遊離砥粒方式の研磨実験の結果，仕上げ面粗さを最良にする適正電流密度範囲の存在が見出された。また，この適正範囲の上限を超えると表面粗さが急速に悪化し，この現象がピット発生に起因することがSEM観察で確認された。図1に基礎実験の結果を示す。この実験結果に基づく特許が出願，取得され[3]，以後の研究開発が展開された[4]。

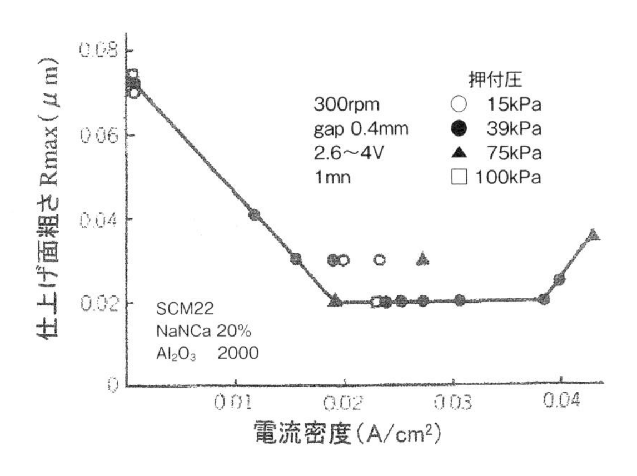

図1　基礎実験の結果

3.3.2　手送り式研磨機

電解複合加工が，加圧された電解液を工具電極の中心部の穴から吐出する電解加工方式であるのに対し，電解砥粒研磨は電解液を外部から大気圧で供給する，電解研磨に近い方式を採る。図2は電解砥粒研磨法の基本コンセプトを示す。研磨材中心部で電極工具底面にネジ止めされる。

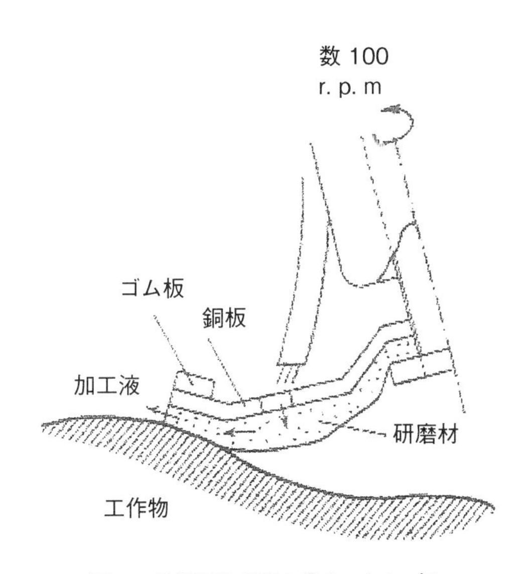

図2　電解砥粒研磨の基本コンセプト

片手操作型

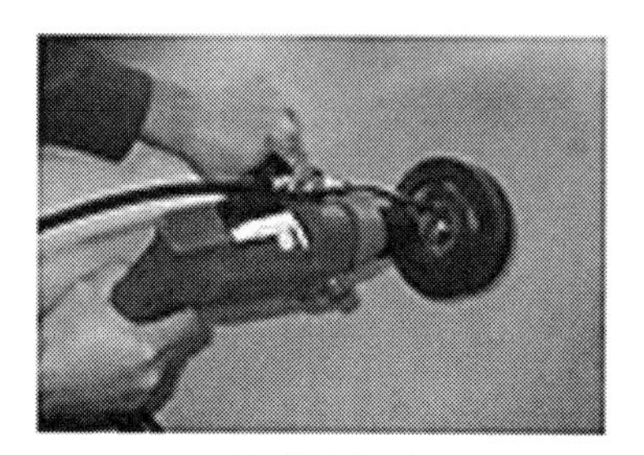

両手操作型

写真１　２種類の手送り式電解砥粒研磨機

電解液は銅板電極に開けられた多数の小穴から自重により落下し，遠心力により加工域を通って外部に流出する。液を加圧していないので，工具を傾けて外周の一部分だけを接触させる方式により，自由曲面への適用も可能になる。

写真１は市販の手送り式電解砥粒研磨機２種を示す。上の片手操作型は女性でも楽に使用できるタイプで，モーターと減速機を内蔵した小形電動工具式のものである。主軸回転数300 rpm，押付力10 Nを目安に使用する。研磨機は当初，この方式で実用化，市販されたが，押付力を上げすぎると主軸の回転が停止する問題があり，現場ニーズ応じて，加工能率重視の両手操作型（最大回転数800 rpm，最大押付力150 N）に移行した。

3.3.3　自動化

自動化実験では上部に設置したXYテーブルに直交するZ方向直線ガイドを設け，このガイドに手送り式電解砥粒研磨機を取付けた，Z方向フリー（定荷重）方式の研磨実験装置を試作した。工作物としては平面またはZ方向変化が少ない曲面を想定している。SUS304ステンレス鋼製の翼形部品を工作物として，まずX方向は定速自動送り，Y方向はハンドル手動操作による研磨実験を行い，X方向送りに伴う研磨面のZ方向変化に工具が追従することを確認した。次に，Z方向直線ガイドを上部に固定し，底部のXYテーブル上に工作物を置く方式で，X方向移動量と速度，Y方向ピックフィード量を指定するプログラム制御方式のXY自動化を試みた。300 mm角のSUS304 BA材を工作物とする電解砥粒鏡面研磨実験を行い，最大高さ粗さ20 nmRmaxレベルの鏡面が得られた。目視検査において砥粒線は検知されず，建材用の鏡面板として通用するとの評価が得られ，この結果を踏まえて，ライン型連続鏡面研磨装置の開発が行われた。

3.3.4　ライン型連続鏡面研磨装置

建材用のステンレス鋼定尺鏡面板は従来，砥石研磨で平滑化した後，希硫酸を用いた化学研磨で鏡面仕上げされるが，作業者の熟練に依存するほか，建物や周辺機器の腐食，廃液処理などの問題を伴う。また，枚葉式処理のため，工作物の出し入れと洗浄の時間が加工時間に加算されるので，加工能率向上に限界がある。このような状況を背景に，写真2のライン型連続鏡面研磨装置が試作された。

装置は5段構成で，5段目の後半部に洗浄，乾燥装置を設ける。各段には電極工具8個（4×2）を配置し，各工具群を板幅方向に揺動する。工具回転数は300～600 rpm，押付力は最大300 N（押付圧は約8 kPa）程度である。研磨装置の手前に受入台，後方に保護フィルム貼付機と搬出台を付加し，全長30 m弱の一貫生産ラインを形成する。ウレタン研磨材を装着した電極工具を用い，SUS304 BA板を対象とした，ライン速度350 mm/minの8時間連続研磨実験で良好な仕上げ面が得られた結果に基づいて実機が製作された[5]。

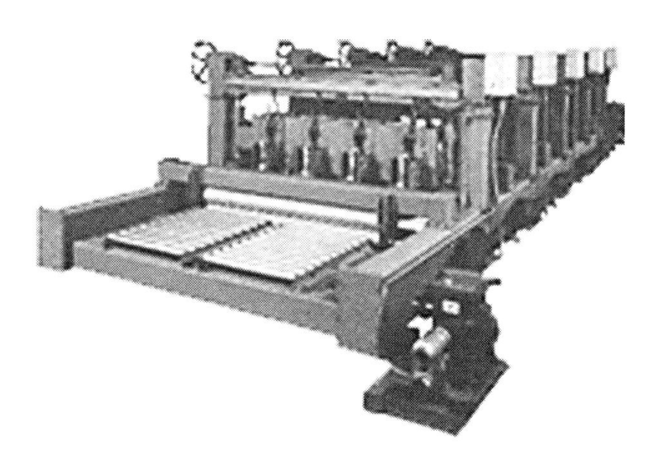

写真2　ライン型連続鏡面研磨装置

3.4　原理と基本加工特性

3.4.1　加工法の原理

電解砥粒研磨では電解研磨に近い比較的低い電流密度が選択される。このレベルの電解では＋側（陽極）の工作物表面における陽極酸化で不働態酸化皮膜が形成されることにより，工作物金属の電解溶出が抑制される。なお，電解研磨の場合には，電解液中に含まれる化学成分がこの皮膜を溶解し，その際のミクロ凸部における溶解速度が凹部よりも僅かに大きくなる現象により研磨（平滑化）が進行する。

図3は電解砥粒研磨の原理を示す。電解液は中性塩の硝酸ソーダ水溶液（通常20 wt％）を使用し，不働態被膜を溶解する成分は含まれていない。本加工法では研磨材に弾性支持された砥粒が

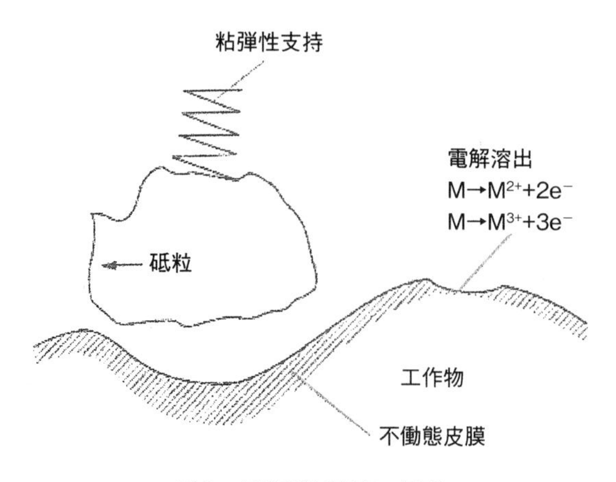

図３　電解砥粒研磨の原理

m/sオーダーで運動するように工具回転を付加する結果，砥粒は工作物表面のミクロ凹部に触れることなく凸部を選択的に擦過する。その際，砥粒の切込み深さが十分大きく不働態皮膜が完全に除去されて素地金属が露出された状態では，その凸部における電流効率は瞬間的に100％になり以後，再形成された皮膜の膜厚増大とともに漸減する。電流効率は，加工中に投入された全電気量に基づく理論値に対する実測された電解溶出量の比として計算されるが，砥粒の通過頻度と切込み深さのバラツキに依存するため通常，100％よりかなり小さい値になる。因みに，電流効率100％は素地金属がファラデー（Faraday）の法則に従って電気分解された際の理論値と定義されている。

砥粒の通過ごとにミクロ凸部が砥粒による切削作用と電解溶出によりその高さを減じる一方，砥粒の通過しない凹部は，不働態皮膜により減少量がほぼゼロ（電流効率０）近くに保たれる。以上の作用により工作物表面は急速に平滑化され，最大高さ粗さと同程度の取り代で最終仕上げ面に到達する。ミクロ凹部においても電解溶出が行われる電解研磨との比較では，本加工法による到達可能な仕上げ面粗さは１桁小さく，全加工時間も同様に短い。また，形状精度は低下することなく，ほぼ下地面レベルに維持される。

3.4.2　ステンレス鋼の研磨特性

(1)　ナイロン不織布の場合

電解砥粒研磨の粗・中仕上げ工程の研磨材としては砥粒を接着剤で分散固定した工業用ナイロン不織布を使用する。この不織布は通常，乾式で使用され，ごく短時間で目詰まりによる研磨力低下のために使い捨てられている。本加工法は湿式で目詰まりがないので，長時間連続使用も可能であるが，研磨力が時間とともに低下していく研磨材特性があるためこれを考慮した加工工程の管理が必要になる。この研磨材は洗浄，乾燥して翌日再使用することも可能であり，その際の研磨力もほぼ前日レベルに回復している。しかし，不織布を構成するナイロン糸が工作物との摩擦により摩耗し，研磨材厚さが減少する結果，電極間隙の減少を招くので，研磨材は定期的に更新するのが望ましい。市販のナイロン不織布の厚さは当初10 mm程度で，本加工法において10 kPaレベルの押付圧を付加すると約2 mmにまで圧縮され，これが電極間隙を形成する。

電解砥粒研磨では，通常＃240～＃3000の範囲から，工作物の硬さ，下地面の粗さ，目標粗さなどを考慮してナイロン不織布の砥粒番手を選択し，一般的に小さい番手の不織布は粗工程，大きい番手のものは中仕上げ工程でという形に使い分ける。番手が小さいほど砥粒径が大きく，砥粒切込み深さが大きくなり，このため砥粒番手は電流効率に対する最大影響因子になる。図4は砥粒番手が電流効率に及ぼす影響を示す。番手が小さい＃600では砥粒切込み深さが大きく，皮膜が完全に除去されるので，電流効率は数10％オーダーになる。一方，＃1500以上の大きい番手の電流効率は10％前後に止まる。なお，図5，図6は砥粒番手と押付圧が無電解時の除去速度に及ぼす影響を示す。

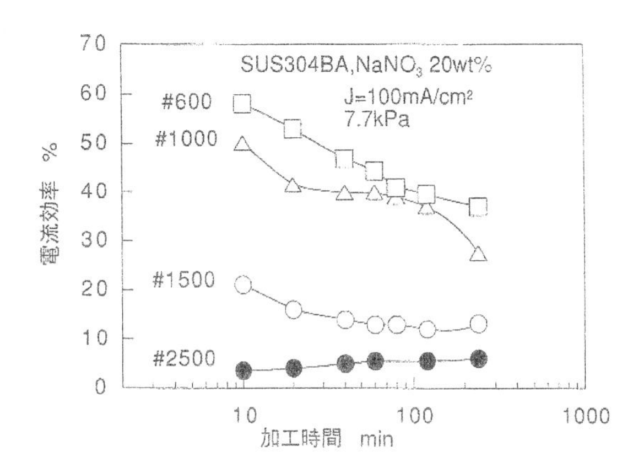

図4　砥粒番手が電流効率に及ぼす影響

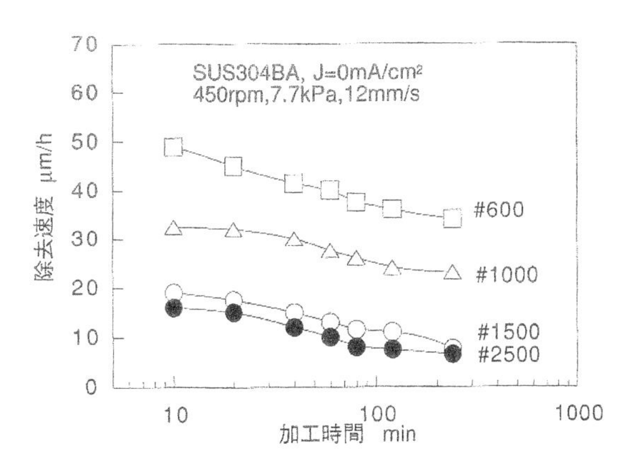

図5　砥粒番手が除去速度に及ぼす影響

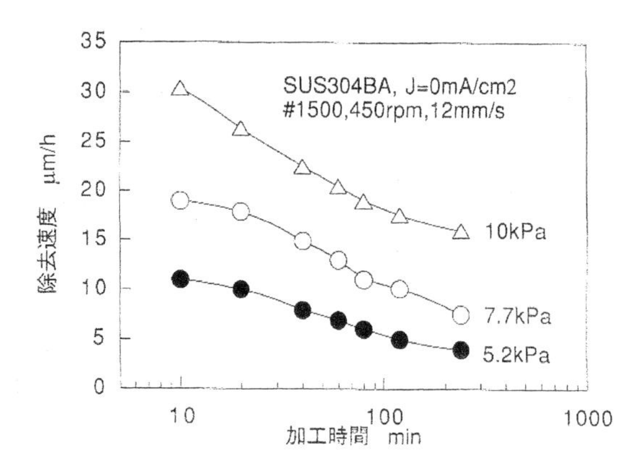

図６　押付圧が除去速度に及ぼす影響

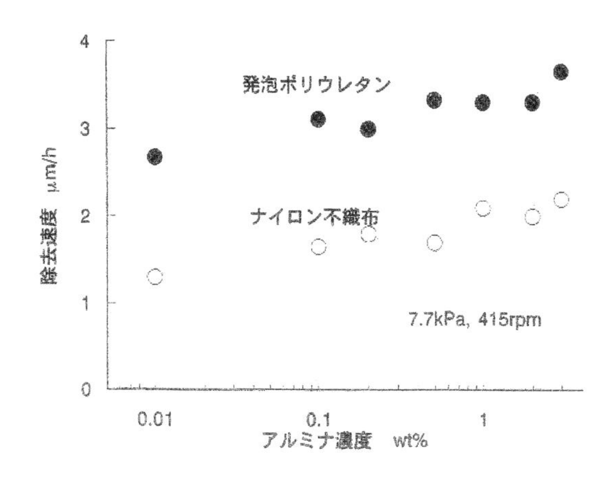

図７　砥粒濃度と除去速度の関係

(2)　ウレタン研磨材の場合

遊離砥粒方式電解砥粒研磨の最終鏡面仕上げ工程では，研磨材として発泡ポリウレタンを使用する。ナイロン不織布とは異なり，この研磨材には研磨力の時間変化はない。砥粒としては通常，アルミナ（Al_2O_3）0.5～1.0wt％程度を電解液中に混入する。図７は砥粒濃度が研磨力に及ぼす影響を示す。発泡ポリウレタンは素材中の多数の気泡が砥粒を保持する機能を有するので，比較として示されている，砥粒が固着していないナイロン不織布に倍する研磨力がある。なお，研磨用の分級されたアルミナは高価なので，生産現場ではウレタンのフィルター効果に期待して，分級されていない汎用アルミナ（平均粒径１μm弱）を使用するのが一般的である。

遊離砥粒方式の電解砥粒研磨の加工速度（除去速度）は電流密度とともにほぼ直線的に増大する。図８は，砥粒研磨量（無電解の場合の除去速度）に対する電解溶出量の比を試算した結果を示す。電流密度500mA/cm^2付近では，この比は約30倍になり，加工速度の90数％を電解溶出が受け持っていることになる。この際，電流効率は電流密度によらず20％前後の値で推移する[6]。な

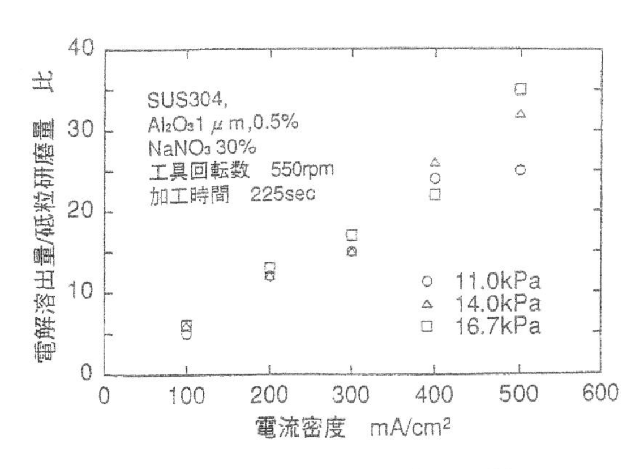

図８　電解溶出量/砥粒研磨量の試算

お，この研磨実験は，先に述べたプログラム制御方式の自動研磨装置で行われ，20 nmRmax程度の仕上げ面粗さが得られている。

3.4.3　小径管内面の電解砥粒研磨[7)]

図９は小径管内面の電解砥粒研磨における工具製作および研磨装置を示す。電極工具は，ステンレス鋼製芯電極に，テープ状に切断したナイロン不織布あるいはウレタン研磨材を巻付け，両端を接着剤で固定して作製する。管内面に挿入した時点で10 kPa程度の研磨圧が発生するように，工具外径を管内径より１mm程度大きめに調整する。

研磨装置は小型ボール盤を流用したもので，主軸が数mmの振幅，数Hzの周波数で上下動するように改造されており，その主軸に電極工具を取付ける。工具が数100 rpmの回転とともに上下動することにより，工具に付随する砥粒は螺旋状の軌道を描いて運動し，効果的な表面粗さ改善に寄与する。

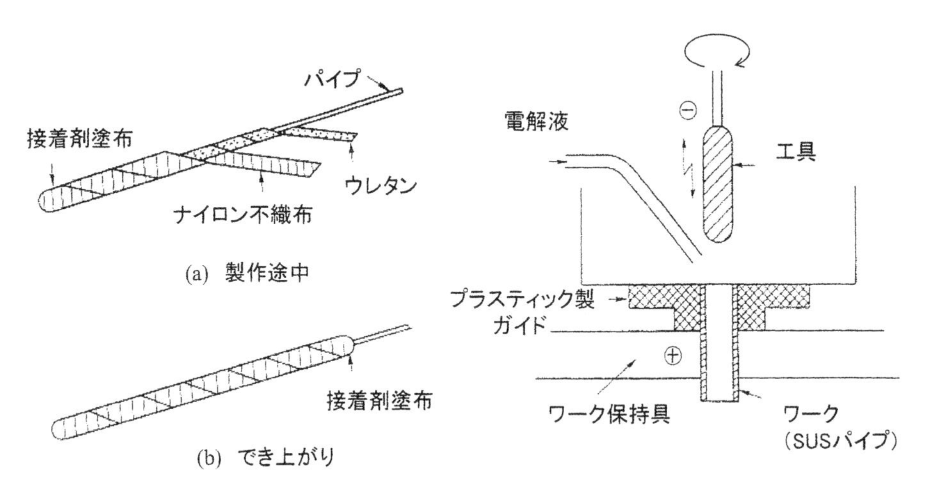

図９　小径管内面の電解砥粒研磨

半導体工業関連では，耐食性向上，アウトガス量の抑制などを目的として，内面を電解研磨で鏡面仕上げしたインチ規格のSUS316L引抜きBA管（内径4.35mm，肉厚1mmの2/8インチ，和名は2分管が標準）が使用される。この管を50mm長の試験片とした研磨実験を行い，基本研磨特性を把握した。

1.5～2.0μm RmaxのBA（Bright Annealing光輝焼鈍）下地面に始まり，ナイロン不織布＃500の粗工程，＃3000の中仕上げ工程，電流密度0.3mA/cm^{2}各2分間により，表面粗さは各々の段階で0.3～0.5Rmaxおよび0.2Rmax前後にまで改善される。これらの工程の後，ウレタン研磨材による数分間の最終仕上げ工程が続き，50nmRmax前後のハイレベル鏡面が得られる[7]。

3.5　超精密電解砥粒研磨

これまでは柔らかめの研磨材を使用し，形状精度は下地面レベルに維持しつつ，表面粗さを効率的に改善する加工法について述べてきた。これからは硬めの研磨材を使用し，表面粗さと形状精度（平坦度）を同時に改善する加工法について述べる。

3.5.1　オスカー式電解砥粒研磨機

研磨装置としては，光学材料・半導体材料などの研磨に一般的に使用されるオスカー式研磨機を流用し，通電できる形に改造した。図10は，その概要を示す。研磨材には，シリコン研磨に一般的に使用される，ポリエステル系不織布タイプのうち比較的硬めのものを用い，扇形に切出したパッドを1mm幅の電極溝を残しながら研磨定盤に貼り付ける。定盤は170rpmで定速回転され，工作物が電極溝の上に来た時だけ電圧が印加されて電解が生じ，この際の電圧，電流は自動的にパルス状となる。なお，溝本数は4本，8本，16本の比較実験から16本とした。サイズが大きい場合には，貼付プレート（直径120mm）自体が工作物になり，小さい場合には，プレートの下側に何枚かの工作物が貼付される。なお，工作物と貼付プレート間の通電は接着剤の薄膜を介して行われる。貼付プレートは定盤の半径方向に揺動される一方，定盤の回転に伴う摩擦力により自身の中心軸の周りに自転する。この運動により，工作物面にはランダムな砥粒研磨と電解溶

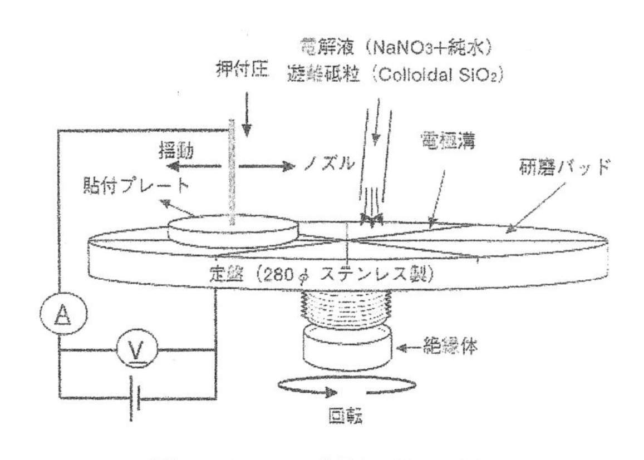

図10　オスカー式電解砥粒研磨機

出が作用し，時間平均で均一な研磨量が得られる結果，表面粗さと平坦度が同時に改善される。

3.5.2　ステンレス鋼の研磨特性[8)]

まず120 mm φの貼付プレート（SUS316ステンレス鋼）自体を工作物として，押付圧13.7 kPaでの詳細な研磨実験によりステンレス鋼の研磨諸特性を把握した後，その他金属材料の鏡面研磨特性についての研磨実験を行った。

(1)　前加工面の影響

電解砥粒研磨では前加工工程で生じた加工変質層が後工程に重大な影響を及ぼすことがよくある。ここでは，旋削面およびSiC＃600，＃1000遊離砥粒によるラッピング面の合計３種類の試料で酸化クロム砥粒による１次研磨を行った実験結果について述べる。

写真３は旋削面と＃600ラッピング面が電解砥粒研磨により鏡面に至るまでの表面状態の推移を示す。旋削面の場合には，初期段階で短波長の微少な凹凸が消失し，その後の段階でバイトの切込み幅に相当する長波長のうねりが除去される形で平滑化が進行する。一方、＃600ラッピング面の場合には，多数の遊離砥粒によって形成された周期性のない表面がミクロ凸部から徐々に除去される形で平滑化が進行する。旋削面では研磨時間10分，除去深さ4.4 μmの時点で鏡面が得られたが，加工硬化している＃600ラッピング面では，鏡面化に研磨時間17.5分，除去深さ4.3 μmを要した。

前加工面が電解砥粒研磨工程に及ぼす影響は，加工硬化層内における深さ方向の硬さの変化の形で定量的に評価できる。すなわち，＃1000ラッピング面のビッカース硬さは，表面におけるHv224から次第に減少し，除去深さ３μm弱で素材の硬さHv170に至る。また，＃600では表面の

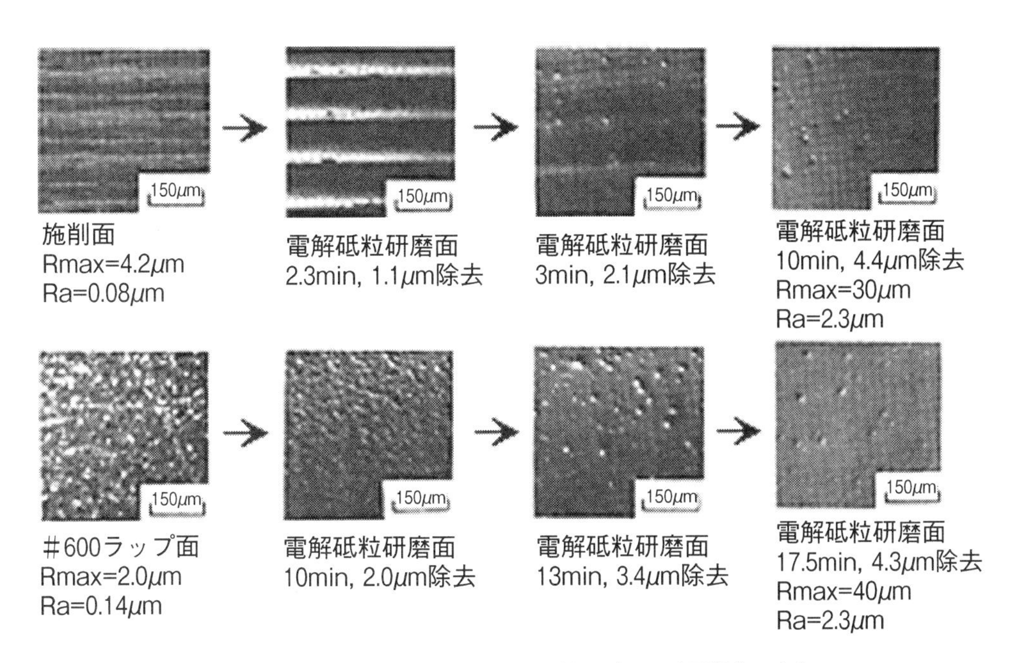

写真３　微分干渉顕微鏡による電解砥粒研磨面の表面状態の変化

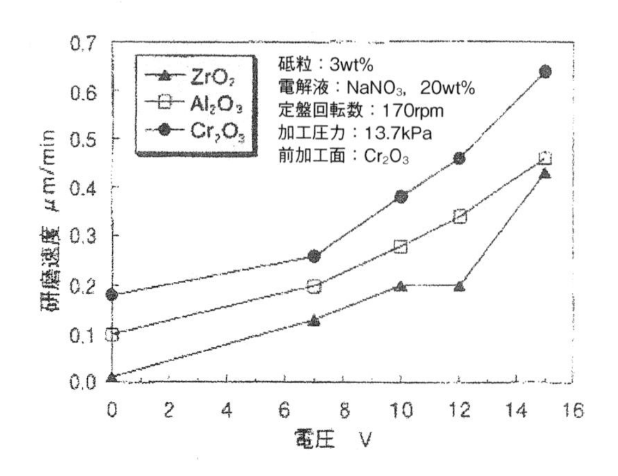

図11　砥粒の種類の違いが研磨速度に及ぼす影響

硬さHv335から除去深さ4～5 μmでHv170に至る。

この結果，加工速度は，深さ方向への硬さの減少により時間とともに増大し，＃1000の場合には深さ1.12 μmで0.10 μm/min，2.25 μmで0.20 μm/min，3 μm弱で0.36 μm/minとなる。

＃600では除去深さ4 μm強でこの研磨速度になる。以上の実験結果から，ラッピング面の加工硬化層は＃1000で3 μm弱，＃600で4 μm強であると推定される。なお，旋削面には特に考慮すべき加工硬化層は認められない。

(2)　砥粒の種類の影響

1次研磨に適した砥粒を選定する目的で，アルミナ（Al_2O_3），ジルコニア（ZrO_2），酸化クロム（Cr_2O_3）の3種類の砥粒について，研磨速度と仕上げ面粗さに関する比較実験を行った。その結果，酸化クロムが他の2つに比べて，仕上げ面粗さではやや劣るが，研磨速度では勝っている（図11）ので，1次研磨に適していると判断された。

(3)　シリカ砥粒による超鏡面仕上げ

先に述べた3種類の1次研磨で得られた鏡面よりも，さらにハイレベルの鏡面を得るため，酸化クロム研磨面を下地面として微細シリカ（SiO_2）による鏡面仕上げ実験をおこなった。シリカは粉末（平均粒径50 nm）とコロイダル（Colloidal，同70 nm）の2種類について特性の違いを調べた。電解液は硝酸ソーダ3 wt％である。また，NaOHとHNO_3の添加によりpHを10，7，2と変化させた。

研磨速度は電圧とともに増大し，粉末シリカのほうがやや大きい傾向が見られるが大差はない。しかし，表面粗さについては，両者に顕著な差異が生じる（図12）。コロイダルでは，pH大の方が表面粗さは小さい傾向が認められるが，Rmax 20 nm未満であり，極端な差異ではない。一方，粉末シリカでは，pH10でもRmax 30以上であり，pHの低下とともに粗さは急増大し，pH 2ではRmax 70 nm以上になる。

以上の実験結果は，粉末シリカでは電解液混入後に砥粒同士が結合して粗大化することを示唆

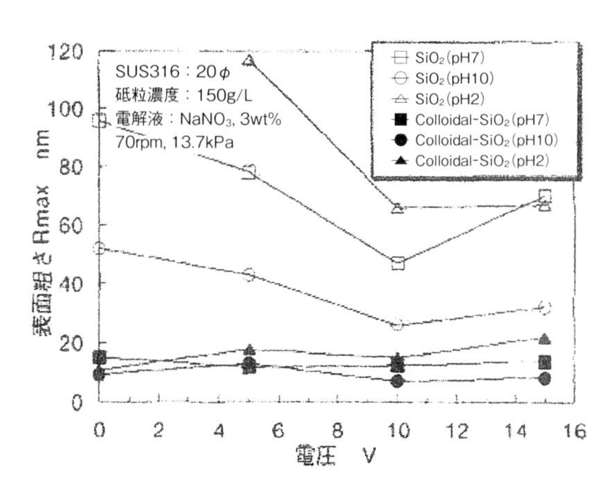

図12　砥粒の種類とpHが表面粗さに及ぼす影響

しており，市販のコロイダルシリカ（成分組成は未公表）適切な化学成分（分散剤など？）が含まれているものと考えられる。なお，電気泳動実験において，粉末シリカの砥粒が＋極に電着する一方，コロイダルシリカの方は－極に電着したことから，それぞれの砥粒が－および＋と逆に帯電していたことが分かる。

一方，電流効率の試算結果からは，電圧の上昇とともに電流効率が低下して不働態化が進行していく状況が見て取れる。５Ｖ以下では30％以上の電流効率は，10Ｖでは20％程度になり，コロイダルの表面粗さは10 nm Rmaxレベルに到達する。ベスト条件であるpH10のコロイダルでは，10Ｖ～15Ｖの範囲で最大高さ粗さRmax 10 nm，平均粗さRa 1 nm以下のハイレベル鏡面仕上げが安定的に実現された。その際の平面度は約１μm（測定範囲60 mm φ，フリンジ幅0.3 μm/縞）であった。表面粗さは位相シフト干渉式粗さ計（WYKO），平面度はフィゾー式レーザー干渉計（フジノンF601）により測定した。

3.5.3　その他金属材料の研磨特性

ステンレス鋼に倣い、アルミニウム材とチタン材についてコロイダルシリカを用いた電解砥粒研磨による超鏡面仕上げ実験を行った結果を以下に述べる。試料は30 mm φの円板３枚を貼付プレート下面に貼り，加工量計算のための重量計はMETTLER PJ 3000，表面粗さ計はSurfcorder（小坂）を使用した。

(1)　アルミ材の場合[9]

A5052，A2017，A6061の３種類のアルミ合金試料を対象に，電解砥粒研磨による超鏡面仕上げ実験を行った。研磨パッドは軟質二重構造タイプ，電解液は硝酸ソーダ3.9 wt％水溶液，押付圧は2.2 kPaである。

A5052（Al-Mg系）の場合には，SUS316とほぼ同レベルの表面粗さと平面度が得られた。しかし，他の２つについては，電流値を変化させた際の表面粗さにバラツキがあり，安定的な結果は得られなかった。

アルミニウム合金では，研磨速度—電流密度曲線において研磨速度の極小値が出現する（図13）。この特性は他の金属材料にはない特異なもので，母材のアルミニウムが柔らかいため，電解で生じる酸化皮膜（Al_2O_3主体）との硬度差が他の金属よりも大きくなることに起因すると考えられる。

A5052の場合には、無電解の時のRa4.1 nmから電流密度とともに表面粗さが減少し，11.3 mA/cm^2（研磨速度が極小値となる所より少し大きい値）でベストのRa0.7 nmが得られた。この電流密度より少し大きい所が鏡面領域の上限となり，以後ピット発生とともに表面粗さが急増大し，14 mA/cm^{2}ではRa50 nmとなる。写真４はA5052電解砥粒研磨面の電流密度による表面性状の変化を示す光学顕微鏡写真である。

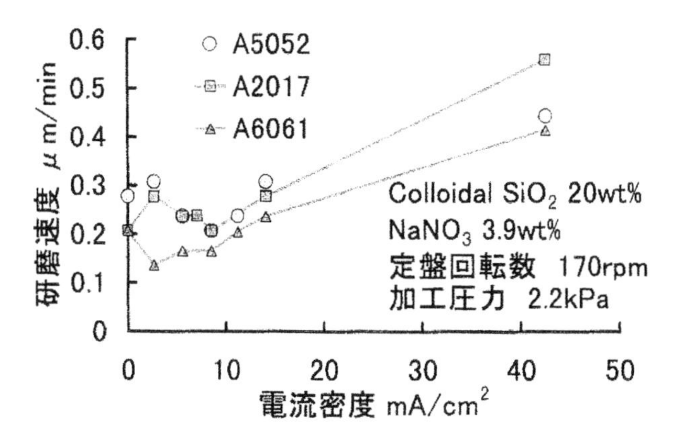

図13　アルミ合金の研磨速度と電流密度の関係

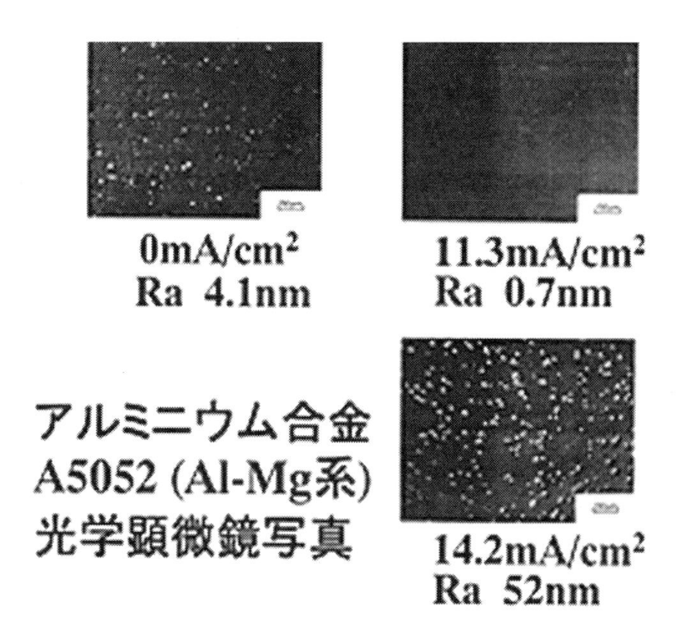

写真４　アルミ合金電解砥粒研磨面の表面状態の変化

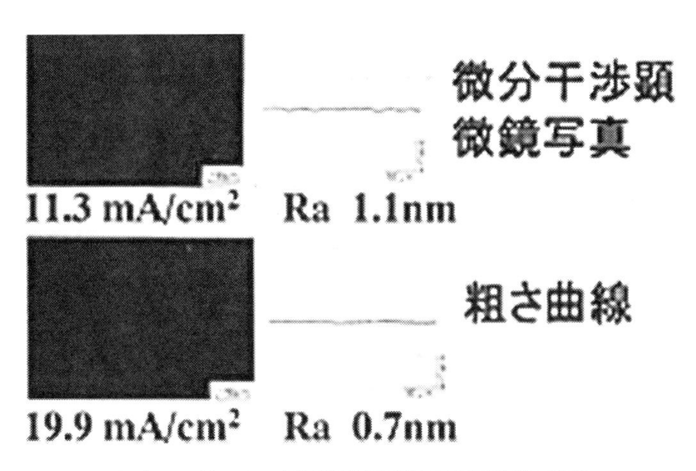

写真５　純チタン電解砥粒研磨面の表面状態の変化

(2)　チタン材の場合[10]

工業用純チタンJIS規格１種，２種について，アルミ材に準じた鏡面研磨実験を行った結果について述べる。研磨パッドはその特性に応じて使い分ける目的のため，軟質二重構造タイプの他に不織布タイプも使用した。不織布パッドは平坦度を出す目的で使用するが，スクラッチが発生するので，これを除去するため軟質二重構造パッドによる最終仕上げ研磨を行う。なお，押付圧は約3.1 kPaである。

写真５は純チタンJIS２種における電解砥粒研磨面の電流密度による表面性状の変化し示す微分干渉顕微鏡写真である。表面粗さは電流密度とともに減少し，鏡面領域の上限に近い19.9 mA/cm^{2}で最小値Ra0.7 nmに至る。鏡面領域の上限電流密度はアルミ合金の約２倍になり，鏡面領域が広いので鏡面を得やすいが，上限を超えると急速に表面粗さが増大するのはアルミ合金と同様である。なお，純チタンの研磨速度—電流密度曲線は右肩上がりになり極小値は生じない。また，１種と２種で研磨特性に大差は認められない。

(3)　タングステンの場合[11]

金属材料としては最高レベルの硬度を有し，通常の研磨法では大きな研磨速度を得るのが困難なタングステン（W）は，工作物の硬さに影響されない電解の特長が最も発揮される適用対象と考えられる。厚さ２mm，直径30 mmの円板試料３枚を貼付した電解砥粒研磨実験および各種測定器による表面粗さの評価結果について以下に述べる。試料の硬度を考慮して，砥粒は平均粒径50 nmのアルミナ，研磨パッドは不織布タイプを使用し，押付圧を30 kPa強に設定した。

図14はタングステンの研磨速度および表面粗さに及ぼす電流密度の影響を示す。この表面粗さ－電流密度曲線は低電流密度域で急増大し，約30 μmRaの最大値をつけてから緩やかに減少して100 mA/cm^{2}付近でRa 1 nm弱の最小値をとり，以後やや増大傾向ながら200 mA/cm^{2}までRa 1 nmレベルで推移する。一方，研磨速度は電流密度とともに右肩上がりに増大し，100 mA/cm^{2}以上

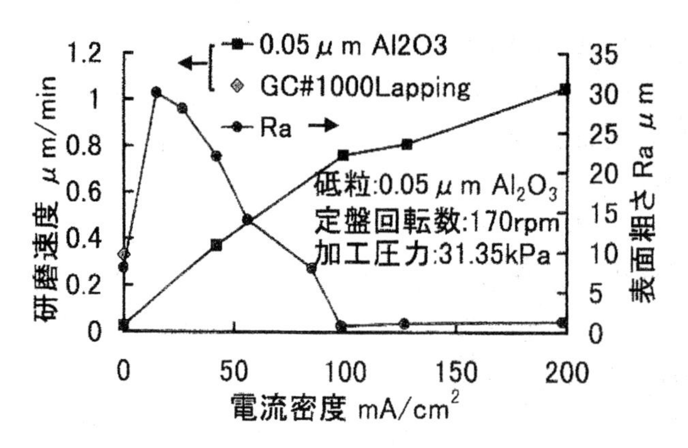

図14　Wの研磨速度と表面粗さに及ぼす電流密度の影響

表1　各種測定器によるタングステン表面粗さの測定結果

表面粗さ測定機名	測定方式	評価範囲（μm）	Ra（nm）	Ry（nm）
Surfcorder AY-31（小坂研究所）	触針式	240	1.3	11.1
Talystep（Taylor-Hobson）	触針式	240	0.8	8.3
Nanoscope-Ⅲ（D・I）	原子間力顕微鏡	5	0.34	4.08
		5×5	0.51	37.5
		50	0.44	9.70
		50×50	1.12	76.2
RST-Plus Profiler（WYCO）	位相シフト干渉式	300	0.79	5.09
		300×225	0.86	7.58

の鏡面領域でもこの傾向は維持される。200 mA/cm^2では1 μm/minとなり，この値は比較用に示した，GC＃1000ラッピングの約3倍に相当する。

表1は各種測定器による表面粗さ測定結果を示す。触針式で最高精度のTalystepによる測定データからみて，平均粗さRa 1 nm，最大高さ粗さRy10 nmは確実に達成されている。

3.6　電解砥粒研磨の生産現場への適用[12)]

本研磨法の生産現場への適用に関しては，①従来レベルを超えるハイレベル鏡面仕上げが必要な用途，②従来型研磨法では対応困難な材質への適用，③従来型研磨法より能率向上を図る目的，④従来型研磨法よりも作業環境を向上させる目的，などの諸ニーズに対応した多数の事例がある。以下にその概要を述べる。

① 鏡面仕上げのニーズでは，透明樹脂材など平滑製が重視される材料の製造プロセスで使用されるステンレス鋼製ベルトや，表面に薄膜をコーティングする各種金属テープなどで，Ra数nmの表面粗さが要求される。従来型研磨法では困難であった粗さと能率についての要求レベ

ルへの対応が本加工法により可能となる。

② 従来困難であった材質への適用については，チタン材を例にとると，低い熱伝導性や高い靱性のため従来方法では十分な鏡面レベルが確保できず用途拡大が阻まれていたが，本技術により，生体材料や意匠材料への適用も可能になる。

③ 研磨能率の向上とコスト削減では，ステンレス鋼製容器を例にとると，自社内におけるバフ研磨仕上げ後に電解研磨を外注するため多くの時間と日数を要しているが，本技術によりすべて内製化でき，熟練作業者不足とコスト削減課題が解決できる。

④ 作業環境については，本加工法は湿式研磨であるため，バフ研磨のような粉塵発生がなく，集塵機の設置や防護マスクの着用は必要ない。また，使用する電解液は中性塩の水溶液であり，電解研磨のような作業者への危険性はない。したがって，本研磨方法の採用は，作業環境問題の有力な解決手段となる。

以上述べた生産現場への適用について，㈱トップテクノにおいて手がけた事例のうちの幾つかを表2に示す。

表2　電解砥粒研磨の生産現場への適用例

適用目的	材料用途	材　質	形　状	材料寸法例	達成粗さ	処理方式
超鏡面仕上げ	樹脂製造設備	ステンレス	薄板	幅 500 mm 長さ 10 m 厚さ 1 mm	Ra 5 nm	連続ライン
		アルミニウム	薄板	幅 400 mm 長さ 1200 mm 厚さ 1 mm	Ra 3 nm	バッチ処理
	薄膜塗布	ハステロイ	薄板	幅 10 mm 長さ 300 m 厚さ 0.1 mm	Ra 4 nm	連続ライン
難研磨材	生体材料意匠材料	チタン	自由形状	各種寸法	Ra 5 nm	バッチ処理
研磨能率向上	食品タンク	ステンレス	薄板	幅 1500 mm 長さ 3000 mm 厚さ 4 mm	Ra20 nm	バッチ処理
	液晶製造設備	ステンレス	厚板	幅 150 mm 長さ 3800 mm 厚さ 60 mm	Ra10 nm	バッチ処理
	半導体製造設備	ステンレス	管継手	内径 12.7 ϕ	Ra30 nm	バッチ処理
作業環境改善	各種	ステンレス等	薄板等	各種寸法	Ra50 nm 以下	ハンドツール

文　　献

1) 田宮勝恒，精密機械，**50**(3)，516（1984）
2) 前畑英彦,釜田浩ほか，精密機械，**51**(7)，1420（1985）
3) 清宮紘一，中上健治，特許第1746918～1746920号（1992）
4) 清宮紘一，砥粒加工学会誌，**37**(4)，51（1993）
5) 清宮紘一，中上健治，特許第1727813号（1992）
6) 清宮紘一，中上一平，特許第2569425号（1996）
7) 清宮紘一，浅川慶一郎，特許第2077839号（1995）
8) 森沢祐二，清宮紘一ほか，砥粒加工学会誌，**41**(1)，32（1997）
9) 清宮紘一，原口浩ほか，精密工学会春季講演論文集，p931（1996）
10) 清宮紘一，原口浩ほか，精密工学会秋季講演論文集，p71（1996）
11) 清宮紘一，原口浩ほか，精密工学会春季講演論文集，p641（1997）
12) 原田典，清宮紘一，表面技術，**61**(4)，309（2010）

4　メカノケミカル研磨

安永暢男*

4.1　超精密ポリシングの要件と方法

シリコンを初めとする半導体ウエハ，レーザ用光学素子・部品，磁気記憶・記録素子など最近の高機能材料に対しては表1に例示したような研磨ニーズがあり，基本的には

① サブミクロンレベルの極めて高い形状精度（平坦度，平行度，曲率など）

② サブナノメータレベルの極めて高い平滑度（マイクロラフネス，ヘイズなど）

③ 加工変質層（クラック，スクラッチ，転位，非晶質層，ボイドなど）の残留しない高い表面性状

を満足する極めて高度なポリシング技術が必要とされる。この3要件を同時に満足できる研磨法は特に「超精密ポリシング法」と呼ぶことができ，具体的には表2に示すような手法がこれに該当するとみなされる。

表3に模式的に示すように，砥粒加工のメカニズムとしては使用する砥粒の粒径が大きく，加工単位が概略μm以上の大きさの領域では，材料の変形・除去は塑性変形や脆性破壊などバルクのメカニカルな変形特性に依存する可能性が高いが，砥粒が微細になり，加工単位が0.1μmオーダ以下の極微小領域になると，バルクのメカニカルな性質よりも接触する表面同士（接触界面）での化学的な相互作用のほうが重要な役割を果たす筈である。表2に例示した超精密ポリシングにおける加工単位はナノメータ〜原子・分子レベルのオーダと考えられるので，形式的にはメカニカル作用主体のポリシング手法であっても本質的には化学的作用が大きな役割を担っており，機械的（物理的）作用と化学的作用を複合させた「メカニカル＋ケミカル」ポリシング法が現在の超精密ポリシングの主流をなしているわけである。この範疇に含まれるポリシング法は次の3

表1　高機能材料と研磨加工に対する要求項目

要求項目／機能材料	形状精度			平滑性		（排除すべき）加工変質層			
	平坦度	縁ダレ	形状追従性（自由形状）	表面粗さ	マイクロラフネス	点欠陥ボイドなど	形状追従性（自由形状）	クラック	コンタミ
ウエハ　シリコン、化合物半導体、SiC 単結晶、サファイア	○	△		○	○	○	○	○	○
水晶、光学ガラス、レーザロッド	○	○	○	○	○		○	○	△
磁気ヘッド	○	○	○	○	○		○	○	△
磁気ディスク	○			○	○		○	○	△
ファインセラミックス	○	○	○	○				○	

○: 必須　△: 望ましい

* Nobuo Yasunaga　元 東海大学　教授

表2　超精密ポリシング法の種類と特徴

作用原理	名　称	砥粒硬さ	加工機構の特徴	適用対象例
メカニカル	液中ポリシング Boel Feed Polishing	砥粒＞加工物	液中浸漬超微粒子の微小切削	シリコンウエハ 光学部品
メカニカル ＋ ケミカル	EEM （Elastic Emission Machining）	砥粒＞加工物	砥粒衝突による化学結合と付着除去	半導体 ガラス、金属
	CMP （ケミカル・メカニカルポリシング）	砥粒≧加工物	砥石の微小切削＋加工液のエッチング	シリコンウエハ デバイスウエハ
	ケモメカニカルポリシング	砥粒≧加工物	酸化膜・水和膜の生成＋砥粒の微小切削	ガラス、金属 化合物半導体
	MCP （メカノケミカルポリシング）	砥粒＜加工物	砥粒との固相反応と反応層除去、触媒作用	サファイア、SiC、シリコン、セラミックス
ケミカル	ハイドロプレーンポリシング	砥粒レス	動圧浮上による非接触エッチング	化合物半導体
	p-MACポリシング		接触→非接触段階的移行	

表3　加工単位と加工メカニズムとの関係

加工単位	加工現象	加工メカニズム
大 （1 μm 以上）	バルクの力学的特性に強く依存（塑性、脆性）	メカニカル作用　大↑↓小
小 （1 μm 以下）	加工界面の化学的特性に強く依存（表面現象）	ケミカル作用　小↑↓大

つのタイプに分類される。

① ケミカル・メカニカルポリシング（Chemical and Mechanical Polishing = CMP）

硬質砥粒による力学的微小切削作用と加工液の化学的溶去作用との複合作用で除去するポリシング法。シリコンウェハのポリシング法として定着しており，デバイスウェハの平坦化プロセスの基本技術としても多用されている。

② ケモメカニカルポリシング（Chemo-mechanical Polishing）

加工液の作用で加工物表面に生じた軟質の反応生成物（酸化膜や水和膜など）を砥粒の切削作用で除去するポリシング法。ガラスやGaAsウェハの研磨メカニズムとして利用されている。

③ メカノケミカルポリシング（Mechanochemical Polishing = MCP）

加工物との化学的親和性の高い軟質砥粒を用い，両者の真実接触点に生じた固相反応生成物を砥粒表面に付着させた形で除去するポリシング法。EEM（Elastic Emission Machining）法も本質的にはMCPに類似のメカニズムと理解される。

軟質砥粒を用いるメカノケミカルポリシングによれば硬いポリシャを用いても加工変質層を生

表4　メカノケミカルポリシング実施例

加工対象	ポリシャ・工具	研磨剤・雰囲気	研究者
サファイア基板	石英ガラス定盤など	シリカ粉、Fe_2O_3粉、乾式	安永ら（電総研）
	鋼定盤	シリカ粉、高温（室温～500℃）	安永ら（電総研）
	クロスポリシャ	コロイダルシリカスラリー	E. Mendel ら（IBM）
		コロイダルシリカ、高温スラリー（～80℃）	H. W. Gutsche ら（Monsanto）
	ポリウレタンパッド	コロイダルシリカ、高圧酸素ガス（500 k Pa）	土肥ら（埼玉大）
	杉定盤など	加熱水蒸気（250～300℃）	奥富ら（電総研）
	シリコン粉埋込定盤	砥粒レス、乾式摩擦	池田ら（電総研）
サファイア凹球面	焼入れ工具鋼	シリカ粉、乾式	能戸ら（日立製作所）
焼結アルミナ丸棒	シリカ粉テープ、ローラ押付け、高速揺動		鈴木（日工大）ら
水晶基板	銅定盤など	Fe_3O_4粉、MnO_2粉、乾式＆湿式	安永ら（電総研）
シリコン基板	ベークライト	$BaCO_3$粉、$CaCO_3$粉、乾式	安永ら（電総研）
	ポリウレタンパッド	$CaCO_3$粉、マイカ粉など、純水スラリー	安永（東海大）ら
	$BaCO_3$砥石、マイカ砥石、乾式		安永（東海大）ら
	$CaCO_3$粉含有低結合度砥石、乾式		河田（タイホー工業）ら
	$BaSO_4$粉・EPD ペレット、乾式		池野ら（埼玉大）
多結晶窒化珪素	ベークライト	Fe_2O_3粉、乾式＆湿式	H. Vora ら（Honeywell）
	Cr_2O_3粉含有樹脂定盤、乾式		須賀ら（東大）
	Cr_2O_3粉含有樹脂スティック、低周波振動		鈴木（日本工大）ら
	Cr_2O_3粉テープ、ローラ押付け、高速揺動		鈴木（日本工大）ら
	Cr_2O_3粉、磁気援用研磨		R. Komanduri ら（Oklahoma 州立大）
	非接触（電気泳動衝突）	Fe_2O_3粉スラリー	黒部ら（金沢大）
単結晶炭化ケイ素	Cr_2O_3粉含有樹脂定盤、乾式		須賀ら（東大）
	Cr_2O_3粉含有樹脂定盤、乾式、高温（50～100℃）		渡邉ら（熊本大）
	セリア粉・EPD ペレット、高圧酸素ガス（500 k Pa）		土肥ら（埼玉大）
	ポリウレタンパッド	セリア粉、（$H_2O+KMnO_4$）液	佐藤ら（ノリタケ）
	石英ガラス定盤	セリア粉、乾式、紫外線照射	渡邉ら（熊本大）
多結晶炭化ケイ素	窒化珪素定盤	Fe_2O_3粉，乾式高温（200～300℃）	安永（東海大）ら
	ポリウレタンパッド	シリカスラリー、高温（75℃）	木村ら（九州工大）
	鉄定盤	砥粒レス、大気中乾式摩擦	安永ら（東海大）

じることなく超平滑な研磨が可能となる。またポリシャが硬く変形し難ければ，当然平坦度など形状精度も高くなる。さらにこのポリシング法では環境面で課題の多いケミカルスラリーを敢えて用いる必要はないので，21世紀に必須とされるエコ技術の一つとしても期待が大きい。シリコンだけでなく各種高硬度材料への適用が可能であり，現在までに表4のような実施例が報告されている。

本稿では，メカノケミカルポリシング法の原理と特徴を示し，さらに具体的適用例をいくつか紹介する。

4.2　メカノケミカルポリシングの原理と特徴

「メカノケミカル」現象とは「加えられた機械的エネルギーによって誘起される化学反応・相変

化」と定義され，粉体の摩砕作業において常温下でも相変態や固相反応が促進される現象として粉体工学の分野では古くから知られている現象である[1]。精密加工においても，硬質工具が軟質加工物との真実接触点で同様なメカノケミカル現象により容易に摩耗し得ることが見出されたことを契機に，このメカノケミカル現象を積極的に表面研磨法として利用すべく開発されたのが「メカノケミカルポリシング」である[2]。すなわちメカノケミカルポリシングとは，図1に示す接触点モデルからもわかるように，「軟質砥粒との接触点局部に加えられた機械的エネルギーにより化学反応が誘起・促進され，その反応生成物が砥粒に付着した形で除去されるプロセス」と定義できる。したがって加工能率や加工面性状を規定するのは通常のメカニカルポリシングにおけるような砥粒の形状・大きさや硬さではなく，主として砥粒表面と直接接触する加工物表面における化学的相互作用（固相反応）の容易さであり，加工物と固相反応を生じ易い砥粒であれば，力学的に加工物よりも軟質な砥粒であってもはるかに硬い加工物を研磨できることになる。

要するにメカノケミカルポリシング法とは，力学的に軟質でかつ被加工材料と化学反応を生じ得る砥粒を用いることを基本とするポリシング法であり，その特徴をまとめると図2のようになる。具体的には

(1) メカノケミカル反応は，砥粒とワーク表面との真実接触点に生ずる極微小領域の化学反応で

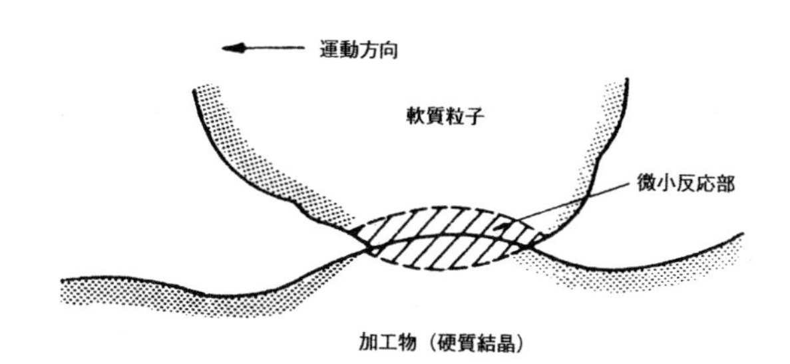

図1　メカノケミカルポリシングの接触点モデル

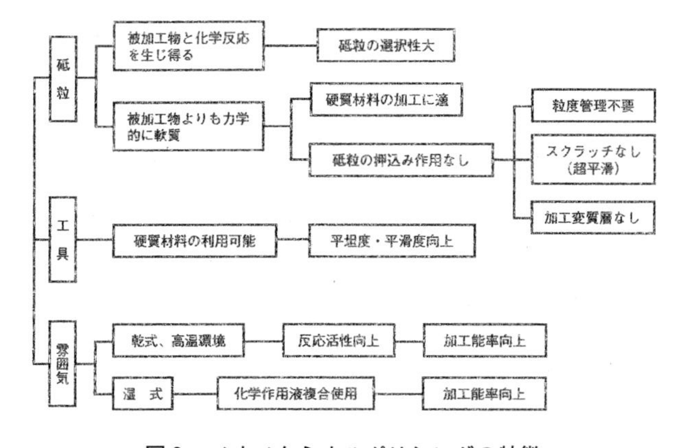

図2　メカノケミカルポリシングの特徴

あり，加工単位も極めて小さいので超平滑な鏡面が容易に得られる

(2)　力学的にワークよりも軟質な砥粒を用いることが必須であるので，電子材料や高機能セラミックスに多い高硬度材料の研磨に適用し易い

(3)　加工液を供給しない乾式ポリシングのほうが高い加工能率が得られる

(4)　真実接触点で変形するのは軟質な砥粒側であり，ワーク表面への押込み・引掻き作用を生じないので，硬質砥粒の場合には避けられないスクラッチ，塑性変形，クラックなどの加工変質層を残留させない無擾乱研磨が可能となる

(5)　砥粒の押込み・引掻き作用がないので比較的硬質のポリシャを用いることができ，平坦度が高く，エッジ形状のシャープな高精度研磨が可能である

などの利点がある。

以上の特徴は，単結晶サファイア（α-Al_2O_3単結晶；ビッカース硬さHv2000程度）をサファイアの半分程度の硬さしか持たないSiO_2砥粒（Hv1000程度）で研磨したときの結果に明瞭に現れている。図３はサファイアポリシング表面の光学顕微鏡写真で，左列は軟質なSiO_2砥粒によりメカノケミカルポリシングを行った場合，右列は一般的なダイヤモンドペーストによるメカニカルポリシングを施した場合である。また上段はポリシングしたままの表面，中段はそのポリシング表面を熱燐酸（300℃）によりエッチングした表面である。硬質なダイヤモンド砥粒によるポリシングでは，ポリシャとして軟質なパッドを用いてもサファイア表面は砥粒による機械的スクラッチ（引掻き痕）で覆われているのに対して，SiO_2砥粒によるメカノケミカルポリシングにおいては，ポリシャとして石英ガラス（Hv1000程度）のような硬質素材を使用してもスクラッチの発生は見られないことがわかる。これはSiO_2砥粒がサファイアよりもはるかに軟質なために，サファイア表面に対して押込み・引掻き作用を及ぼさないからである。エッチングを行うと両者の違いはさらに明確で（中段），SiO_2ポリシング面にはサファイヤバルクに内在する転位欠陥が三角形状のエッチピットとして顕在化するものの，砥粒のメカニカルな引掻き作用に起因するスクラッチは認められない。さらに下段はサファイア試料エッジ部の多重干渉顕微鏡写真で，軟質ポリシャ上で実施するダイヤモンド砥粒によるメカニカルポリシングの場合（右）は縁ダレ（エッジ部の変形）が著しいが，SiO_2砥粒によるメカノケミカルポリシングの場合（左）はポリシャとして硬く変形しにくい石英ガラスを利用しているためにほとんど縁ダレを生じず，高い形状精度が得られることがわかる。

なお，研磨表面のXPS分析からは反応生成物の加工表面への残留は検出されておらず，表面清浄度も極めて高いことが確認されている。

4.3　メカノケミカルポリシングの研磨メカニズム

砥粒と加工物の真実接触界面における固相反応の形態として，

(1)　砥粒と加工物表面との直接的固相反応

(2)　雰囲気（液体あるいは気体）との反応で生じた表面膜と砥粒との固相反応

SiO_2(3～5 μm)ポリシング　　ダイヤモンド(1 μm)ポリシング
(ポリシャ：石英ガラス)　　(ポリシャ：不織布シート)

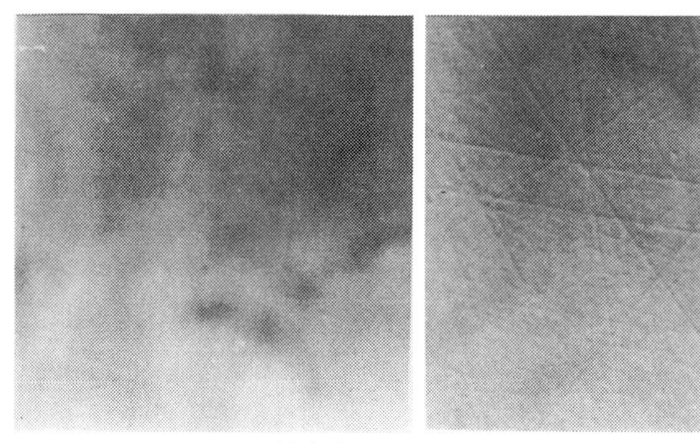

研磨表面（微分干渉写真）

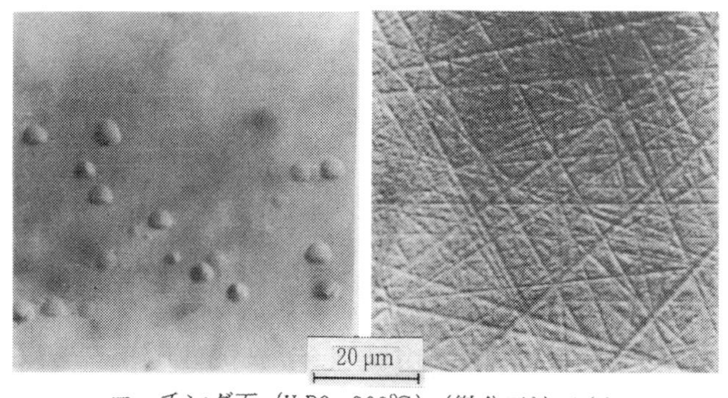

エッチング面（H_3PO_4:300℃）（微分干渉写真）

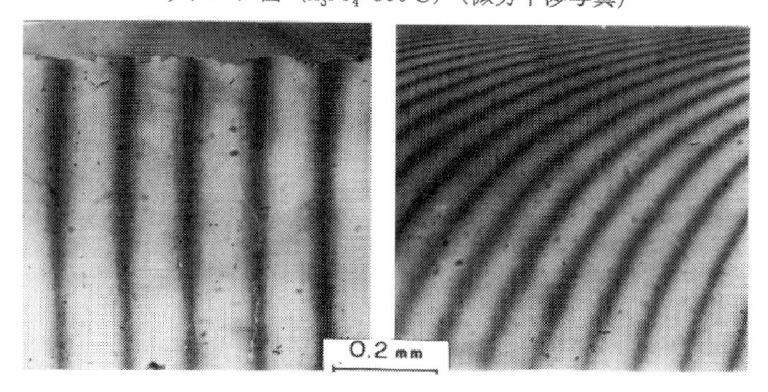

エッジ部形状（多重干渉写真）

図3　サファイアポリシング表面の顕微鏡写真

(3)　砥粒の触媒作用による雰囲気（液体あるいは気体）との反応促進

などが考えられる。

(1)の具体例としては，前項で紹介したSiO_2砥粒によるサファイアのメカノケミカルポリシングにおける$Al_2O_3+SiO_2 \rightarrow Al_2O_3 \cdot SiO_2$の反応（高圧下）や，$Fe_3O_4$砥粒あるいは$MnO_2$砥粒によ

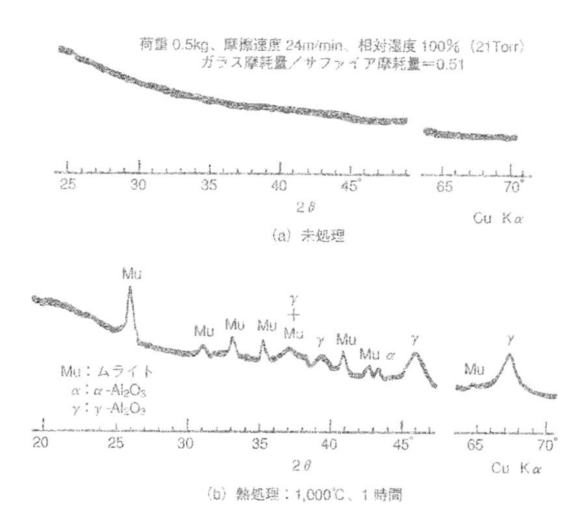

図４　石英ガラス－サファイアの摩擦における摩耗粉のＸ線回折パターン

る水晶（SiO_2単結晶）ポリシングにおける$Fe_3O_4+SiO_2 \rightarrow FeSiO_3$あるいは$MnO_2+SiO_2 \rightarrow MnSiO_3$（または$Mn_2SiO_4$）の反応などがあげられる。

⑵の代表例は$BaCO_3$砥粒によるシリコンウエハポリシングで，第１ステップとして$BaCO_3$がシリコンウエハ表面の酸化を促進し，第２ステップとして形成された酸化層と$BaCO_3$砥粒との間で$2BaCO_3+SiO_2 \rightarrow Ba_2SiO_4+2CO_2$などの反応が生じて珪酸バリウムが形成されるという２段プロセスが想定される[3]。また⑶については，Cr_2O_3砥粒による窒化珪素セラミックスや炭化珪素単結晶のポリシングにおいて，Cr_2O_3砥粒の触媒作用によってSi_3N_4あるいはSiC表面が容易に酸化されるというプロセスが想定される[4]。これらの反応生成物は，砥粒に付着して取り除かれるか，あるいは介在する砥粒により機械的に除去されて鏡面化が進行するものと推測される。

以上のような固相反応がポリシング界面で生じ得ることを実証するのは容易ではないが，サファイアと石英ガラスとの乾式摩擦で生じた摩耗粉の熱処理後のＸ線回折分析から図４のようにムライト（$3Al_2O_3 \cdot 2SiO_2$）の生成が[2]，また$BaCO_3$砥石によるシリコンウェハの乾式ポリシングで生じた研磨屑のXPS分析から図５のようにBa_2SiO_4の生成が確認されており[3]，上記反応形態は十分あり得るものと推測される。

図６は，$CaCO_3$砥粒によりシリコンウェハをメカノケミカルポリシングしたときに回収した研磨屑について酢酸で砥粒成分を溶去した後に撮影した透過電子顕微鏡写真である。黒っぽい帯状の影はSi元素で，$CaCO_3$砥粒との接触点でシリコンウェハから脱落したSiが砥粒の周囲に付着した状態で残留したことを示しており，これはメカノケミカルポリシングが図１の接触点モデルに基づいて進行することを裏付ける証拠ともいえよう。

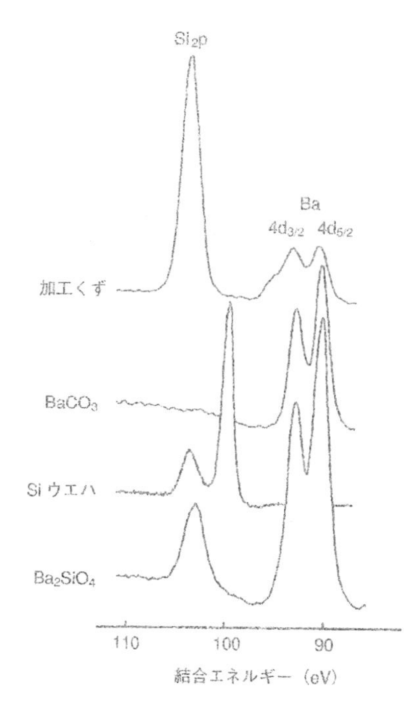

図５　$BaCO_3$砥石によるシリコンポリングで得られた加工くずのXPS分析

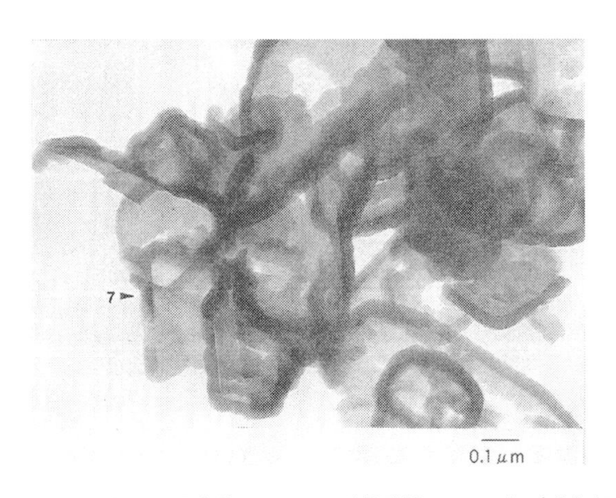

図６　シリコンウェハ研磨後の$CaCO_3$砥粒残滓のTEM像（暗色部はSi）

４．４　メカノケミカルポリシングの加工事例

４．４．１　サファイア

光学用窓材や電子用基板，特に最近は青色の発光ダイオードや半導体レーザ用基板として高精度・無擾乱加工のニーズが高まっているサファイア（α-Al_2O_3単結晶）は，α-Al_2O_3粒子が工具用素材として多用されていることからもわかるように代表的な高硬度材料（Hv2000）である。

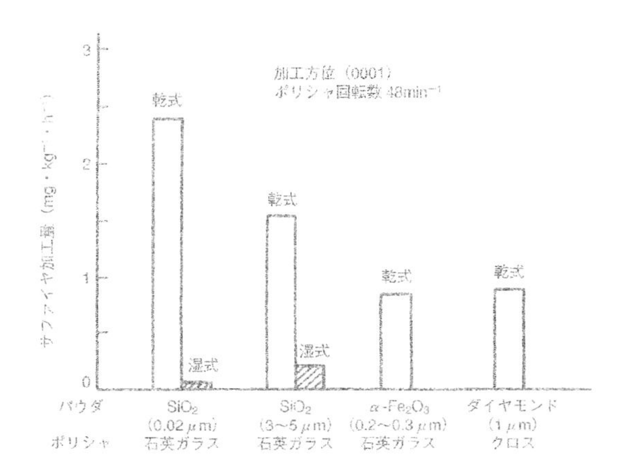

図７　サファイア（0001）面の研磨特性の一例

表５　メカノケミカルポリシングにおけるサファイヤ$(10\bar{1}1)$面の研磨量

ポリシャの種類	研磨量（60分研磨時，μm）		
	湿　式		乾　式
ポリウレタン不織布	純水（pH5.8）	1.0	15.8
多孔質テフロン	純水（pH5.8）	3.5，3.7	5.6，6.4
	KOH水溶液(pH10.6)	3.2	
石英ガラス	純水（pH5.8）	2.6	11.3

砥粒：SiO_2(粒径0.01μm)，ポリシャ回転数:50rpm，加工圧力：200kPa

サファイアに対してメカノケミカル効果を示す砥粒としてはSiO_2，TiO_2，α-Fe_2O_3，Fe_3O_4などが知られている。中でも図３の例に見られるような優れた研磨特性を示すSiO_2砥粒は，加工能率に関しても図７のように優れた性能を示しており，実用的なメカノケミカル砥粒といえる。すなわち図７は，予めラッピング（粗摺り加工）を施して粗面化した石英ガラス円板をポリシャとし，ポリシャ回転と同時に試料ホルダーも自由回転する形式で行ったサファイア（0001）面のポリシング特性の一例で，SiO_2砥粒が特に乾式（加工液を用いずに砥粒のみを供給）で大きな加工能率を示し，ダイヤモンドペーストと樹脂系不織布ポリシャを使用したメカニカルポリシングよりも高能率な加工が可能であることがわかる。但しSiO_2砥粒の場合に湿式（図７では水道水使用）での加工能率が低いのは，水の吸着による表面活性の低下や接触点温度の低下などのために接触点の固相反応速度が乾式の場合よりも低下したことや，砥粒とポリシャとの直接接触が粗面ポリシャの凸部のみに限定され接触面積が減少したことなどが原因と考えられる。

メカノケミカルポリシング特性は，勿論ポリシャの種類や研磨条件により異なる。表５はサファイア（1011）面についてSiO_2砥粒によるメカノケミカルポリシングを３種類のポリシャで実施した例で，ポリシャによっても湿式と乾式とで研磨量の差に大きな違いがあること，湿式研磨の場合は化学的に安定なサファイアの特性として純水スラリーでもアルカリスラリーでも研磨量にほとんど差がみられないことなどの特徴が認められる。

4.4.2 シリコンウェハ

デバイス用シリコンウエハに対しては，モース硬さ3～5の$BaCO_3$，$CaCO_3$，ZnO，マイカ（雲母）などが有効なメカノケミカルポリシング用砥粒として知られている。図8はそのポリシング特性（発泡ポリウレタン研磨布，砥粒濃度10%の純水スラリー使用）の一例で，メカノケミカル砥粒の中でも最軟質なマイカ砥粒が最も高い加工能率を示しているのが注目される[4]。図9は，$CaCO_3$砥粒の純水スラリーによるメカノケミカルポリシングと，従来から実生産で使用されてい

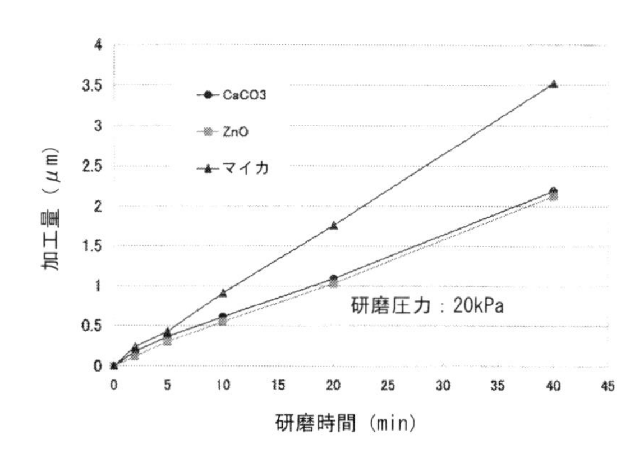

図8　シリコンウェハのメカノケミカルポリシング特性例

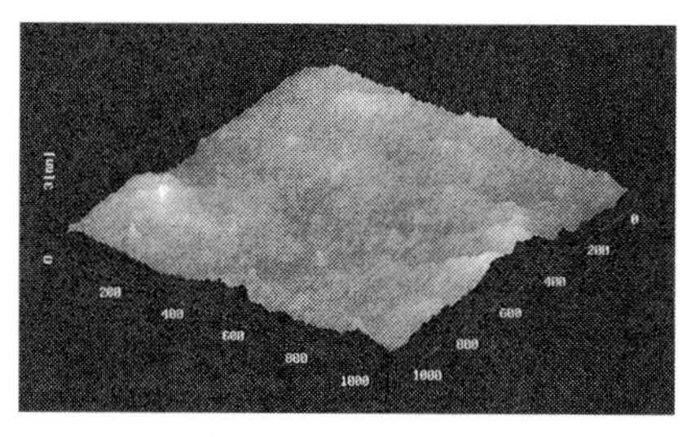

10wt%　$CaCO_3$スラリー，50kPa

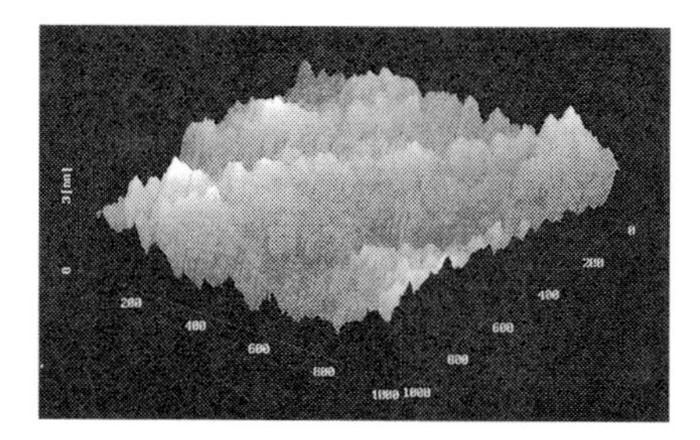

コロイダルシリカスラリー，50kPa

図9　シリコンウェハ研磨表面のAFM観察例

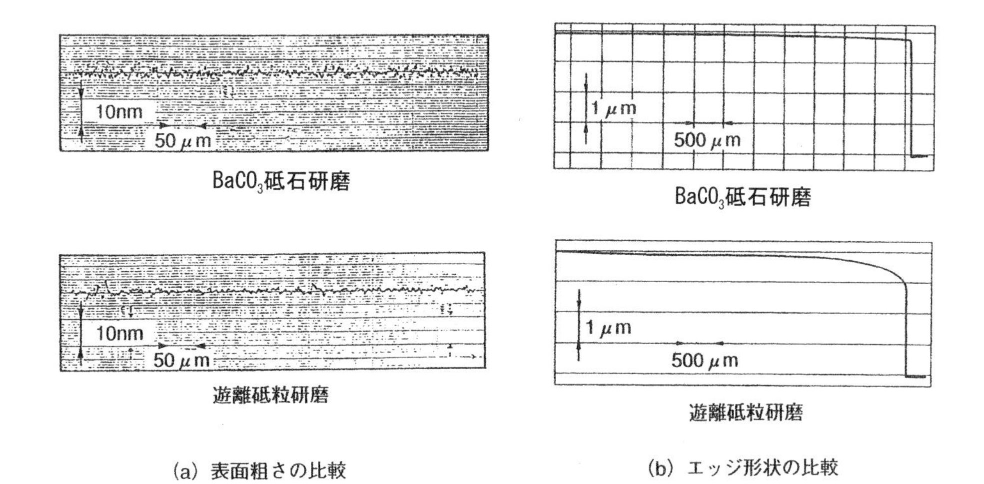

図10　メカノケミカル砥石研磨と遊離砥粒研磨の表面状態の比較

るシリカ系アルカリスラリー（pH10.6）によるケミカルメカニカルポリシングを施した研磨表面のAFM像を比較したもので，メカノケミカルポリシングされた表面では50kPaという通常よりもかなり高い研磨圧力においても十分な平滑性が保持されている。これは，高圧力下でも平滑性を損なうことなく高能率研磨が可能というメカノケミカルポリシングの優位性を示している。

ところで上記の加工例はいずれも遊離砥粒研磨方式の結果である。一般に遊離砥粒方式は加工能率や加工の安定性では優れているが，砥粒やスラリー，さらには研磨布を大量に消費するために消耗品コストや廃棄スラリーの処理コストが無視できないという問題を抱えている。もし遊離砥粒方式に替わって砥石状の工具を用いる固定砥粒方式のメカノケミカル研磨が可能になれば，消耗品コスト・処理コストを低減できるだけでなく，加工プロセスの自動化や省工程化も期待できる。そこで筆者らは$BaCO_3$砥粒をフェノールなどの樹脂あるいは大豆などの食材パウダーをバインダーとして固定化した高砥粒濃度（98～90wt％）のメカノケミカル砥石を開発し，乾式での鏡面研磨を可能にした[5)]。図10はカップ型フェノール樹脂ボンド$BaCO_3$砥石を用いて乾式研磨したシリコンウエハの表面粗さとエッジ近傍の形状変化を測定したもので，表面粗さは従来のコロイダルシリカスラリーによる遊離砥粒研磨の場合とほぼ同程度ながら平坦度は高い優位性を示している。一方図11は，円盤状メカノケミカル砥石で研磨したシリコンウェハ表面の断面TEM像で，バルクの格子配列が最表層まで保たれており，メカノケミカルポリシングの場合は固定砥粒方式でも加工歪の残留しない研磨が可能であることを示している。

4.4.3　水晶

水晶ポリシングには従来から一般にCeO_2砥粒が使用されているが，水晶のメカノケミカルポリシングに適した新たな砥粒としてはFe_3O_4やMnO_2などが見出されている。表6にポリシング結果の一例を示す。従来砥粒であるCeO_2砥粒と比較してメカノケミカル砥粒の研磨能率は若干低いものの，エッチングによっても加工変質層の残留は観察されず，優れた表面性状を示すこと

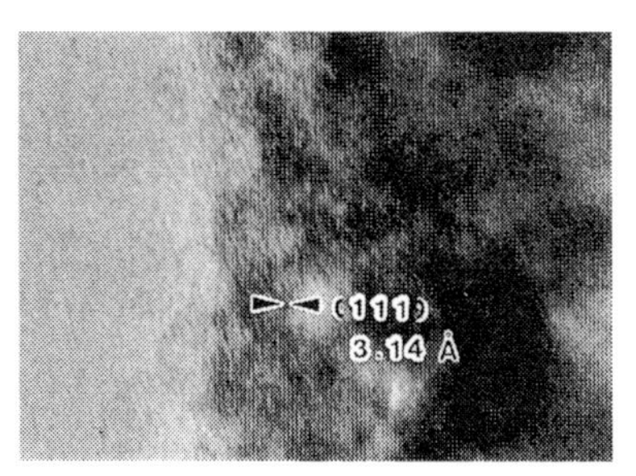

接着剤 ｜ シリコンウェハ

図11 $BaCO_3$砥石で研磨したシリコンウェハ表面近傍の断面TEM観察

表6 水晶Z面のポリシング特性

パウダ	ポリシャ	雰囲気	加工量（mg/cm²・h）
Fe_3O_4	銅	乾式	0.68
	銅	乾式	（AT）0.55
	銅	乾式	（BT）0.49
	クロス	乾式	1.12
	クロス	湿式	0.30
MnO_2	銅	乾式	0.92
	銅	湿式	0.86
CeO_2	ピッチ	湿式	1.33
	クロス	湿式	1.78

がわかっている。

4.4.4 窒化珪素および炭化珪素

Si_3N_4やSiCなどの高硬度セラミックスや単結晶に対してもメカノケミカルポリシングの適用が可能である。即ち，Si_3N_4セラミックスに関してはH. Voraらが，Fe_2O_3砥粒による湿式ポリシングが有効であり，ダイヤモンド砥粒によるメカニカルポリシングよりもはるかに平滑な研磨が可能であること（図12）を見出している[6]。また須賀らは，Cr_2O_3砥粒をアクリルニトリル樹脂で固定した研磨定盤のほうがFe_2O_3砥粒製の研磨定盤よりも高効率であることを示し，さらにこのCr_2O_3砥粒研磨定盤がSi_3N_4セラミックスだけでなくSiCセラミックスやSiC単結晶に対しても高効率に高平滑かつダメッジフリーのメカノケミカルポリシングを可能にすることを明らかにしている[7]。特にパワーデバイスや青色発光ダイオード用基板などの高機能材料として今後の需要拡大が期待されているSiC単結晶は，サファイヤよりもさらに硬く（Hv約3000），しかも常温付近では化学的にも安定なために，従来はダイヤモンドポリシングとKOHによる高温エッチングに頼らざるを得なかったが，Cr_2O_3砥粒によるメカノケミカルポリシングの適用により加工の高精度化・高能率化が可能となった。図13はSiC単結晶の研磨特性の一例で，研磨能率の異方性が大きく，特に（0001）面については炭素原子が表に出ているカーボン面と，その裏面のシリコン面

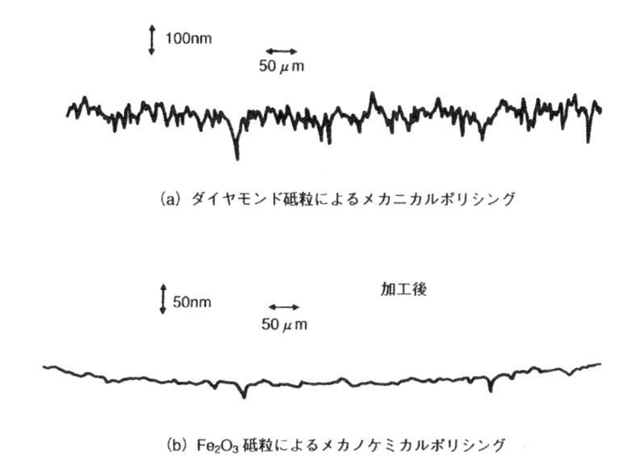

図12　Si_3N_4セラミックス研磨面の表面粗さ曲線

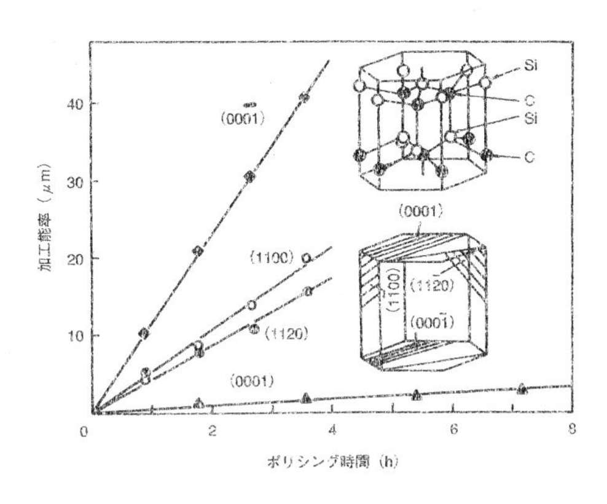

図13　Cr_2O_3砥粒によるSiC単結晶のメカノケミカルポリシング研磨特性

とでは１桁以上も研磨能率が異なることが注目される。Cr_2O_3砥粒による研磨メカニズムとして，須賀らは砥粒の酸化触媒効果を推測しているが[7]，R. KomanduriらはX線回折分析などからCrN, Cr_2SiO_4などの反応性生物を検出し，砥粒との直接反応の可能性も見出している[8]。

なお筆者らは，ポリシャ表面を開放雰囲気中で300℃以上まで加熱可能な高温研磨装置を開発し，SiCセラミックスに対してFe_2O_3砥粒とCr_2O_3砥粒による高温メカノケミカルポリシングを試みた。図14は結果の一例で，230℃程度の高温雰囲気ではFe_2O_3砥粒のほうがCr_2O_3砥粒よりも高能率にSiCを研磨できることを見出した[9]。毒性の強い「６価クロム」のイメージと重なることからCr_2O_3砥粒の使用に躊躇があるという生産現場の声を考慮したときに，Cr_2O_3の代替砥粒としてFe_2O_3による高温研磨が有効であることを意味している。さらに，SiCがFe_2O_3砥粒によって研磨可能であるならば，Fe_2O_3粉の自生が期待される鉄板との直接摩擦方式でも研磨可能ではないかと推測される。図15は図14と同じ高温研磨装置を用いて鉄定盤（直径200 mm）とSiCセラミックスとの摩擦実験を行った結果で，除去能率は必ずしも高くはないものの常温でも十分SiCの研磨が可能といえる。このような砥粒レス研磨であれば，無人化，省力化も可能となるので実

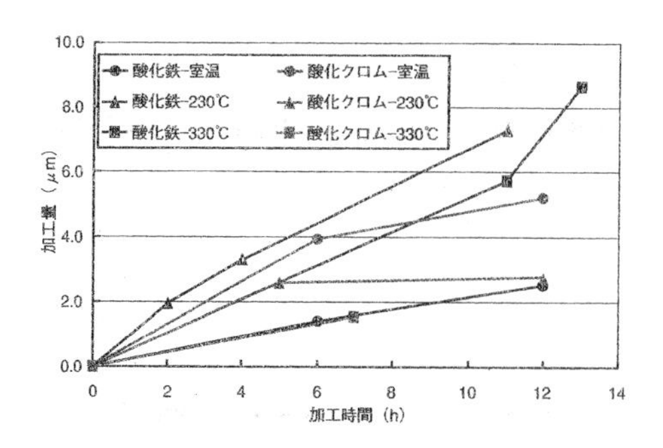

図14　SiCセラミックスの高温メカノケミカルポリシングの研磨特性例

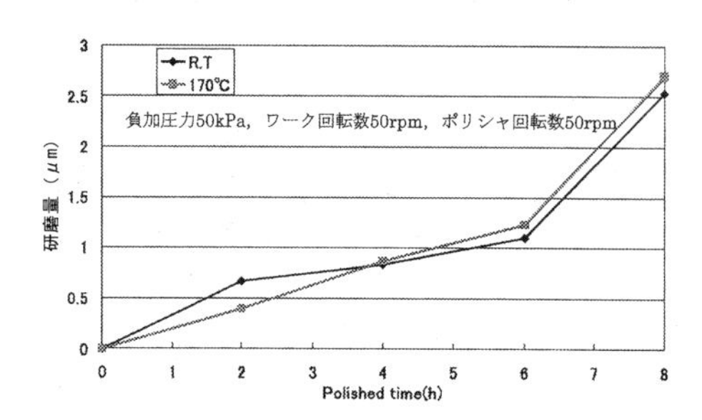

図15　鉄板ポリシャによる多結晶SiCウェハの砥粒レス研磨例

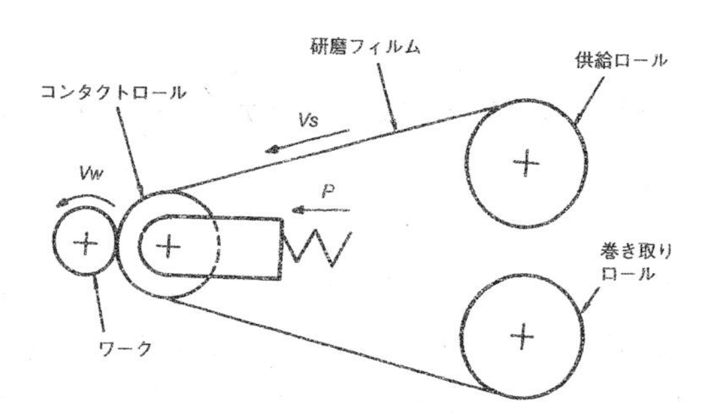

図16　研磨フィルムによる丸棒研磨法機構図

用化メリットは大きく，今後の進展が期待される。

研磨テープ（フィルム）や研磨シートによるメカノケミカルポリシングも試みられている。例えば鈴木らはCr_2O_3砥粒を固定した研磨テープを開発し，図16に示すようなゴムロールで押付ける方式でSi_3N_4丸棒の高能率研磨を可能にしている[10]。幅50 mmのテープを約100 mm/minの低速で送りながらロール軸方向に10 Hz程度の揺動運動を与えながら10 kgfの負荷でSi_3N_4丸棒に押し付けたときの表面粗さの変化は図17に示す通りで，加工時間わずか10～15分程度でほとんど鏡面に達することがわかる。

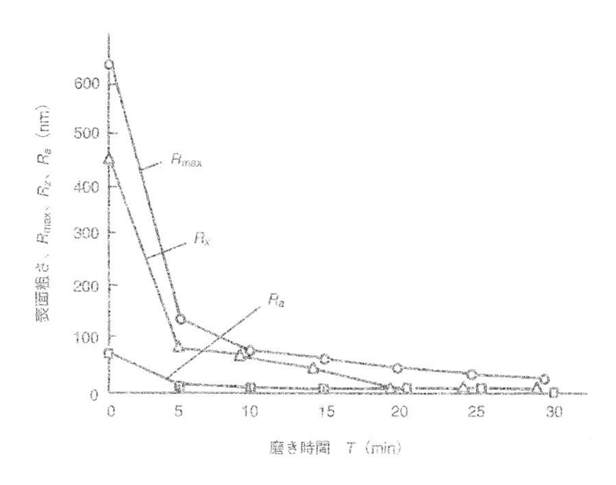

図17　Cr_2O_3砥粒研磨テープによるSi_3N_4丸棒のメカノケミカルポリシング例

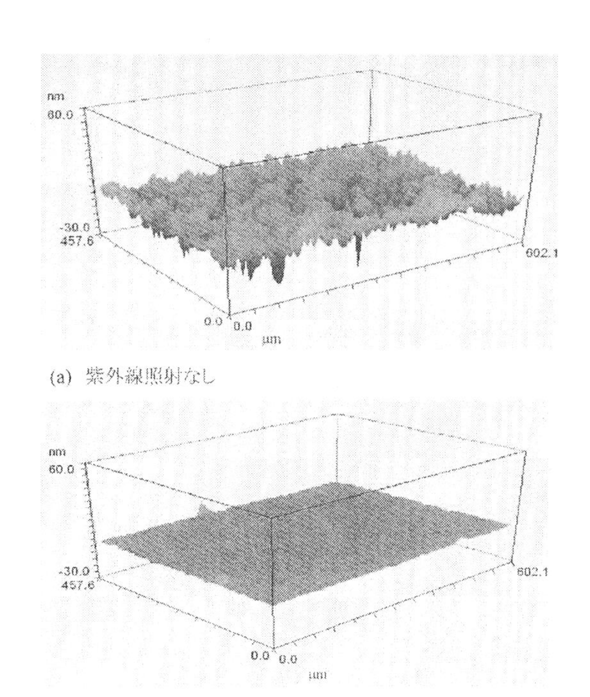

図18　CeO_2を使用し，紫外線照射ありおよびなしで研磨したSiC表面の３Ｄ像（WYKO）

軟質砥粒との接触点における化学反応を基本とするメカノケミカルポリシングにおいては，反応活性を促進させるために紫外線を照射したり，雰囲気ガスの圧力を高めることも研磨特性の向上に有効と期待される。例えば図18は，紫外線を透過し得る石英ガラスポリシャとCeO_2砥粒を用いたSiC単結晶のメカノケミカルポリシングにおいて，ポリシャ裏面から紫外線を照射した場合と照射しない場合とについて研磨表面の３Ｄトポグラフを比較したもので，紫外線照射ありの

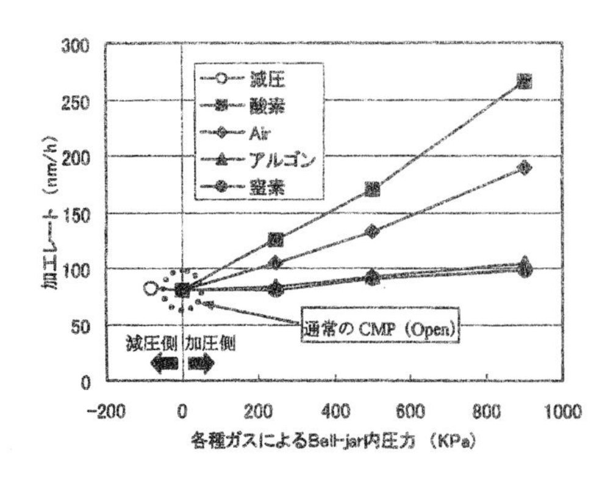

図19　セリアEPDによる加工レートとBell-jar内圧力の関係

表７　SiC研磨法の開発事例

分類	方式	手法	機関
遊離砥粒	湿式	コロイダルシリカ	フジミ
		3%濃度Cr_2O_3砥粒＜(Cr_2O_3＋ダイヤ)砥粒	ニコン
		SiO_2砥粒／pH7.8〜10.5／R.T.〜75℃	九工大
		SiO_2砥粒／EEM	阪大
		SiO_2砥粒／・OHラジカル＜CeO_2砥粒／・OHラジカル	ノリタケ
	乾式	α-Fe_2O_3砥粒／R.T.〜230℃	東海大
		TiO_2砥粒 or CeO_2砥粒／紫外線照射／石英ガラスポリシャ	熊本大
固定砥粒	定寸	Cr_2O_3砥粒、α-Fe_2O_3砥粒、CeO_2砥粒／レジン砥石	日立マクセル
		Cr_2O_3砥粒／EPD砥石	
	定圧	Cr_2O_3砥粒／ANボンド砥石	東大
		Cr_2O_3砥粒砥石／Cr_2O_3砥粒付加／R. T.〜100℃	熊本大
		水蒸気プラズマ援用／軟化層／CeO_2フィルム	阪大
		SiO_2砥粒内包パッド／$KMnO_4$酸化液	ノリタケ
		セリアEPDペレット／高圧酸素ガス雰囲気	九州大
砥粒レス	定圧	鉄板摩擦／R. T.〜170℃	東海大
		(H_2O_2＋H_2O)／石英スティック／紫外線照射	熊本大
		Pt、Mo触媒／HF水溶液	阪大
		鉄触媒／H_2O_2水	熊本大

方が明らかに表面の平滑化が進んでいる。これは紫外線によるSiC表面の酸化促進効果とCeO_2砥粒による形成酸化膜の除去効果とが効率的に作用した結果と理解されている[11)]。また図19は，CeO_2砥粒製EPDペレットによるSiC単結晶基板の乾式ポリシングを，雰囲気ガス圧力を変えることのできるベルジャー型CMP装置を用いて実施した結果の一例で，明らかに酸素ガス圧力の高い雰囲気ほど研磨能率は向上している[12)]。なおEPDペレットは，電気泳動吸着現象を利用して作成する比較的結合力の弱い砥石で，砥粒が脱落し易いために乾式メカノケミカルポリシングに適した工具とされる[13)]。

さて表７は，SiC（単結晶および多結晶）に対する超精密ポリシング法に関する最近の研究開発事例をまとめたものである。種々の形態，手法が精力的に開発されつつあるが，ほとんどが軟質砥粒を用いたメカノケミカルポリシング法に類する手法といえる。この例からもわかるように，高硬質・高機能材料の高精度・高能率研磨にはメカノケミカルポリシングが不可欠であり，これを主体に実用技術の開発が進展するものと期待される。

文　　献

1) 久保輝一郎，メカノケミストリー概論，東京化学同人（1971）
2) 安永暢男，精密加工の最先端技術，工業調査会，188（1996）
3) N. Yasuangaほか，Proc. 1st euspen, Vol.**1**，270（1999）
4) 安永暢男，岡田昭次郎，砥粒加工学会誌，**47**(6)，50（2003）
5) 安永暢男，機械と工具，**46**(5)，10（2002）
6) H. Vora *et al., J. Amer. Ceram. Soc.*, **65**(9), C140（1982）
7) 須賀唯知，機械と工具，**35**-6，92（1991）
8) S. R. Bhagavatula & R. Komanduri（Oklahoma State Univ.), *Philosophical Magazine A.*, **74**(4)，1003（1996）
9) 山内正裕，安永暢男，山本幸治，高木亮輔，砥粒加工学会学術講演会論文集，65（2004）
10) 鈴木清，機械と工具，**36**(6)，28（1992）
11) 渡邉純二ほか，砥粒加工学会誌，**52**(8)，459（2008）
12) 渡辺茂ほか，2005年精密工学会秋季学術講演会論文集，339（2005）
13) 池野順一，砥粒加工学会編，砥粒加工技術のすべて，工業調査会，34（2006）

5　磁気援用研磨

進村武男*1，鄒　艶華*2

5.1　はじめに

磁気を利用した磁気援用研磨法（磁気研磨法とも呼ばれている）は，ロシアで着想され，日本に導入されて成長し，一部は実用化されている。磁気援用研磨法の特長は，磁力線が非磁性体（ガラス，セラミックス，ステンレス鋼，アルミニウム合金など）を容易に透過する物理現象を利用した精密研磨技術である。例えば，円管の内側に磁性砥粒（鉄粉と研磨材で構成）を投入して円管の外側から永久磁石を近づけて磁性粒子に研磨力（磁気力）を発生させ，円管内面を精密に仕上げることができる。研磨困難な細長い円管内面や狭い箇所の精密仕上げに適している。

5.2　磁気援用研磨法の特長と応用分野

日本における磁気援用研磨法（磁気研磨法）の研究開発は1981年に宇都宮大学で開始され，10年後の1992年に発行された精密工作便覧に新技術として紹介された[1]。この研磨技術の特長は，図1に示すように，非磁性平板（工作物）の下にU字形の永久磁石を置くと，N極から発した磁力線は工作物を透過してS極に達し，このとき，工作物上に置かれた磁性砥粒（鉄粉などの磁性粒子と研磨材から構成される粒子，あるいは鉄粉と研磨材の単純混合）と永久磁石との間に磁気吸引力が作用する。

このとき磁性砥粒は磁極から磁気力を受けて工作物表面を押し付け，磁性砥粒に研磨力を与える。永久磁石を右側に移動していくと磁性砥粒は追従して移動し，工作物表面との間に相対運動が発生して工作物の表面は精密に研磨される。この事象を工作物の下側から見ると，上側の見え

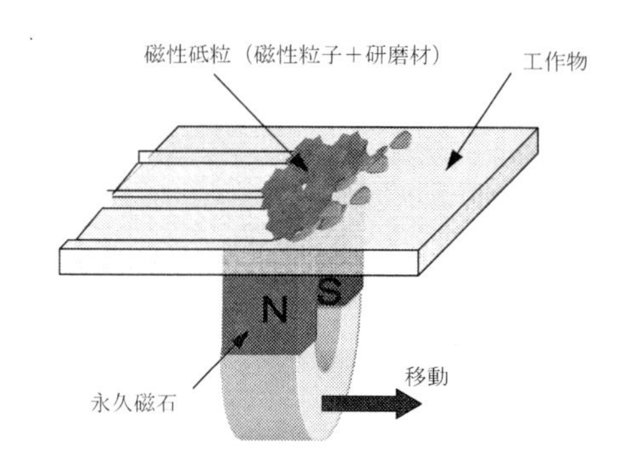

図1　磁気援用研磨の加工原理
（磁性粒子利用法）

＊1　Takeo Shinmura　宇都宮大学　学長
＊2　Zou Yanhua　宇都宮大学大学院　工学研究科　准教授

ない工作物表面を下側に設置した永久磁石が発する磁力線によって磁性砥粒の加工力と運動力を磁気的な遠隔操作によって研磨することを意味している。

言い換えれば，磁力線がもつ非磁性物体の透過現象を上手く利用することによって，従来の技術では研磨が困難であった箇所，例えば，細長い円管の内面や，外からは見えない狭くて入り組んだ箇所，通常の工具が入らない箇所を研磨加工することができることになる。このことは，磁気援用研磨技術は既存技術と競合するのではなく，既存技術が対応できない部品箇所の精密研磨を実現させる新しい技術であることを意味しており，共存技術として位置づけられるものである。

5.3　磁性砥粒を利用した磁気援用研磨[1)]

図2に，磁性砥粒を利用した磁極回転方式の円管内面磁気援用研磨法[2)]の模式図を示す。円管内の磁性粒子（研磨材を含有するときの粒子を磁性砥粒と呼ぶ。あるいは，鉄粉などの磁性粒子と研磨材の混合物であってもよい）は円管外部に設置した永久磁石により磁気吸引され，円管内面を押し付ける。永久磁石を回転すると磁性粒子群は磁石の回転に追従して回転し，円管内面を精密研磨する。つぎに，永久磁石を高速回転させながら工作物円管の軸方向沿って移動していくと円管内面の全面を精密研磨することができる。

円管内に投入された磁性砥粒1個に作用する磁気力Fは次式で表される。

$$F=kV\chi H(grad\ H) \qquad (1)$$

ここに，k：定数，V：磁性砥粒の体積，χ：磁性砥粒の磁化率，$H(grad\ H)$：磁性砥粒が存在する場所の磁場強度と磁場の変化率の積，である。式(1)から，磁性砥粒の加工力，すなわち，磁気力Fは磁性粒子の磁化率（材質）と体積，磁場強度とその変化率により決定される。式(1)が研磨量と表面粗さを検討する際の基本式となる。

磁性砥粒群は磁気力で連結しているため，変形，分離，再連結が容易であり，粒子の撹拌作用とフレキシブルな挙動を伴って研磨加工が進行する。その結果，工作物円管の形状精度を維持しながら面精度を向上できる大きな特長をもっている。

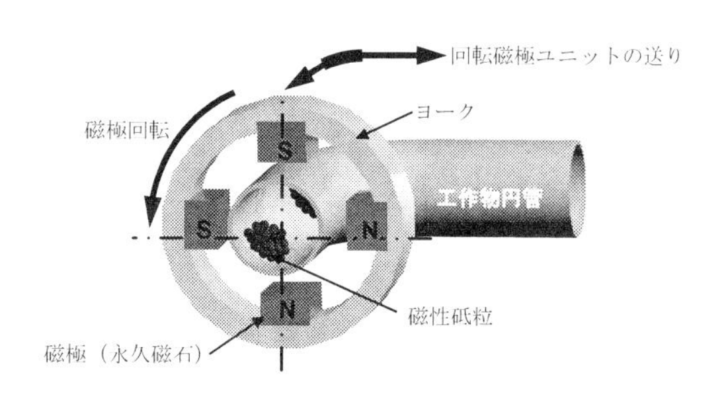

図2　曲がり管内面の磁気援用研磨
（磁極回転方式）

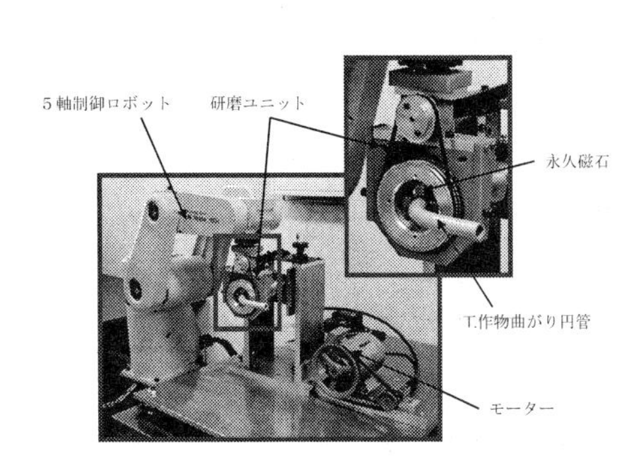

図3　曲がり管内面の磁気援用研磨装置と加工部の写真

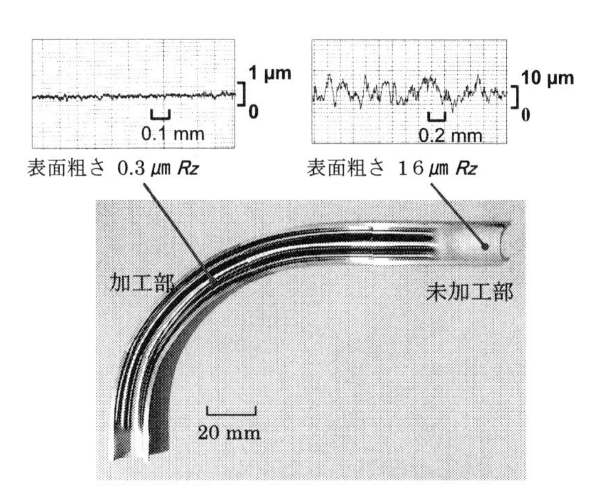

図4　曲がり円管内面の磁気援用研磨の結果
（磁性粒子利用法による内面研磨）

図3に，5軸制御ロボットを利用した曲がり管内面の磁気援用研磨装置を示す。ロボットアームの先端に，永久磁石4個から構成される研磨ユニットが取り付けられている。研磨ユニットの小形・軽量化を図るために高速回転動力源（モーター）をロボット本体から分離して設置し，フレキシブルシャフトを介して研磨ユニットに回転力を伝達している。

この研磨装置を用いて，クリーンパイプの継ぎ手に多用されるSUS304ステンレス鋼エルボ管の内面磁気援用研磨を行った。結果を図4に示す。研磨前の表面粗さ16 μm*Rz*を0.3 μm*Rz*の精密表面に仕上げられる。平均粒径330 μmの電解鉄粉に平均粒径80 μmのWA磁性砥粒を重量比4：1で単純混合した鉄粉混合磁性砥粒を使用した。この鉄粉混合磁性砥粒に2 wt％の研磨液を含ませた。

研磨液は加工の進行を助長する役目をもつばかりでなく，磁気援用研磨においては磁性砥粒（磁性粒子）の研磨面への元素移動および磁性砥粒の残留を無くする極めて大きな役割をもつ。

図5に，加工前後のSUS304ステンレス鋼円管内面のX線スペクトル元素分析の結果を示す。加工前と加工後の表面成分に変化が見られず，使用した磁性粒子および磁性砥粒に含まれる鉄成分などの元素移動および残留がないことがわかる。

5.4　磁性工具を利用した磁気援用研磨[3)]

磁性砥粒（磁性粒子）を用いる磁気援用研磨は「磁性粒子利用法」と呼ばれ，円管の肉厚が5 mm程度までの薄肉管には有効である。しかし，肉厚が5 mm程度以上の厚肉管になると磁性粒子に作用する磁気力（研磨力と運動力）が低下して長時間の研磨を要するか，場合によっては研磨不能に陥る。このため，「磁性工具利用法（磁性加工ジグ利用法とも呼ばれる）」が開発された[3)]。

図6に，磁性粒子利用法と磁性工具利用法の模式図を示す。図6(a)の磁性粒子利用法の加工原理は図1の通りであるが，このときの磁性粒子群全体の平均磁化率は低く，円管の肉厚が5 mm

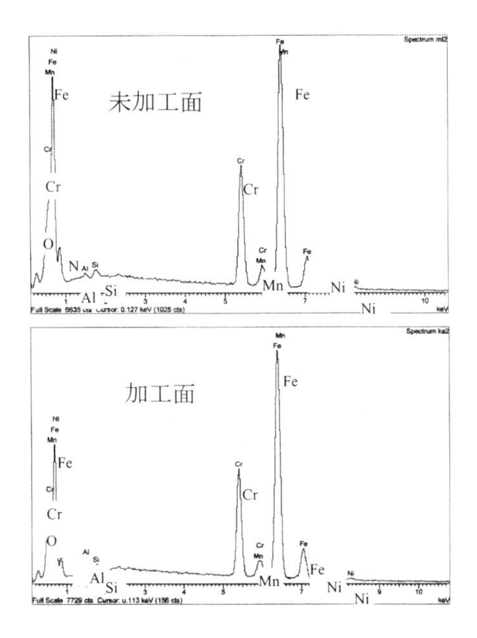

図5　円管内面のX線スペクトル元素分析の結果

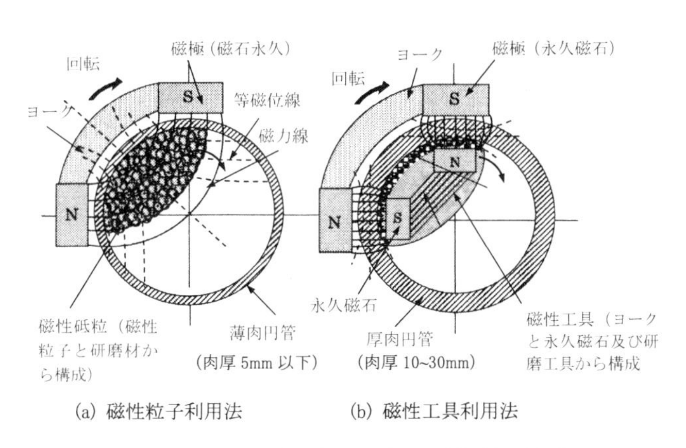

(a) 磁性粒子利用法　　　　(b) 磁性工具利用法

図6　磁性粒子利用法と磁性工具利用法の比較

程度以上になると磁性粒子の研磨力（磁気力）が著しく低下し，研磨不能に陥る。

一方，図6(b)の磁性工具利用法では，図7の模式図が示すように，永久磁石を用いた磁性工具を工作物上面側（工作物円管の内部）に設置して研磨加工することになり，磁性工具が永久磁石とヨークから構成されていることから外部磁石との間に磁気抵抗の小さな閉磁気回路を構成させることができる。この効果により極めて高い研磨力（磁気力）を発生させることができる[3)]。

次に，磁性粒子利用法と磁性工具利用法の加工圧力の違いについて調べた結果について説明する。図8に，磁気力の測定方法の模式図と使用した磁性粒子および各種の磁性工具を示す。磁気

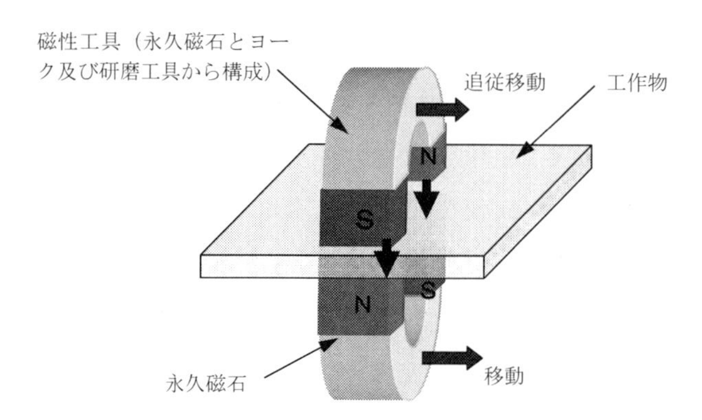

図7　磁性工具利用法の加工原理
（高圧力・強力磁気援用加工を実現）

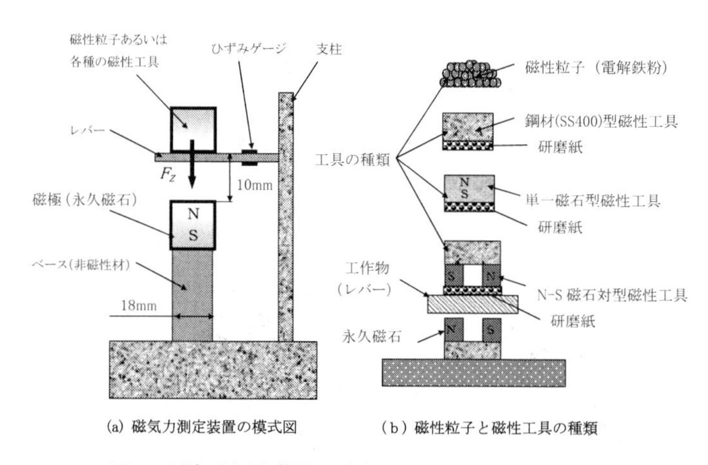

(a) 磁気力測定装置の模式図　　(b) 磁性粒子と磁性工具の種類

図8　磁気力測定装置の模式図と磁性工具などの種類

力Fzは黄銅製の板ばねに貼り付けたひずみゲージで検出した。磁性工具と同じ体積の磁性粒子（電解鉄粉）を用いて磁性工具利用法と磁性粒子利用法の磁気力を測定し，比較した。

図9に，測定結果を示す。図9は，磁気力Fzを研磨工具の面積で除して研磨圧力に換算した結果である。平均粒径510 μmの電解鉄粉の研磨圧力は1.9 kPaであり，SS400鋼材の磁性工具は3.2 kPaとなっている。磁化率が高いSS400鋼型磁性工具だけでは研磨圧力の増大効果は得られない。一方，単一磁石型の磁性工具の場合は41.2 kPaとなり，研磨圧力が大きく増大する。

さらに，N—S磁石対型磁性工具を用いて外部磁気回路との間に磁気抵抗を小さくした閉磁気回路を形成した場合には，著しく高い研磨圧力増大効果が得られる。研磨圧力は電解鉄粉の場合に比べて約40倍と高くなり，高圧力・強力磁気援用加工が実現できる。磁性工具と工作物の間隙は10 mmであることから，N—S磁石対型磁性工具によって厚肉円管内面の磁気援用研磨が容易に実現できることがわかる。

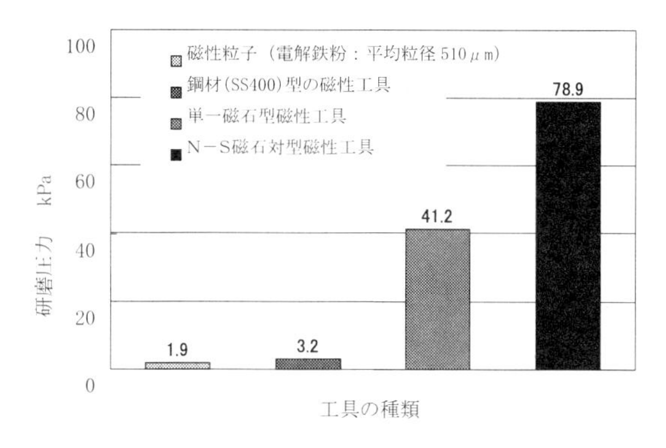

図９　磁性粒子と各種磁性工具の研磨圧力の比較

［測定条件］　磁性粒子：平均粒径510 μmの電解鉄粉；磁石：レアーアースネオジウム永久磁石，18×12×10 mm；ヨーク：SS400材，40×12×12 mm．工具と磁極間の間隙：10 mm

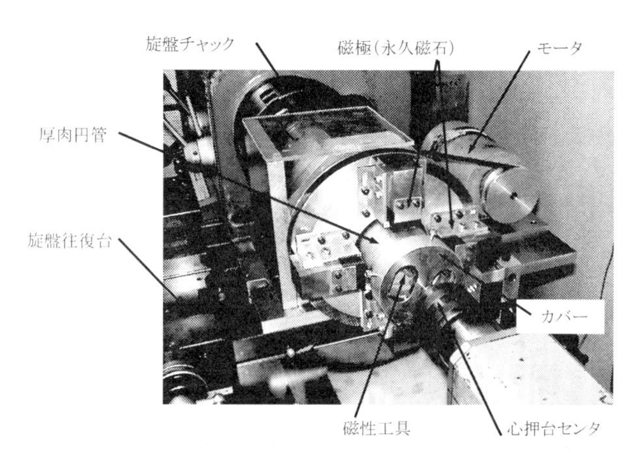

図10　磁性工具を利用した厚肉円管内面の磁気援用研磨装置
（普通旋盤を利用した事例）

図10に，永久磁石の磁極表面に磁性粒子（鉄粉）を磁気吸引させ，研磨材スラリーを用いて工具寿命を著しく延長できる新しい研磨装置全体の外観写真を示す。詳細は文献３）に掲載されているので省略するが，試作した磁極回転ユニットを普通旋盤の往復台上に搭載して厚肉円管内面を研磨した。研磨ユニットは４個のフェライト磁石から構成されており，円管軸方向に往復送り運動を与えて円管軸方向幅90 mmについて磁気研磨した。

工作物には厚肉シームレスSUS304ステンレス鋼円管を用いた。磁性工具はN―S永久磁石（レアアース磁石）を，ヨーク（SS400）の両端に固定し,その上にポリマーを貼りつけて円管内面の曲率半径と一致させた。さらに，磁性工具の外周にユニウール不織布（WA＃3000）を巻きつけ，不織布表面に電解鉄粉を磁気吸着させた。不織布を使用した目的は研磨作用に関与させるだけでなく，磁性工具の磁石端面に磁気吸引させた磁性粒子を保持する役割をもたせると同時に，磁性工具が工作物表面と直接接触することを防止させるためである。

熱間加工された厚肉SUS304ステンレス鋼円管は素管のままであり，前加工面には酸化膜があり，表面粗さは30～40 μm*Rz*と大きい。このため，加工を３段階に分けて行った。粗仕上げには平均粒径1680 μmの電解鉄粉を用いた。その後，電解鉄粉の平均粒径を小さくし，510 μmと330 μmの電解鉄粉を用いて中仕上げおよび精密仕上げを行った。

加工前後のSUS304ステンレス鋼厚肉円管内面の観察写真を図11に示す。円管内部に格子縞を描いた白紙を入れて写真観察した結果である。格子縞が鮮明に反射されるまでに精密研磨できることがわかる。

加工前の素管内面の表面粗さは測定場所により不均一であるため，円管内面の３箇所の粗さを測定し，平均値を採用した。粗仕上げとして20分間加工を行った結果，前加工面は迅速に改善され，表面粗さは32 μm*Rz*（５ μm*Ra*）から6.8 μm*Rz*（0.8 μm*Ra*）に向上した。その後，中仕上げおよび精密仕上げを行った結果，表面粗さは次第に減少し，研磨量も増加していく。本加工法によって，円管軸方向90 mm全面にわたって，表面粗さを0.49 μm*Rz*（0.05 μm*Ra*）に向上できた。

用いた円管は熱間加工により成形されたSUS304ステンレス鋼円管であり，熱間加工により円管内面には酸化膜が生じている。酸化膜を除去の可否を観察するために，ワイヤー放電加工により切り取った未加工部分と加工部分のSEM写真を図11の上側に示す。加工前の円管内面には酸化膜

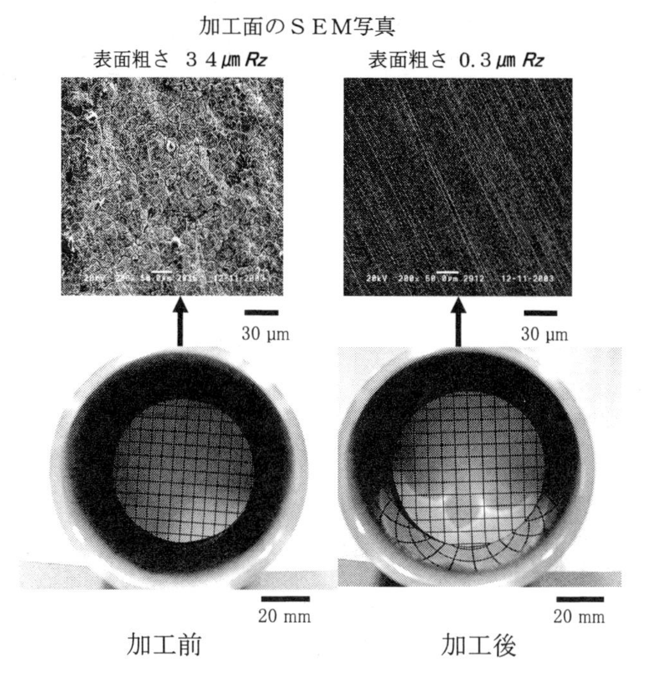

図11 厚肉円管内面の外観写真と加工面のSEM写真
（磁性工具利用法によるSUS304厚肉円管内面加工）

が観察され粗面となっているが，加工後の表面には酸化膜が完全に除去され，極めて良好な研磨面が得られている。

磁性粒子利用法では磁性粒子に作用する磁気力（研磨力）が著しく小さく,厚肉円管内面の研磨加工はできなかった。磁性工具利用法によって,高圧力・強力磁気援用加工が実現できることを明らかにした。

5.5　ナノレベル超精密磁気援用研磨[4)]

ナノレベル超精密磁気援用研磨法は，微細な球状鉄粉と微粒研磨材および研削液を単純混合した磁気研磨スラリーを用いて，研磨中に生ずる自生撹拌現象を利用することにより粒子を均一分散させて超精密表面を創成する内面研磨法である。従来の磁性流体（MF）や磁気粘性流体（MRF）を利用する研磨法では超微細な鉄粉と微粒の研磨材を分散するために，分散性に優れたベース液や界面活性剤が必要とされる。しかし，研磨スラリーの構成成分割合の複雑化，研磨後の工作物表面に残留したベース液の洗浄性がよくないなどの問題点が指摘されている。

本稿で述べるナノレベル超精密磁気援用研磨技術は，市販の油性研削液に平均粒径6 μmのカルボニル球状鉄粉と粒径0～0.25 μmの微細ダイヤモンド砥粒を単純混合させて磁気研磨スラリーを作製し，外形20 mm，内径18 mmのSUS304円管の内面磁気研磨を実現するものである。研磨の結果，研磨前の表面粗さ320 nm *Ra*を6 nm *Ra*の超精密表面に創成することができることがわかった（図16）。

本研磨法の特長は，磁気研磨スラリーの構成成分を微粒の磁性粒子と微細な研磨材の単純混合とし，研磨中に生ずる自生撹拌現象を利用して磁性粒子と研磨材を均一分散できることに着目した点にある。また，特定の粒子分散剤を使用する必要がないことから研磨後の工作物洗浄に問題がなくなった点にも特長がある。

次に，ナノレベル超精密内面磁気援用研磨結果の詳細について説明し，実用性が十分にあることを示す。

図12に，円管内面のナノレベル超精密磁気研磨法の模式図を示す。円管内部に供給された磁気研磨スラリーは外部に設置された磁極から磁気吸引力を受け，工作物内面に押し付けられ，砥粒を介して研磨作用が与えられる。

円管に回転運動，磁極に円管軸方向の振動運動を与えると，工作物との間で相対運動が生じ，円管の内面研磨が進行する。研磨中の磁気研磨スラリーは工作物との相対運動により研磨抵抗を受ける。磁気研磨スラリーは，研磨抵抗と磁気吸引力の両者の力を受けて自生撹拌現象を生じ，微細鉄粉と微粒砥粒の均一分散作用を助長しながら工作物表面のナノレベルの超精密表面研磨を行うことができる。

図13に，磁気援用研磨装置の概観写真と研磨部の拡大写真を示す。研磨装置にはCNC精密旋盤を使用している。工作物円管をチャックに固定し，回転運動を与えた。旋盤の往復台上に研磨ユニットを設置し，4個の磁極を搭載した。4個の磁極には10×12×18 mmのNd-Fe-Bレアアース

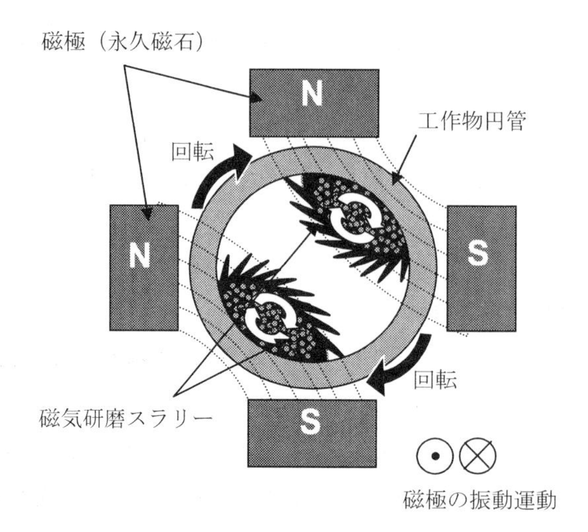

図12　ナノレベル超精密磁気援用研磨の模式図

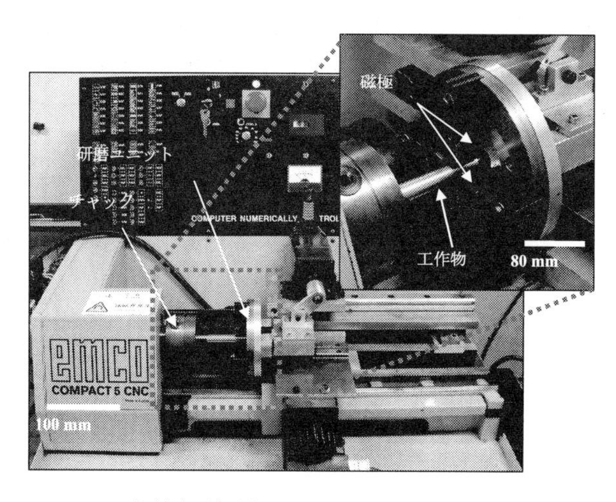

図13　ナノレベル超精密磁気援用研磨装置の概観写真と加工部の拡大写真

永久磁石を用いた。磁極の配置はN-S-S-Nである。研磨ユニットを直動スライダー上に固定し，モーターとクランク機構によって円管軸方向に往復運動を与えた。振動数はインバーターによりモーターの回転数を制御することにより調節した。磁極と工作物円管との間隙は自由に設定できるようになっている。

研磨実験では，5分間ごとに研磨加工を止め，工作物円管を超音波洗浄して研磨量と研磨面の表面粗さを測定した。その際，磁気研磨スラリーは新しいスラリーに交換した。表面粗さは触針式粗さ測定機を使用して，円管内面円周方向に120°間隔で3箇所を測定し，その平均値を採用した。また，研磨前と40分間研磨後の工作物表面を非接触型三次元光干渉式表面粗さ計により観測・

記録した。また，洗浄に関する実験も並行して行い，エタノール洗浄が可能でることを見出し，エタノール洗浄を行った。

磁気研磨スラリーを構成するカルボニル鉄粉とダイヤモンド砥粒の割合が研磨特性に及ぼす影響を調べるため，それぞれ割合が異なる５種類のスラリーを準備して実験した。工作物には光輝焼鈍処理されたSUS304ステンレス鋼BA管（ϕ20×ϕ18×100 mm）を用いた。

表１に研磨条件を示す。表２に磁気研磨スラリーの構成成分の割合を示す。磁気研磨スラリーは油性研削液にカルボニル鉄粉とダイヤモンド砥粒を単純混合して作製し，鉄粉と砥粒の混合割合により，A，B，C，D，Eの記号で表した５種類のスラリーの研磨性能を調べた。

40分間研磨後の表面粗さの時間的変化を図14に示す。スラリーA，B，Cでは，ダイヤモンド砥

表1　研磨条件

工作物円管	SUS304ステンレス鋼BA管 ϕ20×ϕ18×100 mm
工作物回転数	1800 min^{-1}
磁極の振動数・振幅	振動数：0.8 Hz 振　幅：2.5 mm
磁極と工作物の間隙	1 mm
磁気研磨スラリーの供給量	0.5 mL
研磨時間	40 min

表2　磁気研磨スラリーの構成成分

（重量比率　%）

磁気研磨スラリーのタイプ	A	B	C	D	E
カルボニル鉄粉（平均粒径 6 μm）	77	75	73	68	65
ダイヤモンド砥粒（粒径　0-0.5 μm）	3	5	7	12	15
油性研削液	20	20	20	20	20

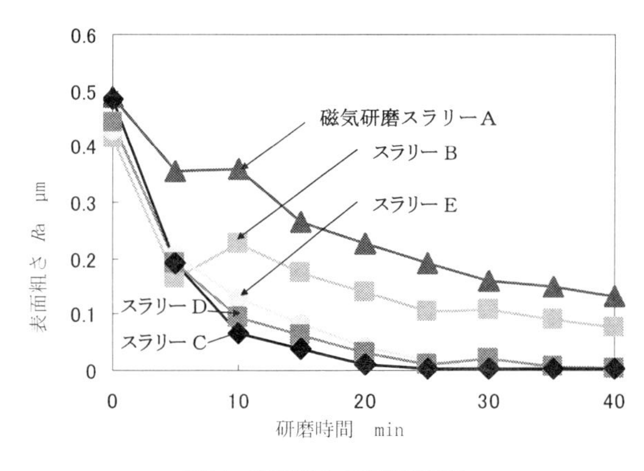

図14　表面粗さの時間的変化

粒の割合が増加すると表面粗さの平滑化速度が高くなる。スラリーCを境にして，スラリーEでは逆に表面粗さの平滑速度は低くなる。この実験では磁気研磨スラリーの供給量を一定としているため，スラリー中の砥粒の割合が多くなるほど切れ刃数は増加するが，逆に鉄粉割合が少なくなるために，スラリー全体の研磨圧力が低下するためと推測される。

一方，砥粒の割合が少なくなると切れ刃数も減少するが，鉄粉割合が多くなるためにスラリー全体の研磨圧力が高くなると推定される。この結果から，磁気研磨スラリー中の砥粒と鉄粉の両者の割合のバランスが研磨能率に大きく影響することが分かる。本研磨条件では，この割合の最適値がスラリーC付近に存在していると予測される。

また，磁気研磨スラリー内の砥粒径は研磨能率，研磨面に影響を及ぼすと考えられる。砥粒径の違いによる研磨特性への影響を調べるため，粒径の異なる2種類のダイヤモンド砥粒を用いて研磨加工した。

研磨加工前に工作物に前研磨を施した。前加工条件を表3に示す。工作物には光輝焼鈍処理されたSUS304ステンレス鋼BA管（ϕ20×ϕ18×100 mm）を使用し，電解鉄粉（平均粒径330 μm）とWA砥粒（#8000），水溶性研磨液から構成される混合磁性砥粒で5分間研磨した。その後，表4に示した2種類の磁気研磨スラリー（粒径0～0.25 μmと0～0.5 μmのダイヤモンド砥粒）を用いて40分間の超精密研磨実験を行った。他の研磨条件は表1と同じである。

先ず，5分間の前加工によって，加工面の表面粗さを約35 nm *Ra*に整えた後，超精密内面磁気研磨実験を行い，5分間ごとに研磨量と表面粗さを測定した。図15に，表面粗さと研磨量の時間

表3　円管内面の前加工条件

工作物円管	SUS304 ステンレス鋼BA管 ϕ20×ϕ18×100 mm 初期粗さ：約0.32 μm *Ra*
工作物円管の回転数	1800 min^{-1}
磁極の振動数，振幅	振動数：0.8 Hz 振　幅：2.5 mm
磁極と工作物の間隙	1 mm
混合磁性砥粒	磁性砥粒：1.8 g（平均粒径 330 μm） WA砥粒（#8000）：0.2 g 水溶性研磨液：0.24 mL
加工時間	5 min

表4　磁気研磨スラリーの構成成分

（重量比率 %）

カルボニル鉄粉（平均粒径6 μm）	73
ダイヤモンド砥粒（0～0.25 μm，0～0.5 μm）	7
油性研削液	20

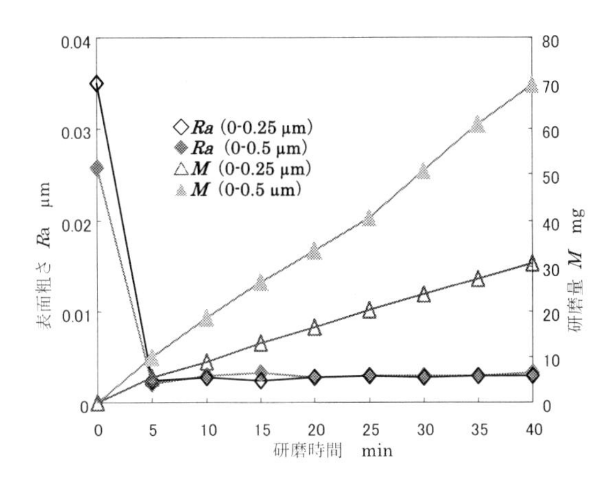

図15　表面粗さと研磨量の時間的変化

的変化を示す。10分間で粒径0～0.25 μm，0～0.5 μmのいずれのダイヤモンド砥粒も，表面粗さを4～6 nm *Ra*に平滑化できることが分かる。研磨量は，粒径0～0.5 μmのダイヤモンド砥粒を用いた方が粒径0～0.25 μmを用いたときの値よりも2倍以上の大きな値を示す結果が得られた。砥粒径が大きいほど工作物表面への砥粒切り込み深さが大きくなり，これまでのラッピング機構がここでも成り立ち，砥粒径増大が研磨量増加につながったものと考えている。

図16に，非接触型三次元光干渉式表面粗さ計を用いて研磨前後の三次元表面形状測定を行った。研磨後の写真は40分間研磨した後の研磨面である。研磨前の320 nm *Ra*の表面粗さをナノレベルの超精密表面6 nm *Ra*に創成できることを明らかにした。

5.6　磁気バリ取り方法[5)]

従来のバリ取り工具は部品の外面には適用できるが，複雑形状部品の内面や細長い円管内面などの見えない，狭い箇所のバリ取りにはなかなか適用できない。このため，永久磁石と磁性粒子を利用した磁気バリ取り技術（特許公報：「磁気バリ取り方法」，登録番号　第4185986号）を開発した[5)]。

図17に磁気バリ取り方法の模式図を示す。このバリ取り方法は，永久磁石工具の加工力を自由に調整でき，加工面に対して柔軟な加工挙動が得られる。また，砥粒の新陳代謝と切り屑排出促進化効果をもち，粒子径を自由に選択できる。

閉ざされた細長い工作物内部に挿入された永久磁石工具は，工作物の外側に設置した磁石により磁気吸引力（加工力）を受ける。外側磁石を移動させると磁力により磁石工具も追従して移動し，工作物内面との間に相対運動が生じ，加工が行われる。磁石工具の加工力と運動力は磁力線を介して外部磁石により遠隔制御できる。したがって，見えない，細長くて狭い，通常の工具が入らない箇所の内面バリ取り加工に適用できる。

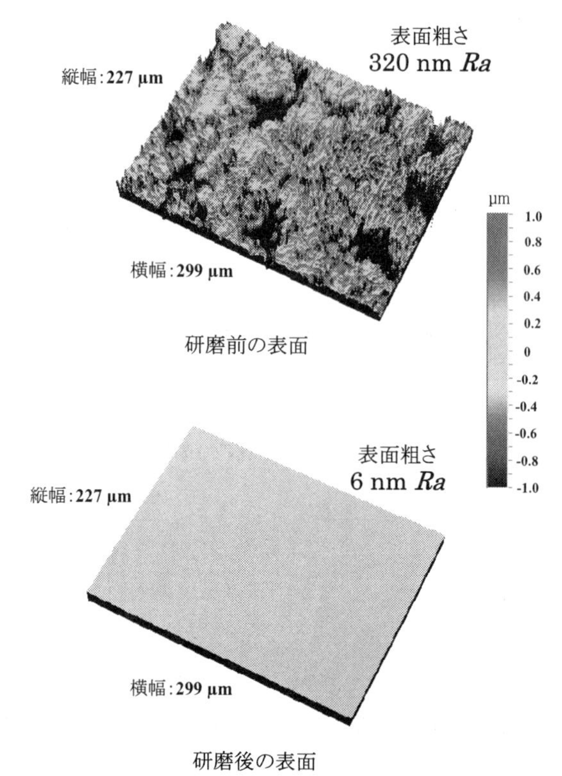

図16　研磨前後の工作物円管内面の表面写真
（非接触型三次元光干渉式表面粗さ計による）

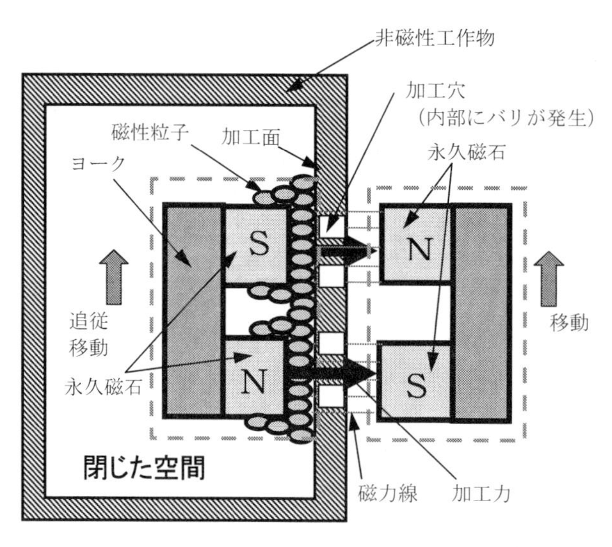

図17　内面の磁気バリ取り方法
（角パイプ内面に生じたバリの場合）

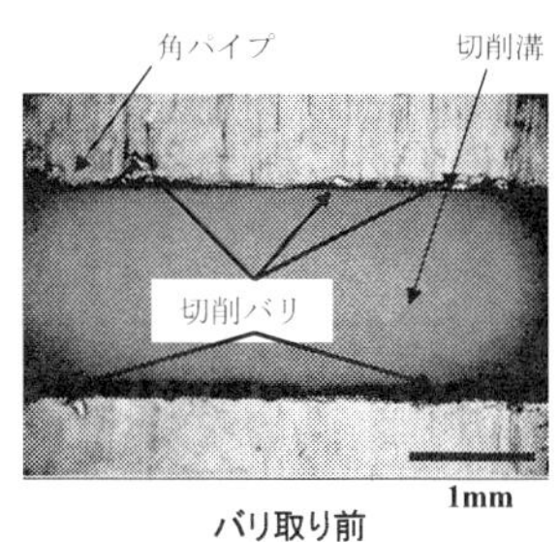

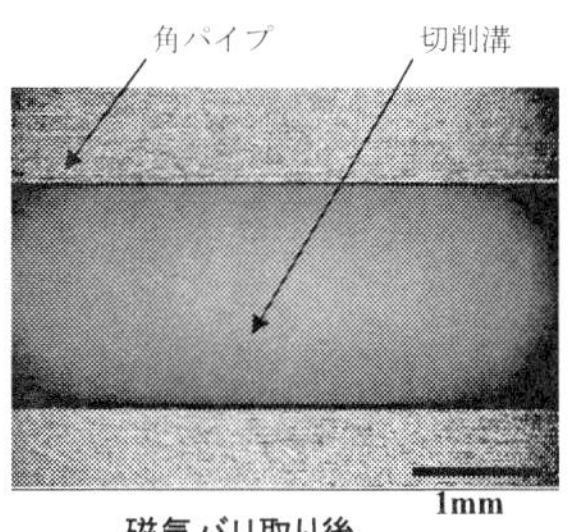

図18　角パイプ内面に生じたメタルソー溝入れ加工バリの磁気バリ取り
（アルミニウム合金角パイプ）

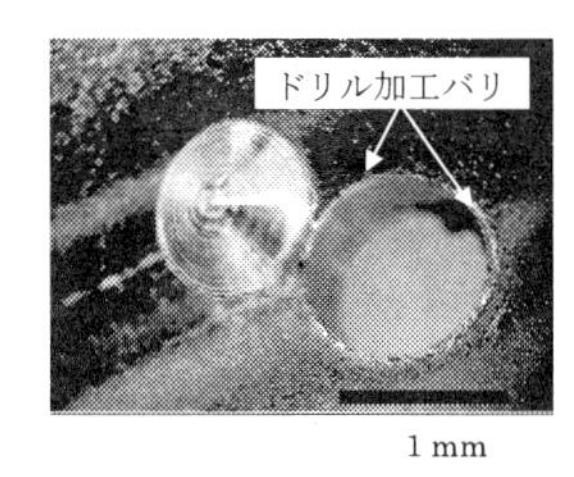

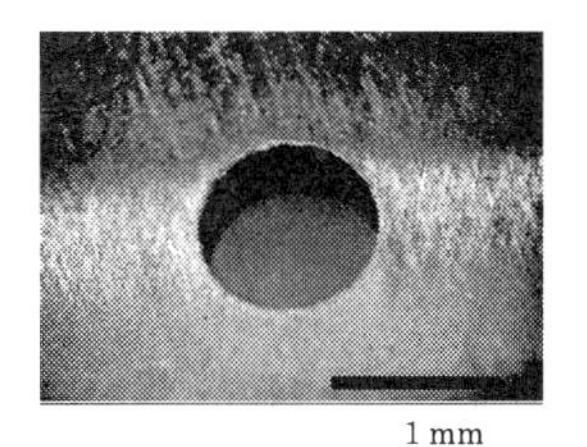

図19　パイプ内面に生じたドリル加工バリの磁気バリ取り
（SUS304ステンレス鋼パイプ，外径10 mm，厚さ１mm）

磁石工具表面の磁性粒子の挙動は研削砥石のような固定砥粒でなく，ラップ加工のような完全遊離砥粒でもない。磁性粒子が磁石工具表面に磁気吸引されて加工する半固定的な挙動を示す特徴的なものである。

磁気バリ取り方法の実現性について確認した結果を図18と図19に示す。図18は，アルミニウム合金の角パイプにメタルソーで細い長い溝加工を施すと，角パイプ内面の溝エッジ周辺に切削バリが生ずる（図18の左側写真）。磁気バリ取り工具を製作して角パイプ内面の切削バリの除去を行った結果，右側の写真が示すように簡単にバリが除去できるばかりでなく，精密なエッジ仕上げも実現できた。

図19は，SUS304ステンレス鋼製の丸パイプ（外径10 mm，厚さ１mm）の外側から１mm径のドリルで穴明け加工したときのパイプ内面に生じたバリを除去した結果である。左側の写真がバリ取り前，右側の写真が磁気バリ後の写真である。磁気バリ取り方法によりバリは完全に除去されており，エッジ仕上げも良好である。細長いパイプ内部に生じたバリの除去は，従来技術の適用では非常な困難を伴い，不可能に近い。磁気バリ取り方法は従来技術と競合させるものではなく，従来技術と共存させる技術である。

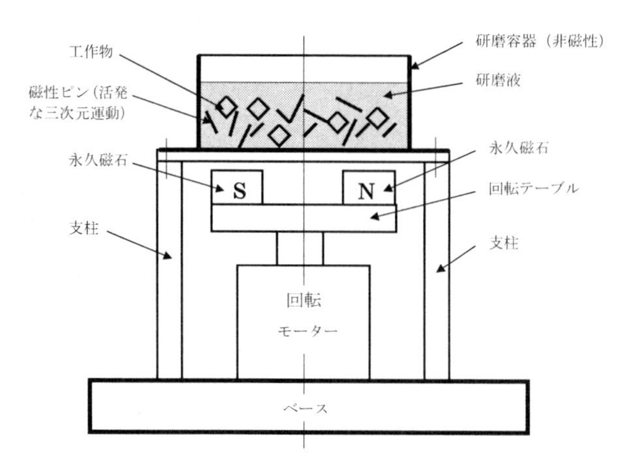

図20　磁気バレル加工装置の断面模式図

5.7　磁気バレル加工[6)]

磁気バレル加工[6)]は従来の遠心力バレル研磨とは全く異なる加工法である。磁気バレルの加工原理を図20に示す。回転円盤上に設置した永久磁石（レアアース永久磁石）を高速回転させると，非磁性の研磨容器内にはN－S極が交互に変動する変動磁場が作用する。研磨容器内に投入した磁性ピン工具は激しく変化する変動磁場を受けて活発な三次元挙動をなし，研磨容器内の工作物との間に微小な力の衝突運動を発生する。多数個の磁性ピンの衝突によって工作物エッジの微細なバリは除去される。同時に，磁性ピン工具の先端が工作物表面と衝突する際にマイクロバニシング加工を実現する。このマイクロバニシング加工によって工作物表面が鏡面化される。

このような多数個の磁性ピン工具の活発な三次元挙動による微小加工の集積によって，工作物表面全面の微細なバリの除去と表面研磨が実現できる。工作物の材質やバリの発生状況に合わせて磁性ピン工具と変動磁場の周期や強度が調節される。

非鉄金属，軽金属，硬質プラスチックなどに適用可能であり，最近は鉄系工作物にも対応できるといわれている。また，酸化膜や錆の除去にも応用できる。

5.8　おわりに

ここでは，磁性粒子利用法および磁性工具利用法の円管内面の磁気援用研磨技術，ナノレベル超精密磁気援用研磨技術について述べた。また，従来のバリ取り技術では加工困難な細長い角パイプなどの内面に生じた機械加工バリを簡単な装置と方法で除去できる新しい磁気バリ取り方法，さらに磁気バレル加工について述べた。この他，磁性流体（MF）や磁気粘性流体（MRF）などの機能性流体を利用した磁気援用研磨技術[7)]も開発されているが，文献をご参照いただければ幸いです。本稿が読者諸賢のご参考になれば幸甚です。

文　　献

1）精密工学会編，精密工作便覧，コロナ社，p.1（1992）
2）山口ひとみ，進村武男，砥粒加工学会誌，**44**(1)，pp.7-10（2000）
3）鄒　艶華，進村武男，砥粒加工学会誌，**48**(8)，pp.444-449（2004）
4）鄒　艶華，阿久津聡，進村武男，砥粒加工学会誌，**54**(2)，pp.97-100（2010）
5）特許公報，「磁気バリ取り方法」，登録番号 第4185986号（登録日 2008年9月19日），特許権者，宇都宮大学，発明者，進村武男，鄒艶華．
6）高沢孝哉，北嶋弘一，監編集，パリテクノロジー実務編，桜企画出版，pp.125-133（2008）
7）赤上陽一，砥粒加工学会誌，**56**(5)，pp.287-290（2012）

第6章　洗浄技術

桐野宙治*

1　はじめに

世の中には様々な目的の洗浄技術が存在するが，本章で取り上げるのは，固体表面の汚れを対象とした研磨後の洗浄手法であり，製造プロセスのうち最終工程の精密洗浄を中心とする。最初に『洗浄技術』という言葉を定義する必要がある。工学的な観点からの洗浄とは“汚れ（望まないもの／不必要なもの）を落とすこと”という認識が一般的である。辞書からの引用では“薬品などで洗いすすぐこと”となり，以下の洗うとすすぐという行為を含む。

あらう：水の中で，こすり，もみ，石鹸をつけるなどして，汚れを落とす

すすぐ：水をかけたり，そのものの中に水を入れたりして汚れを流す

英語ではより明確に分類されており，wash（汚れを落とす），cleanse（化学薬品などで汚れを落とす），rinse（ゆすいで汚れを落とす）となり，洗浄技術にはもちろんこれら全てを含む。

洗浄の一例として鉄の錆び取り技術に着目する。図1に示すように，平滑面に仕上げた鉄は何らかの防錆処理を施さなければ大気中で腐食し，錆が発生して荒れた面となる。この錆の成分は鉄の含水酸化物であり，化学薬品などで錆だけを除去しても，酸化反応による荒れた面が残り，

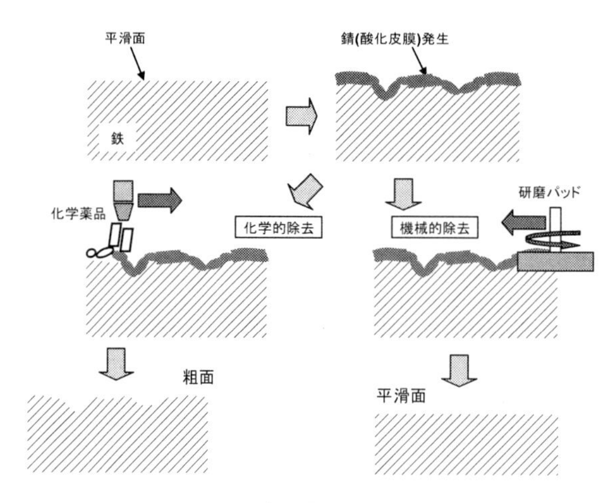

図1　鉄の錆取り技術

＊　Okiharu Kirino　㈱クリスタル光学　技術開発部　取締役　技術開発部長

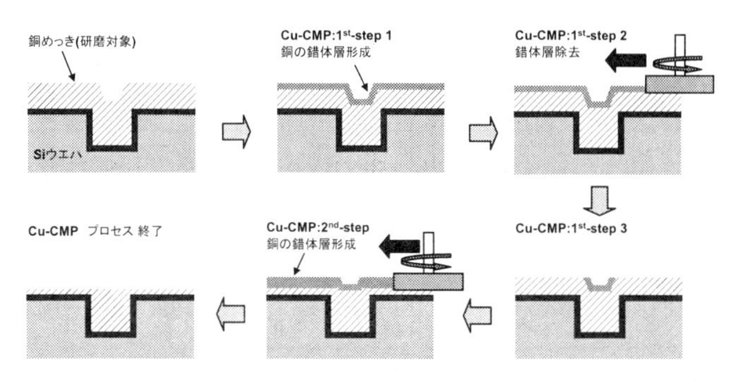

図2　Cu-CMPの工程

元の平滑面には戻らない。一般的には紙やすりなどで表面を研磨し，錆と一緒に母材の鉄も除去することで再び平滑面が得られる。

一方，半導体製造工程で用いられる銅の超精密研磨技術であるCu-CMP（Chemical Mechanical Polishing，化学的機械的研磨）[1~3]も似たようなメカニズムで平滑化が進むことが知られている。図2にその工程の模式図を示すが，スラリーと呼ばれる研磨液に含まれる有機酸の化学作用により，表面に比較的硬質な銅の錯体が形成され，この錯体が研磨パッドや砥粒での機械的研磨で除去されることで高精度な平坦面が得られる。このような観点から，『洗浄技術』とは最終仕上げ（Surface finishing）工程とも考えられ，“汚れ（望まないもの／不必要なもの）を落とすこと”から発展させ，“望むべき表面を再現性良くつくること”と定義したいと思う。

本章では，汎用的な洗浄技術である超音波洗浄や噴射式洗浄，洗浄液としての機能水，および最新の砥粒フリー研磨法なども含めて紹介する。

2　汚れの種類と除去機構

洗浄技術の中で最も重要な汚れの除去では，希望する表面は何かという議論と，表面にあってはならない汚れについての知識を予め持っておく必要がある。汚れは形態と性状の面から一般的に表1のように分類される。油汚れや金属酸化物のように層状の汚れか，それとも残留砥粒のように粒子状の汚れか。もしくは，水や有機溶剤に溶けるか不溶か，極性があるか，親水性か疎水性かといった分類となる。汚れの除去機構も同様に，図3に示すように基本的な3つのパターンに分類できる。界面活性剤などの作用で汚れを固まりのまま引き剥がす分離型洗浄（図3(a)），有機溶剤や酸・アルカリの作用で洗浄液中に汚れを溶解させる溶解型洗浄（図3(b)），紫外光などの作用で分子を壊して汚れでないものに変える分解型洗浄（図3(c)）である。本来，汚れの除去という洗浄技術は，表1などからターゲットとなる汚れの種類を特定し，そのうえで適正な洗浄方法を決定するといった流れで，戦略的に行われるべきである。

しかしながら実際の洗浄はそんなに単純なものではない。なぜなら，汚れのほとんどは表1の

表1　汚れの分類

形態の面からの汚れ		
層状の汚れ	有機性の汚れ	切削油，指紋，雰囲気からの吸着物質
	無機性の汚れ	金属の錆，半導体表面の不純物原子／酸化膜
粒子状の汚れ		残留研磨剤，雰囲気からの付着粒子
性状の面からの汚れ		
水溶性汚れ（水に可溶）	易　溶　性	食塩，糖分
	難　溶　性	色素，変性蛋白質
油性汚れ（有機溶剤に可溶）	極　　　性	脂肪酸，動植物油脂
	無　極　性	鉱油
固体汚れ（水，有機溶剤に不溶）	親　水　性	泥，酸化鉄，炭酸Ca
	疎　水　性	カーボンブラック

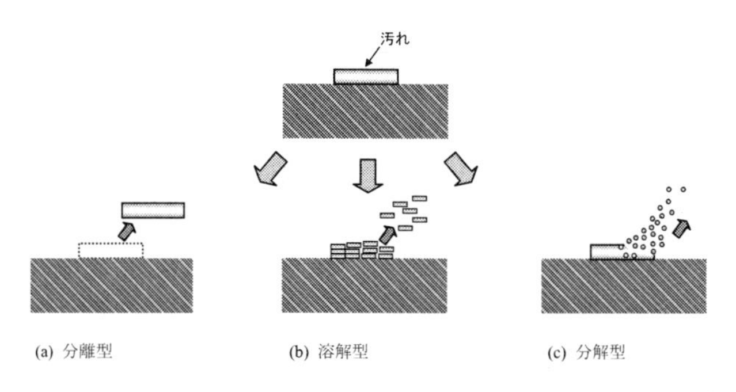

図3　汚れ除去の基本パターン

分類の複合的なものであり，その除去機構も同様に図3の組み合わせ技術で行われているためである。対象物の表面に付着した，その形成された経緯・出所が不明である汚れの洗浄を，戦略的にと最先端の計測機器などで分析していたのでは，費用対効果がとても合わないのが現実の話である。ところが，加工工程の川上に近い比較的粗い加工であればこのようなケースが当てはまり，その洗浄方法もアバウトになるが，仕上げ工程である研磨後の洗浄技術では，要求される平滑面の精度があがるほど，汚れの特定が容易となる側面もある。それは工作物の材料としての質・純度が必然的に高くなり，研磨を行う環境もクリーンルームなどで外部からの悪影響が無く，加えて，研磨液の組成や砥粒の質も厳選されたものとなるからである。このような超精密研磨後の汚れは，除去された材料や残留砥粒，研磨液に含まれる化学薬品やその化合物・混合物しか存在しないからである。

半導体製造工程におけるシリコンウエハの洗浄技術は，もっとも進化した，量産部品に対する超精密洗浄技術であると言える。高集積化が進み，配線幅は数十ナノメートルと極小化しているため，これらのウエハ上にはナノメートルオーダーの汚染物ですら許されないためである。この洗浄技術としては，1970年に提唱されたRCA洗浄技術[4]が，あまりにも有名なスタンダード技術である。しかし，この方法は大量の化学薬品を高濃度で必要とするため，近年では学術的なアプローチによる研究開発が活発に行われ，少量の化学薬品を，後述する超音波洗浄や噴射洗浄式，および機能水と組み合わせた，環境にやさしく，高能率かつ再現性の高い超精密洗浄技術[5,6]が報告されている。

3　超音波洗浄

本節では代表的なウェット洗浄手法である超音波洗浄について解説する。超音波洗浄は，洗浄槽内の液中に超音波発振子などで電気的に超音波振動を発生させ，この液中に被洗浄物を浸漬させて汚れを除去する方法である。超音波洗浄の特徴を次節で解説する噴射式洗浄と比較した結果を表2に示す。超音波洗浄機（器）は，最も市場に普及している洗浄装置であるが，その理由は汎用性と利便性が高いことにある。バッチ式でまとめて洗浄することが可能であり，洗浄効果は比較的均一に液中で発揮されるため，使い勝手に優れる製造現場向けの洗浄装置と言える。図4にその洗浄効果の一例を示すが，配管部材の内面ネジ部に付着した手作業では手間のかかる汚れが，数分で除去可能である。なお，“超音波”の定義は，もともとは人の耳で聞き取れない高周波の音であったが，最近では20 kHz以上の音波とするのが一般的である。

表2　超音波洗浄と噴射式洗浄の比較表

	超音波洗浄	噴射式洗浄
方式	バッチ（浸漬）式	枚様式
長所	• 個（枚）数あたりのタクトタイムが短い • 利便性が高い（特別な制御が不要，メンテナンスフリー）	• 工作物の大きさを選ばない • 洗浄槽内での汚れ再付着がおきにくい • 装置の設置面積が小さい
短所	• 洗浄槽内で汚れの再付着がおきやすい • 装置の設置面積が大きい • 樹脂などの低硬度品に不適	• 個（枚）数あたりのタクトタイムが長い • 昇圧機構もしくは圧縮空気（気体）が必要

(a) 洗浄前

(b) 洗浄後

図4　超音波洗浄機での洗浄事例

3.1 周波数特性と洗浄メカニズム

超音波洗浄で汚れが除去されるメカニズムは，その周波数帯域により，以下のキャビテーションと振動加速度での効果とに大別される。

キャビテーションによる洗浄効果：液体中に溶解している気体分子の凝集気泡が，音圧変化による収縮膨張を繰り返して成長し，やがて押しつぶされ消滅する際に，大きなエネルギーが解放され，発生する衝撃力で汚れを引き剥がす効果（図５）。

振動加速度による洗浄効果：液体分子に大きな振動加速度が生じさせ，その強い力で微粒子を揺り動かして汚れを表面から引き離すとともに，超音波の伝播方向にできる直進流で汚れを洗い流す効果（図６）。

図７に発振周波数による超音波洗浄機の特徴を示す。洗浄効果は低周波（20～100 kHz）ではキャビテーションが主体となり，高周波となるにつれ振動加速度による効果が強くなっていく。一

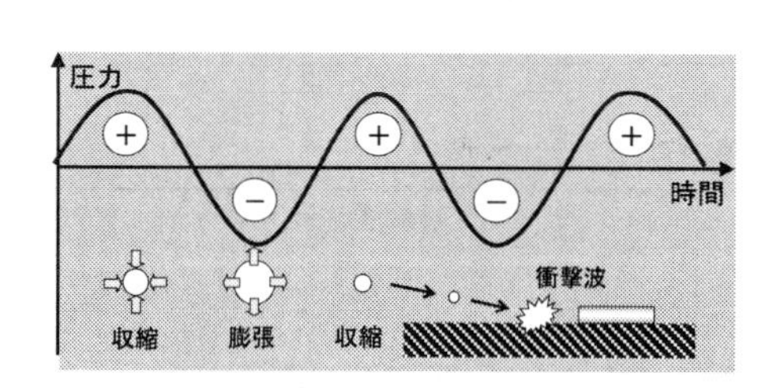

図５　キャビテーションによる洗浄効果

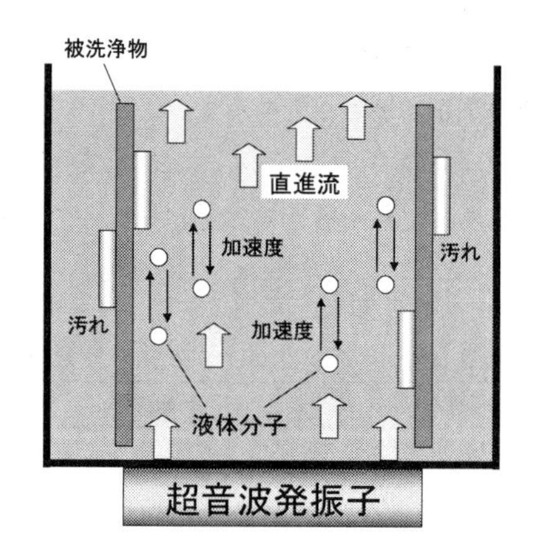

図６　振動加速度による洗浄効果

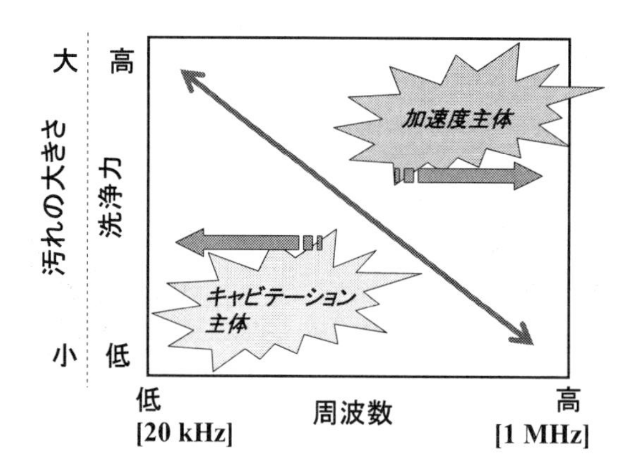

図７　超音波洗浄機の周波数による特徴

般的に低周波の超音波洗浄機は洗浄力が強く，比較的大きな汚れに用いられ，反対に高周波の超音波洗浄機は洗浄力が弱いものの，微粒子の除去で効果を発揮する。よって，機械油などのいわゆる頑固な汚れには低周波の発振子が選定される。図8に自社で製造・販売しているキャビテーション強化型の超音波洗浄機の写真を示す。この装置では28 kHz-3 kWの強力な発振子に加えて，脱気モジュールで超音波を減衰させる液中の溶存気体を減らすことで，図9に示すように厚み0.5 mmのアルミ製の灰皿に孔を開けるほど強力な洗浄効果が得られ，ステンレス製部品の洗浄などで使用されている。しかし，洗浄力が強いということは被洗浄物表面へのダメージも大きくなるため，これらの低周波発振子は軟質金属の鏡面などの洗浄には不適である。そのため半導体向けウエハの洗浄など，繊細表面かつ微小な汚れの除去には1 MHz前後のメガソニックが適用される。また，これらの欠点を補うために，低周波と高周波の異なる発振子を搭載した「マルチ式超音波洗浄機」も実用化されている。

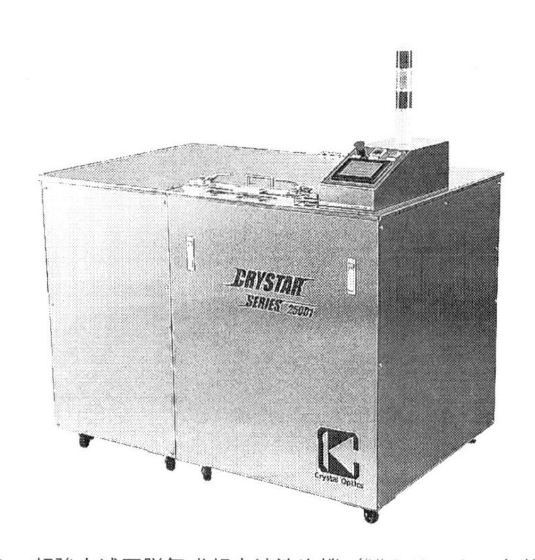

図8　超強力減圧脱気式超音波洗浄機（㈱クリスタル光学製）

図9　キャビテーションの衝撃力で孔があいたアルミ製灰皿

3.2　超音波洗浄器の実践的な使用法

研磨加工後の洗浄で最も困難な例として，図10に示すような微細孔を持つブロック体の製品が挙げられる。この製品の上面をラップ盤などで平面研磨した場合，これらの細孔内には，砥粒や削りカスが混入し，特に貫通孔で無い場合には，これらの除去は大変困難で，煩雑な作業が必要となる。超音波洗浄の欠点として，気中では超音波がほとんど伝播しないことが挙げられ，この製品を超音波洗浄機の液中に浸漬させたとき，肝心の細孔内部に気体がトラップされたまま，細孔内部の洗浄がまったく行えないケースが良く発生する。このような場合には，減圧式超音波洗浄機を用いれば対処可能である。洗浄槽を密封し内部を減圧することで，細孔内にトラップされた気体が除去され，超音波が伝播することで洗浄が行えるようになる。

また，その他の超音波洗浄の欠点として，図11に示すように洗浄槽内での音波ムラが挙げられる。超音波発振子の取り付け面からの距離に応じて，超音波が定在波となることで洗浄効果の強い箇所と弱い箇所が発生する現象である。この現象を克服するために，複数の発振子を三次元的に取り付けて定在波の発生を防ぐ製品が実用化されている。これに対して自社では，図12(a)に示すような全自動の超音波洗浄機を製造・販売している。この装置は図10のような研磨後の小物量

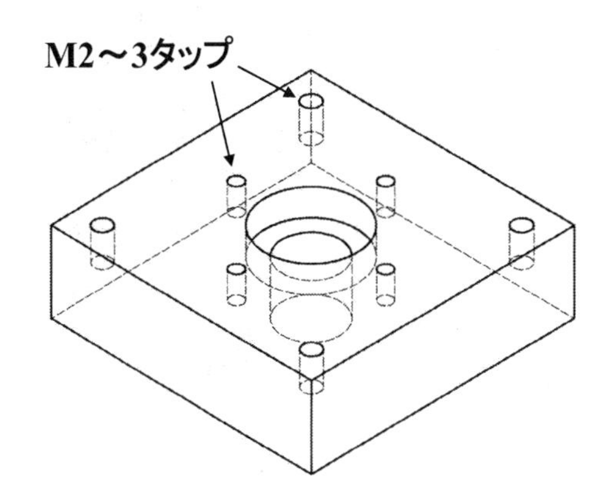

図10　被洗浄物の例（微細孔タップ）

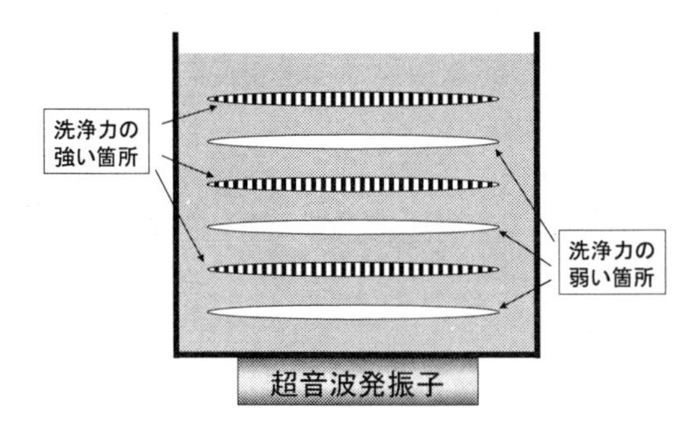

図11　液中超音波の音圧分布

(a) 装置全体図

(b) 固定用治具

図12　全自動超音波洗浄乾燥機（㈱クリスタル光学製）

産部品を洗浄するために開発した装置であり，図12(b)に写真を示すバスケット型の治具に複数個の被洗浄物を固定し装置にセットするだけで，自動的に洗浄からリンス・乾燥までを行える装置である。本装置は図11の音波ムラを克服するため，超音波洗浄中にバスケット型の固定治具を上下動，遥動，回転させることで，全ての被洗浄物の汚れを均一に除去することが可能な装置である。

超音波洗浄は洗浄液に着目すれば，界面活性剤などの洗浄剤や，有機溶剤，後節で紹介する機能水などとの組み合わせで洗浄効果を格段に向上できる手法であり，今後も研究開発の余地を多分に残す。また，電気エネルギーを援用することで，被洗浄物の電解作用や，反対に表面で水素ガスなどの気体を発生させ，汚れを引き剥がす技術などが実用化されている。汎用性が最大の利点である超音波洗浄であるが，ターゲットが明確である多量少品種のいわゆる量産品の洗浄であれば，適切な周波数の発振子や洗浄液の選定など，最適な洗浄方法や工程を確立し，それに応じてオーダメードで装置を開発するべきである。

4　噴射式洗浄

本節では，ウェットの噴射洗浄技術について解説する。噴射式洗浄は図13に示すように，小型の洗浄ヘッドから霧状の液体を被洗浄物に噴射し，その衝撃力で主に物理的作用で洗浄する技術である。前節の超音波洗浄が槽内の被洗浄物をまとめて均一に処理するのに対し，噴射式洗浄では，例えば図10の細孔のような対象とする部分の汚れを，優先的に除去することが可能となる。そのため，洗浄ヘッドの制御が必要になること，洗浄液の昇圧機構もしくは圧縮空気が必要などのデメリットもあるが，一般的には効率的な洗浄が行える。また，被洗浄物を浸漬させる洗浄槽を必要としないためコンパクトな装置構造が可能となり，FPD（Flat Panel Display）基板のような大型部品の洗浄に適している。

表３にウェットの噴射式洗浄の噴射圧力による分類を示す。圧力の弱い順に，「シャワー洗浄」

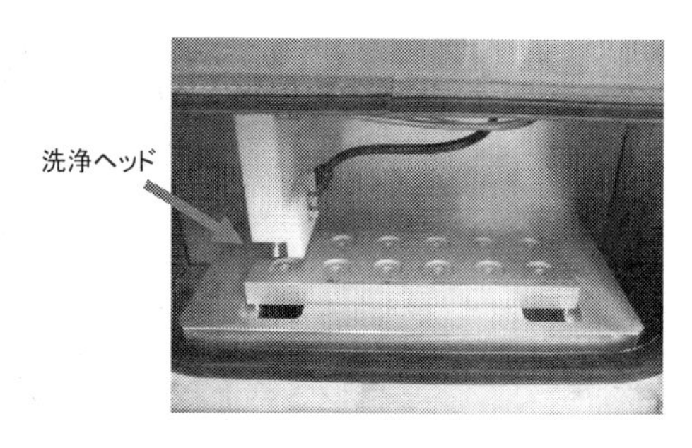

図13　噴射式洗浄装置の例（中村超硬㈱製MAC-Ⅲ）

表3　噴射式洗浄の圧力による分類（ウェット洗浄）

	水　圧	特徴・用途
シャワー洗浄	～0.25 MPa	一般の水道水程度の圧力であり，すすぎ洗浄などに用いられる。
スプレー洗浄	0.25～2 MPa	家庭用の食器洗い機程度の圧力であり，軽い汚れの除去に用いられる。
ジェット洗浄	2 MPa～	自動車の洗車場などで用いられる圧力であり，エアコンフィルターの洗浄などにも利用できる。 10 MPaを越えると軟質金属などの表面を損傷させる可能性がある。

表4　噴射式洗浄の方式による分類（ウェット洗浄）

	①高圧水	②ウェットブラスト	③超音波援用	④二流体
圧力での分類	ジェット	ジェット	シャワー ～スプレー	—
噴　射　物	液体のみ	液体＋メディア	液体＋超音波	液体＋気体
模　式　図	高圧水	高圧水 メディア	超音波発振子 洗浄液	圧縮空気 洗浄液
主 な 用 途	切断加工～微粒子の除去	切断加工～層状汚れの除去	微粒子の除去	超微粒子の除去
特　　徴	—	ダメージ大	—	ダメージ小

「スプレー洗浄」「ジェット洗浄」と区別され，噴射圧力が高いほど物理的な衝撃力，すなわち洗浄力も高くなる。高圧ジェット洗浄において，200 MPaを越えるような超高圧水を用いれば，洗浄の域を脱して切断加工として用いることも可能となる。特に高圧ジェットに砥粒を混入したアブレイシブジェット加工では，金属材料からガラスまで硬質材料の切断加工も行える。

表4には方式によって分類した噴射式洗浄の種類を示す。①番の高圧ジェット洗浄は，水など

の洗浄液を昇圧して噴射する最もスタンダードな洗浄方式であり，車のコイン洗車場から半導体ウエハの洗浄まで幅広く用いられている。しかし，この方式では昇圧ポンプのメンテナンスなどコストや手間が掛かるといった課題が存在する。

より高い洗浄力を得るために，この高圧ジェットにメディアを混入したのが②番のウェットブラストであり，前述したようにメディアとして砥粒を混入すればより高い衝撃力が得られるが，その分，被洗浄物へのダメージも大きくなる。加えてメディア材の除去といった新たな洗浄が必要となるといった欠点があげられる。この対処として工程後の洗浄が不要なウェットブラストとして，0.5～1mmサイズの微小な氷をメディアとして用いたアイスジェット洗浄[7]が実用化されている。この方法では，環境負荷が少なくクリーンな作業環境で効率的な洗浄やバリ取りなどが行える。これら洗浄力や表面ダメージの制御は，洗浄液の種類やその噴射圧力，メディアの種類などで安易に調整可能なことが，この噴射式洗浄の大きなメリットである。

③番の超音波援用方式は，表4の模式図に示すように超音波洗浄と組み合わせる技術である。高周波の発振子を洗浄ノズルに搭載し，シャワー洗浄として被洗浄物上に超音波で励起された洗浄液をかけ流すメガソニック洗浄が，ウエハ上の微粒子残渣を除去する技術として半導体製造工程で用いられている。この方式では，洗浄チャンバ内で気流の発生がほとんど起こらないため，除去された汚れの再付着が防げるといったメリットがある。

近年，これら噴射式洗浄や超音波洗浄の代替技術として，液体と気体を混合して噴射する二流体洗浄技術（④番）[8,9]が注目されている。この技術は，10μm程度の微小な液滴を圧縮空気の作用で超高速に噴射することで，高い洗浄力が極めて低い表面ダメージで得られることが最大の特徴である。MEMS（Micro Electro Mechanical System）などの微細かつ脆弱な構造体の洗浄に適しており，加えて，高圧ジェットやメガソニック洗浄では除去できない，1μm以下の超微粒子の除去も行えるため，2000年代からは半導体洗浄技術の主流となっている。また，高圧ジェットと比べて洗浄液の使用量が非常に少なくなることもメリットである。この二流体洗浄では，二種類の液体を混合して噴射することも可能であり化学的洗浄作用の効果や，圧縮空気の替わりに水蒸気を用いた洗浄技術[10]なども報告されており，より高い洗浄効果が期待される。図14は二流体洗浄方式を採用した自動ノズル洗浄機（中村超硬㈱製：MAC-Ⅲ）であるが，この装置を用いれば実装機用ノズルの先端や微細孔内に付着した，はんだなどの汚れを低コストで高速に除去可能である。

5　機能水を用いた洗浄

ウェット洗浄において洗浄液の役割は非常に重要である。界面活性剤などの化学系洗浄剤についての議論はここでは行わないが，本節では洗浄液としての機能水について着目する。機能水とは科学用語ではなく，未だ厳密な定義が定められてないが，日本機能水学会の定義では“人為的な処理によって再現性のある有用な機能を付与された水溶液の中で，処理と機能に関して科学的

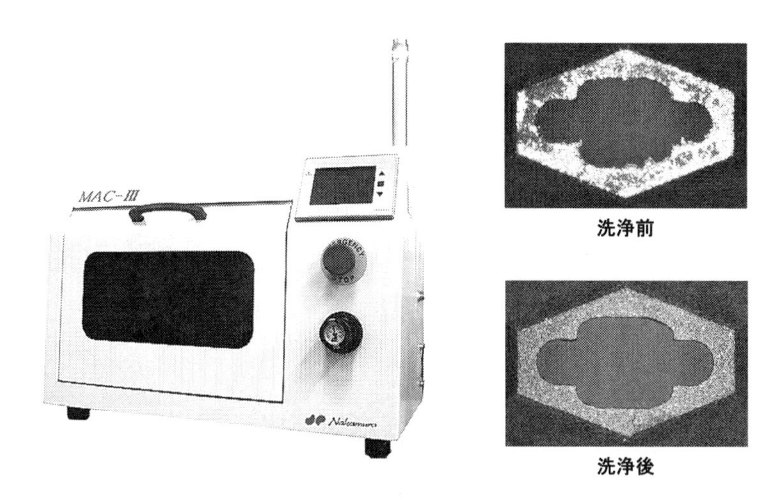

図14　二流体洗浄方式を採用した自動ノズル洗浄機（中村超硬㈱製MAC-Ⅲ）

根拠が明らかにされたもの，及び明らかにされようとしているもの”とされている。本節では，“酸やアルカリなどの化学薬品を添加せずに，通常の水に特定の機能を持たせたもの”を機能水と定義する。

洗浄液としての機能水にとって，最も重要なパラメーターとしてpHと酸化還元電位（Oxidation Reduced Potential）が挙げられる。この理由として，図15に銅のH_2O系のpH-電位線図[11]を示すが，金属材料は溶液中においてpHと電位によって表面状態が変化するためである。この図より，銅は酸化還元電位が0.16 V以上の条件で，酸性領域および強アルカリ領域において溶液中に溶解し，アルカリ領域では不動態化することがわかる。披洗浄物が銅の場合，もしくは汚れが銅の場合のどちらにおいても，このような現象を認識したうえで洗浄液を選定したほうが効率的な洗浄

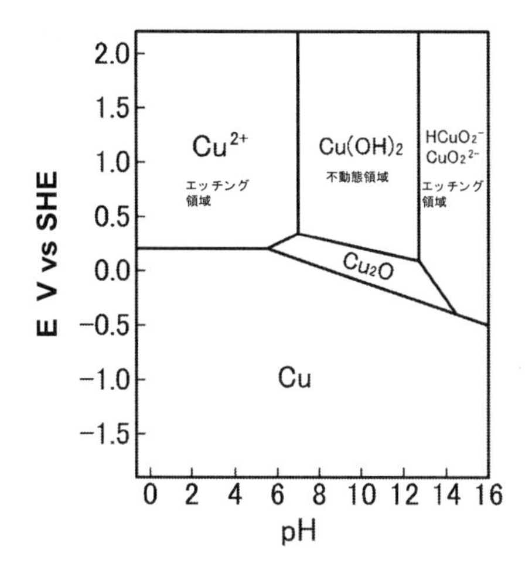

図15　銅のpH-電位線図

が行える。

一般的に金属材料は酸化されること，すなわち電子を奪われることで陽イオンとして液中に溶解する。よって，溶液の酸化還元電位は高いほど酸化力が強く，pHは低いほどH^+イオン量が多いので対象物から電子を奪いやすくなり，この溶解を加速する。反対に，pHは高くなると大量のOH^-イオンが表面からH^+イオンなどのプラス電荷を奪うため，固体表面はマイナスに帯電する。酸化マグネシウムなどの物質を除いてほとんどの固体表面は，pH10以上でマイナス帯電することが知られている。このことは，洗浄技術において非常に重要な意味を持つ。なぜなら，披洗浄物の表面と残留砥粒や削りかすなどの双方が静電気的に反発することで，除去された汚れの再付着を防ぐことができるためである。

これらpHや酸化還元電位を制御可能な機能水として，水の電気分解で得られる「電解水」と，バブリング技術で得られる「ナノバブル水」を以下のように紹介する。

5.1　電解水

電解水は水をフィルタで濾過した後に，乳酸カルシウムなどの触媒を用いて電気分解することで得られる機能水であり，陽極で電解酸性水が，陰極で電解還元水が得られる。これらの電解水は最終的に水に戻るため，環境負荷が極めて少ない機能水と言える。図16に純水と得られた電解水のpHと酸化還元電位を示すが，電解酸性水で酸性かつ酸化力のある機能水に，電解還元水でアルカリ性かつ還元力のある機能水となっていることがわかる。もちろん，これらの値は電気分解での印加電圧などの条件によって制御可能である。

なお，電解水には純水に少量の塩化ナトリウム（NaCl）や硫酸ナトリウム（Na_2SO_4）を添加後に電気分解して得られる強電解水も生成可能であり，これらのpHや酸化還元電位は図16より大きな変化を表すことが報告されており，より活性な溶液が得られる[12,13]。しかしながら，これらの溶液の強電解酸性水，強電解還元水のそれぞれには少量ながらNa^+イオンやCl^-イオンなどが含まれており，本節での機能水の定義から外れる。

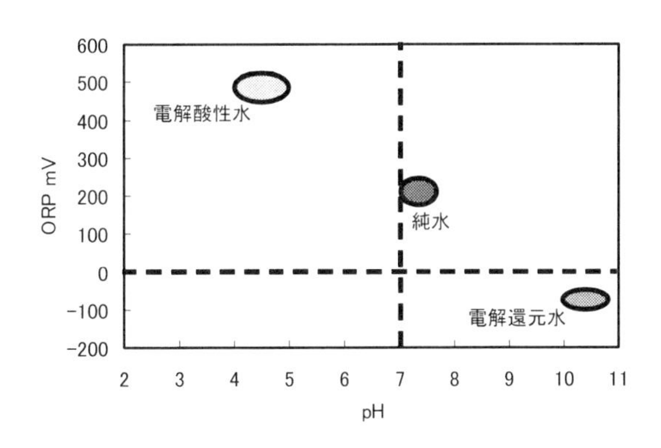

図16　純水と電解水のpHと酸化還元電位

5.2　ナノバブル水

液中の溶存ガス（酸素，水素，窒素，二酸化炭素など）を制御することで機能水が得られる。近年，液中に気体をバブリングする技術に関して，マイクロバブルやナノバブルといった技術が報告[14,15]されている。特に，液中での直径が1 μm以下のナノバブルは，長時間液中に存在することができ，すなわち機能水の効果が長時間持続されるため，より実用的な機能水として注目されている。たとえば酸素をバブリングした酸素ナノバブル水では水生物への活性効果が，反対にオゾンをバブリングしたオゾンナノバブル水では微生物の殺菌効果などがあることが確認されている。さまざまな応用が期待できる技術であり，湖・河川の浄化や水産物の養殖などの方面で活発に研究が行われている。

図17はナノバブリング装置（㈱ピーエムティー社製，ナノキュービックNC-6）にて，2Lの液に酸素ガスと水素ガスを50 mL/minの流量で20分間バブリングを行い製造した機能水のpHと酸化還元電位の範囲を示す。この図より，ナノバブリングと溶存気体の種類によってpHとORPが大きく変化することがわかる。たとえば電解還元水では，水素バブリングによりORPは低電位に変化，すなわち還元作用がより大きい加工液に，酸素バブリングによりORPは高電位に変化，すなわちアルカリ性で酸化作用のある加工液に変化した。また，酸素バブリングで溶存酸素が増えること，および，水素バブリングで溶存酸素が減少することも確認している。これらのpHやORP，溶存酸素およびその他の溶存気体の量は，投入する気体の種類，流量やバブリング時間により調整が可能である。

これら機能水を用いた洗浄技術は，電解酸性水やオゾン水など酸化作用のある機能水は有機性の汚れの除去に，電解還元水や水素バブリング水では超音波洗浄と併用して微粒子除去などで積極的に実用化されている。前述したpHや酸化還元電位の作用以外で，機能水が洗浄効果を向上させるメカニズムとして，例えば電解水では水のクラスターが小さくなることや，マイクロ/ナノバブル水では活性酸素などのフリーラジカルの関与が考えられている。

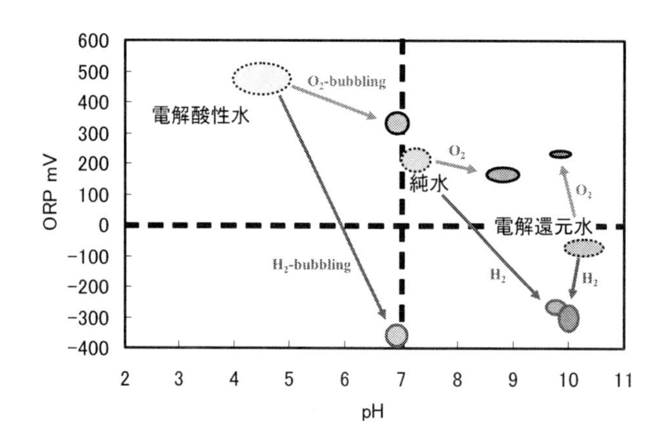

図17　ナノバブル水のpHと酸化還元電位

また，これらの機能水以外の新たな洗浄液として，表面張力が小さく浸透性に優れた超臨界流体[16]や，水でも有機溶剤でもない第三の液体としてイオン液体などが注目され，研究が進んでいる。

6　ドライ洗浄

洗浄液を用いないドライ洗浄技術もまた，半導体製造工程において多く採用されている。自社では，砥粒を吹き付けるブラスト加工を応用したドライ洗浄技術を開発している。この技術は，半導体向けシリコンウエハ上のベベル（エッジ）部の不要膜を除去することが目的であり，図18に示すように，白金（Pt）や窒化タンタル（TaN）膜といったシリコンウエハ上の様々な皮膜を除去可能である。一般的なポリッシュ方式での洗浄よりも高速・低コストでの処理が可能となり，特許を取得し現在も製品化を進めている。この目的で，純水と高純度の炭化珪素（SiC）などを噴射するウェットブラスト方式も適用することができる。

その他のドライブラスト洗浄として，気体を凍らせた固体粒子を用いる方法が提案されている。例えばドライアイスを用いる方法やアルゴンガスをエアロゾル化して拭きつける方法である。この方法では，洗浄後にこれらの固体粒子が気体に戻るため，残渣がないこと，乾燥の手間が省けること，廃液や排ガスの処理が不要といったメリットがある。

また，紫外線やレーザーといった光エネルギー，プラズマを利用した洗浄技術も実用化されている。紫外光を用いた洗浄では，エキシマランプや低圧水銀ランプなどにより波長254 nm以下の高エネルギー光を被洗浄物に直接照射することで，有機性の汚れが，オゾンやラジカルによる酸化作用，もしくは有機鎖が直接光分解されることで，水や二酸化炭素として放出されることで除去される（図19）。

この紫外線を用いた洗浄技術では有機性の汚れにのみ効果があるのに対して，レーザー光を用いた洗浄技術では，より広範囲の汚れに対して適用可能である。高密度エネルギーのレーザー光をパルス状（10 ns）に表面に照射することで，付着した汚染物質にてレーザー光が吸収し，そのエネルギーによって瞬間的に昇華することによって除去するメカニズムである。図20に示すようなファイバーレーザーを用いた洗浄装置（東成エレクトロビーム㈱製：イレーザー）にて，金型に付着した樹脂材料や，表面酸化皮膜の除去などが行える。

プラズマ洗浄は低圧ガス環境下でグロー放電によりプラズマ状態とし，その中で被洗浄物を処理して表面の汚れを除去する方法である。プラズマ中で不活性ガスから乖離したイオンや，電場で加速された電子が表面に衝突すること，およびプラズマにより発生したフリーラジカルの作用により有機性の汚れが除去されるメカニズムが考えられている。

7　砥粒フリー研磨

加工技術においても洗浄性を考慮した工程や手法の開発が行われている。例えば単結晶タイヤ

(a) 白金(Pt)

(b) 窒化タンタル(TaN)

図18　ドライブラストで除去したシリコンウエハ上の薄膜

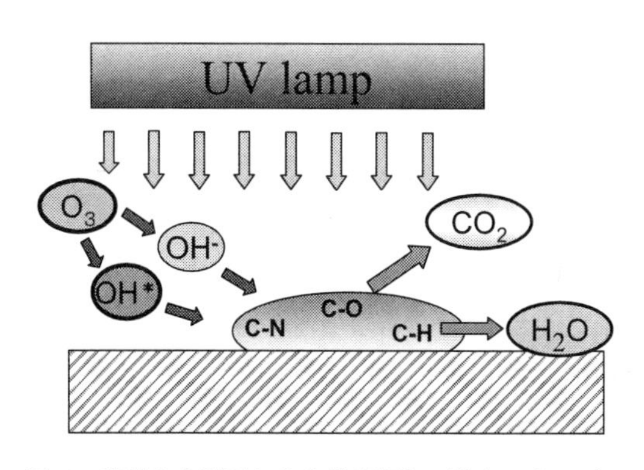

図19　紫外光を利用した有機性汚れの除去メカニズム

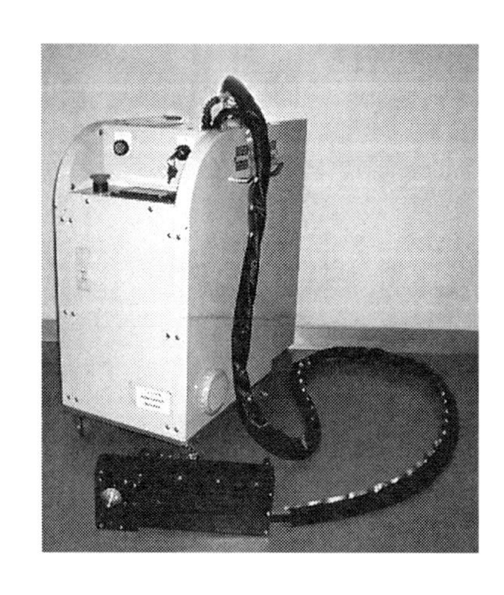

アルミの酸化皮膜

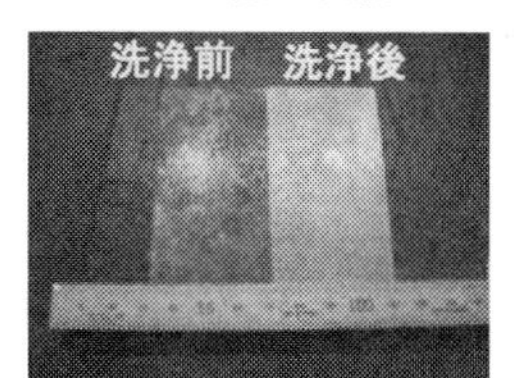

鉄の酸化皮膜(錆)

図20　レーザー光を利用した金型洗浄装置（東成エレクトロビーム㈱製 イレーザー）

モンドバイトを用いた軟質金属の超精密切削加工では，切削ゆえに切りくずの排出が容易であり，また切削だけで平滑面が得られることより，洗浄工程が不要もしくは非常に簡便となることが多い。また，ガラスの精密研磨において，砥粒である酸化セリウムは研磨加工後にガラス表面に付着し易く，洗浄性が悪いことが知られている。そこで，高分子のメディア微粒子に酸化セリウムを付着させた「複合砥粒」を用いて仕上げ研磨を行うことで，レアアースである酸化セリウム砥粒の使用量低減が可能となると同時に，洗浄性を向上できる新たな技術も報告されている[17]。

“望むべき表面を再現性良くつくる”という洗浄技術の定義より，砥粒を用いない砥粒フリー研磨を洗浄技術の一つとして本節で紹介する。砥粒フリー研磨では，超精密切削と同様に後工程の洗浄が不要もしくは非常に簡便となるといったメリットがある。固定砥粒研磨など研削加工に近い比較的粗い研磨を除いて，超平滑面を得るための仕上げ研磨としての砥粒フリー研磨は，Cu-CMPにおいて砥粒の凝集に起因するスクラッチを防ぐことを主目的として開発された[3]。ガラスの研磨においても，化学研磨（エッチング）を利用した砥粒フリー研磨が開発されている。LWE（Local Wet Etching）法[18]は合成石英ガラス基板の形状補正加工として，強いエッチング作用を持つ高濃度フッ酸を局所的に作用させることで，高い平面度が得られる加工技術である。弊社においてもソーダライムガラスの研磨加工において，フッ化水素アンモニウムを含んだ三元系のエッチャントを研磨液として，耐酸性の研磨パッドと組み合わせ砥粒フリー研磨法で平滑化が行える技術を開発している[19]。

また，触媒効果を重複させることにより，高い平面形状と超平滑面が同時に達成可能な触媒基準エッチング法（CAtalyst Referred Etching：CARE）[20]が報告されている。この技術は工具（ポリッシャ）としての触媒基準板にワークを押し付けた際に，基準板との真実接触点でのみワークがエッチングされる現象を利用した研磨法である。基準面の形状（平面度）や平滑度が転写され，炭化珪素（SiC）や窒化ガリウム（GaN）基板において0.4 nm RMS（二乗平均平方根粗さ）以下という超平滑面の達成が報告されている。特に窒化ガリウムの加工では，加工液は純水のみで行えるため，洗浄工程は不要となると期待される。

紫外線の照射は前述したように汚れの除去に用いられるが，加工技術にも適用されている。例えばダイヤモンドの表面に励起波長以下の高エネルギーを照射することで，ダイヤモンドの表面を変質させ，その変質層を合成石英の定盤で削り取ることで，砥粒フリーかつ加工液をも用いないドライ加工にて，ダイヤモンドの超平滑化が高能率で行える紫外線援用研磨[21]が報告されている。

弊社においても，高エネルギーの真空紫外光の照射を用いて，研磨液に水や機能水だけを用いて銅の超平滑化を行う砥粒フリー研磨法を開発した[22~24]。図21に用いた研磨装置の概略図を示す。光源にはXeエキシマランプ（波長172 nm，光強度50 mW/cm^2）を用い，研磨面へ真空紫外光をin-situで直接照射するため，合成石英を両面光学研磨したものを定盤とし，その上に10 mmの孔をあけた研磨パッドを貼り付け，加工液には純水や電解水，およびナノバブル水を用いる方法である。図22にこの結果として，AFMで測定したRa（算術平均粗さ）の経時変化と加工表面状態を示す。Raは加工時間と共に向上し，90分後には研磨前の超精密切削で得られた1.7 nm Raの値

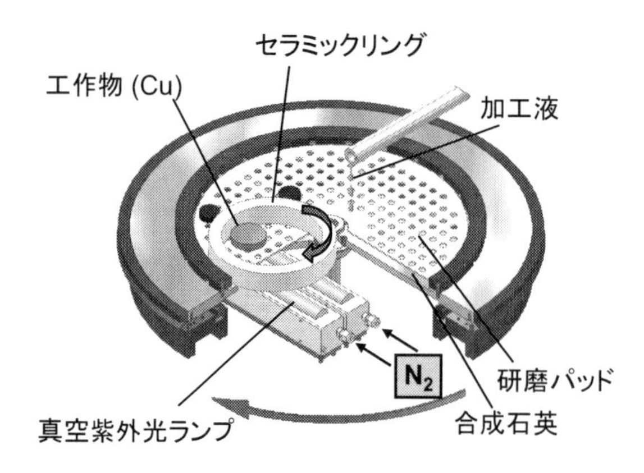

図21　真空紫外光照射を用いた研磨装置の概略図

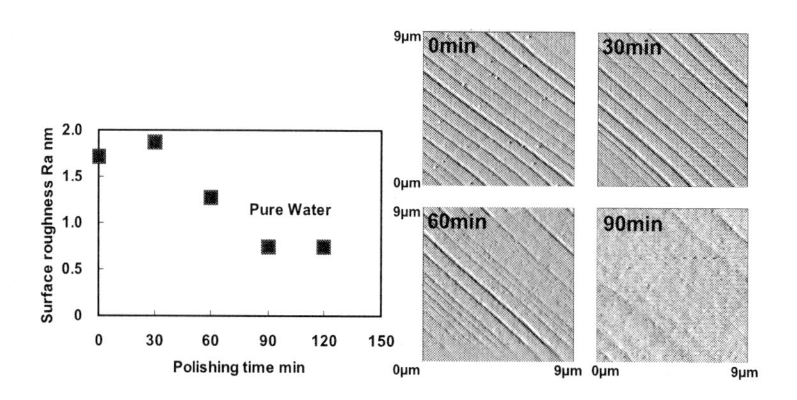

図22　真空紫外光照射を用いた銅の砥粒フリー研磨の結果

から0.7nm Raまで向上した。AFM像に観察される左上から右下方向へのスクラッチは前加工の切削加工マークであり，加工時間とともに消失し，120分後にはそのほとんどが無くなっている。よって，本技術を用いて光と水だけで銅の超平滑化加工が可能となることが示された。加工液は純水よりも，電解水やナノバブル水といったより活性な機能水で高い加工能率が得られ，溶解した銅イオンの再付着も防げることを確認している。超精密切削後に本技術を適用すれば砥粒や化学薬品，有機物を全く用いない超平滑化加工が行える。弊社では，砥粒を用いたCu-CMP後の最終洗浄研磨として，前加工の砥粒や有機物の残渣，局所的に成長した酸化皮膜の除去などを目的として実用化している。

8　まとめ

本章では実践的な洗浄技術について解説した。そもそも洗浄技術は表面の技術であり，『固体は神が創り給うたが，表面は悪魔が創った』と，ノーベル物理学賞受賞者Pauliの有名な格言があるように，表面や界面を学術的に検討するには，界面化学，熱力学，電気化学，材料工学，トライボロジー学など様々な学問を統合して議論する必要がある。しかし，現時点でこれらを統合した「洗浄学」といったものは確立されてなく，通常の洗浄技術は，各々の分野や場面において，実践的に発展してきた経緯があるのも事実である。

地球環境問題や持続可能性（サステナビリティ）といった言葉が一般的となった現在，環境やエネルギー問題と切り離した産業技術は存在できず，洗浄技術にもまた，低環境負荷や省エネルギーが求められている。このような観点から，界面活性剤などの洗浄剤や高濃度の化学薬品の使用は極力抑えるべきであり，本章で取り上げた機能水を洗浄液として超音波洗浄や噴射式洗浄と組み合わせる技術には，今後の発展がおおいに期待される。そもそも，仕上げ後に付着した汚れを除去する作業自体二度手間であり，汚れを付着させない/洗浄性を考慮した仕上げ加工法や，砥粒フリー研磨技術といったものを発展させることも重要である。

工作物がダイヤモンドや合成石英のように，化学的・熱的に安定し，硬度が高い材料であれば，付着した汚れを落とす作業も比較的容易である。しかし，これが軟質金属や潮解性のある光学結晶のように，不安定かつ低硬度の材料となると，仕上げた面に悪影響を与えずに洗浄作業を行うのは大変困難となる。材料選定から前加工，仕上げ加工までを含めたトータルの工程提案ができてはじめて，“望むべき表面を再現性良くつくれる”ことになる。

文　献

1) Carpio R *et al.*, *Thin solid Films*, **266**, 238 (1995)
2) 平林英明ほか，応用物理学会学術講演会予稿集，**59**(2)，749 (1998)
3) Kondo S *et al.*, *Journal of The Electrochemical Society*, **147**(10), 3907 (2000)
4) Kern W *et al.*, *RCA Rev.*, **31**, 187 (1970)
5) Ohmi T, *Journal of The Electrochemical Society*, **143**(9), 2957 (1996)
6) Hasebe R *et al.*, *Journal of The Electrochemical Society*, **156**(1), H10 (2009)
7) 西田信雄，機械技術，**53**(2)，82 (2005)
8) 管野至ほか，応用物理学会学術講演会予稿集，**55**，651 (1994)
9) Kanno I *et al.*, *192nd The Electrochemical Society Proceeding*, **97**(35), 54 (1997)
10) 真田俊之ほか，噴流工学，**24**(3)，4 (2007)
11) 電気化学会編，電気化学便覧　第5版，p.75，丸善 (2000)
12) 佐藤運海ほか，精密工学会誌，**76**(6)，633 (2010)
13) 佐藤運海ほか，精密工学会誌，**76**(11)，1261 (2010)
14) Takahashi M. *Journal of Physical Chemistry B*, **109**, 21858 (2005)
15) Takahashi M. *Journal of Physical Chemistry B*, **111**(6), 1343 (2007)

16）服部毅，表面技術，**61**(8)，578（2010）
17）一廼穂直聡ほか，日本機械学会論文集（C編），**75**(757)，2429（2009）
18）Yamamura K, *Science and Technology of Advanced Materials*, **8**(3), 158（2007）
19）李承福ほか，生産と加工に関する学術講演会，**8**，139（2010）
20）原英之ほか，応用物理，**77**(2)，168（2008）
21）渡邉純二ほか，2008年度精密工学会春季大会学術講演論文集，813（2008）
22）桐野宙治ほか，日本機械学会論文集（C編），**74**(742)，1656（2008）
23）Kirino O *et al*., *Journal of the International Societies of Precision Engineering*, **35**, 669（2011）
24）桐野 宙治ほか，砥粒加工学会誌，**56**(5)，325（2012）

第7章　加工面の評価技術

森田　昇*

1　表面形状の3次元計測技術

表面形状測定機は飛躍的な進歩を遂げている。とくに近年では，三次元測定とその画像化，測定時間の短縮化，高精度化，最大測定範囲／分解能の高度化に向けての発展が顕著である。なかでも，STM（走査型トンネル顕微鏡）やAFM（原子間力顕微鏡）などのSPM（走査型プローブ顕微鏡，STMから派生した種々の顕微鏡の総称）は，表面形状の終極である原子サイズの領域において，形状のみならず様々な物性観測ができる可能性を示し，加工計測においても技術革新をもたらしている。

しかしながら，同じ試料表面を測定しても，測定方法によって測定値がかなり異なるという事実もあり，個々の測定法がそれぞれの原理に由来する課題を抱えていることがうかがえる。本章では，おもな測定法について，原理，特徴を述べるとともに，問題点についていくつか述べる。

1.1　触針法

触針法についても最近の発展は目覚ましく，ディジタル技術を導入して分解能約1nmで高さ方向に10mmオーダまで単レンジで計測できる測定器，1mm×1mmの範囲を1分以下で三次元測定ができる測定器も開発されている。

触針法の一般的な特徴としては，検出機構が単純なこと，装置が簡便なわりには他の測定法に比較して繰返し精度が優れている点が挙げられる。その反面，測定時間が比較的長いこと，測定面に損傷が残りやすいこと，さらに触針の大きさやその運動機構が原因で，測定値が歪められることが問題になる。

測定面の損傷については，これまでも検討されてきている。ここでは，とくに塑性変形の始まる荷重条件と実際の測定条件を比較する。図1は，触針の先端曲率半径と測定荷重の関係である。ここで，塑性変形の始まる荷重W_Lは，そのときの変形量$\delta_p = R(P_m/E')$とヘルツ（HERTZ）の式から次のようになる。

$$W_L = 4R'^2 P_m^3 / 3E'^2 \tag{1}$$

ただし，$1/R' = 1/R_1 + 1/R_2$，$1/E' = (1-\nu_1^2)/E_1 + (1-\nu_2^2)/E_2$であり，$P_m$，$E$，$\nu$はそれぞれ硬さ，ヤング率，ポアソン比を表わし，表1の値を用いている。図1は，先端曲率半径Rのダイヤ

＊ Noboru Morita　千葉大学　大学院工学研究科　教授

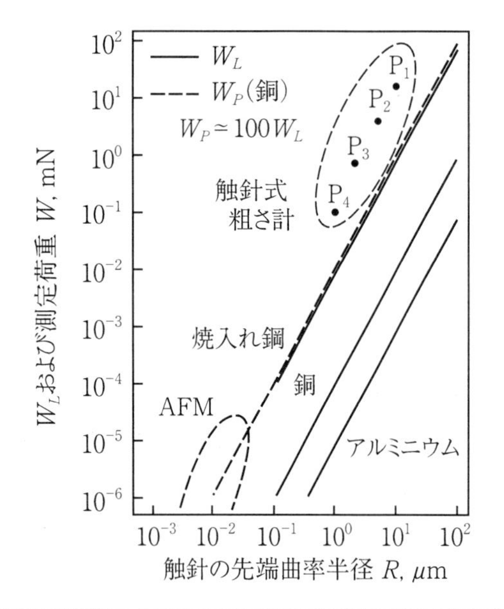

	R, μm	W, mN	
P_1	10	16	JIS
P_2	5	4	JIS
P_3	2	0.7	JIS
P_4	1	0.1	

図1　触針の先端曲率半径と測定荷重の関係

表1　試料例の機械的性質

	pm, GPa	v	E, GPa
アルミニウム	0.33	0.34	72
銅	1.0	0.34	120
焼入れ鋼	6.0	0.28	207

モンド触針と平面の接触の場合である。また，同図のW_pは接触部が完全に塑性変形に達する荷重であり，$W_p = 100\ W_L$～$200\ W_L$といわれている。この図では，銅の場合について$W_p = 100\ W_L$として示している。さらに，同図のP_1～P_4の各点は，JISなどの測定条件に対応している。同図より，JISなどの測定条件による場合，銅やアルミニウムでは明らかに塑性変形の領域にあり，損傷が残ることが想定される。

次に，触針先端部の大きさが測定の際に表面の微細形状を歪めてしまう事象について取り上げる。ここでは，図2(a)に示すように振幅a，波長λの正弦波の二次元の表面形状を，先端曲率半径R，頂角θの触針で測定する場合について検討した例を図2(b)に示す。同図の実線は，$R<R'$で触針先端が谷底を検出できる限界を表わし，式(2)のような関係で与えられる。また，破線は，$\theta/2+\alpha<\pi/2$で触針の側面が表面と接触しない限界を示しており，式(3)のような関係で与えられる。ただし，αは表面の最大傾斜角である。

$$\lambda > 2\pi\sqrt{aR} \tag{2}$$

$$\lambda > 2\pi a \cdot \cot\{(\pi-\theta)/2\} \tag{3}$$

$R=2\mu$m，$\theta=90°$とした場合，図の実線と破線より下の領域にある振幅と波長をもつ表面形状の計測では，正しい値が得られないことを示している。

一般的な触針法では図3(a)のように触針先端Pが，たとえばO点を中心とする内弧運動をするため測定面の移動に伴ってP'点に移動するという現象が生じる。このため表面形状が歪められて測定される問題がある。この場合，測定面の傾斜角θに対して実測される傾斜角θ'は，αのところで次のような関係で与えられる。

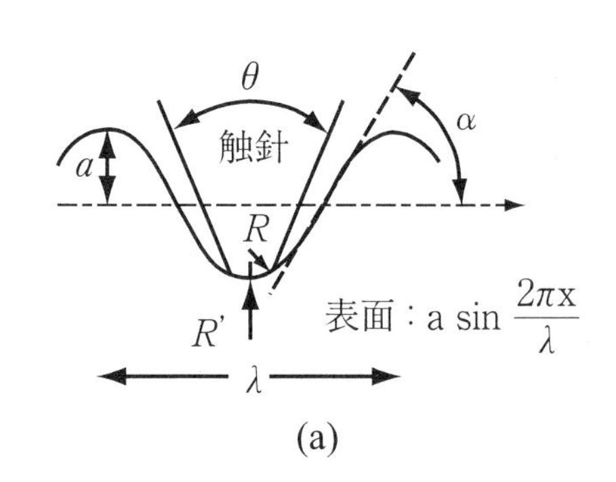

(a)

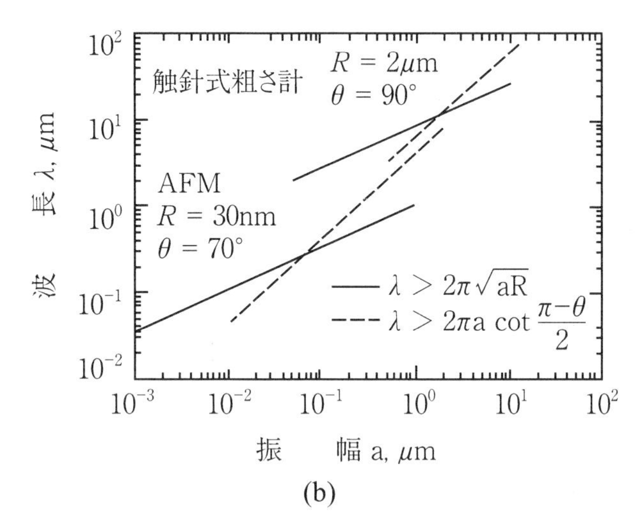

(b)

図２　触針先端形状の影響

$$\tan\theta' = 1/(\cot\theta - \tan\alpha) \quad (4)$$

αを変化させた場合のθによるθ'/θの変化を図３(b)に示す。これより，αが大きいと誤差も大きくなり，θが正の傾斜では凸状に，負の傾斜では凹状に斜面がわん曲されて測定されることが推測される。このような影響を緩和するため，リファレンスとして高精度の球面などが用いられて校正されることがある。

測定力F，触針を含む運動系の等価質量m，触針に加える加速度α，あらさ振幅aとすると，追随周波数fは次式で示される。

$$F = m\alpha \quad (5)$$

$$f \leqq \sqrt{\alpha/a}\,/\,2\pi \quad (6)$$

図４は，あらさ振幅に対する検出器の最大追従周波数を示している。式(5)と式(6)式より，測定面の変形や損傷を小さくするにはF，すなわちmかαを小さくすればよいが，触針の「横方向への

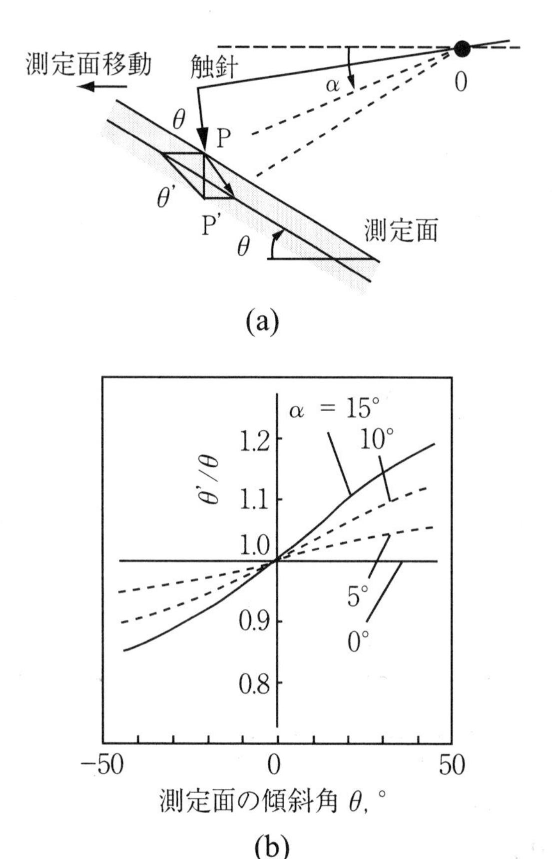

図3　測定面の傾斜角とその検出誤差

逃げ」を制限したり堅牢性を確保するうえである程度の剛性を必要とするため，mは小さくすることに限界がある。一方で，αを小さくするとfが低くなり，検出器の駆動速度を下げなければならなくなる。あらさ振幅に対する検出器の最大追従周波数を考慮して，測定条件を決定する必要がある。

1.2　光学的測定法

光学的測定法にもさまざまな原理を用いた方法がある。その中でも表面形状を測定する方法として，斜め切断法，光点位法，焦点エラー法，さらに光波干渉法（縞走査干渉法，ヘテロタイン干渉法）などが挙げられる。全般的な特徴としては，非接触測定であるため測定面に傷をつけない，縦方向の分解能が高い，測定時間が短いことなどが挙げられる。しかしながら，装置が複雑である，横方向の分解能を高くしにくい，また傾斜角が大きいところや段差やエッジの部分でとくに測定誤差が大きい，さらに測定面の反射率にも制限があることなどの難点がある。次に，上述の測定法のいくつかについて，測定原理，特徴を述べる。

1.2.1　焦点エラー法

焦点エラー法にも検出機構の違いにより，臨界角法，ナイフエッジ法，非点収差法，フーコー法，アバーチャ法，共焦点法などがある。例として臨界角法の測定原理を図5に示す。これでは，Bの合焦点位置で反射光がちょうど全反射するようにプリズムをセットすると，二つのセンサの差信号はゼロとなる。AやCのように合焦点位置から変位すると反射光は平行にならないでプリズムに入射するため，入射角が小さい光は透過してセンサに達しない。これによって測定面の変位に対応する差信号が得られ，これをフィードバックして対物レンズを駆動しながら表面形状を測定する。

次に，焦点エラー法で問題になるいくつかの点について述べる。焦点エラー法は光触針法とも呼ばれ，触針の場合の先端部曲率半径Rが図6(a)に示す焦点面でのスポット径（ビームウエスト）d_0に相当し，これが横方向の分解能を左右する。波動性のためにd_0はゼロにはならず，同図に示

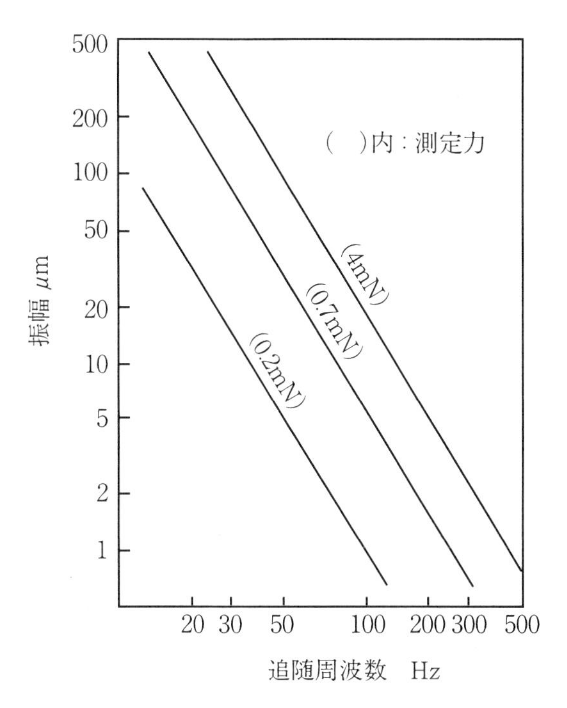

図4　あらさ振幅に対する検出器の最大追従周波数特性

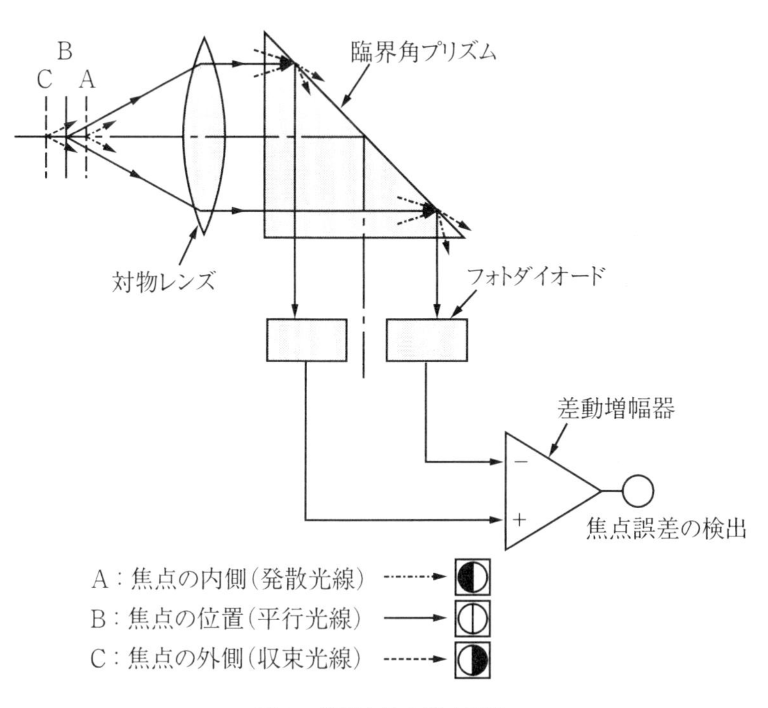

図5　臨界角法の測定原理

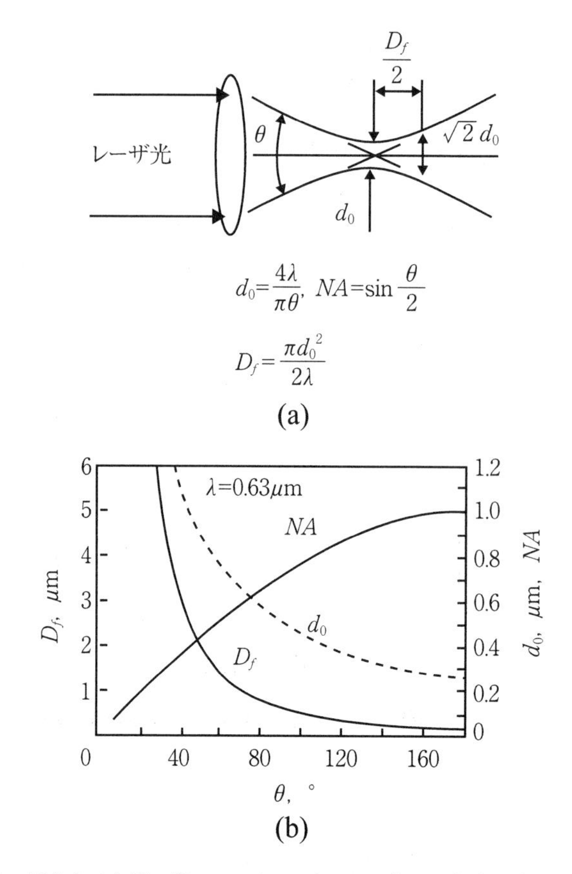

図6　開き角θと開口数NA，ビームウエスト径d_0，焦点深度D_fの関係

すように波長λと開き角θ，すなわち開口数NAによって決められる。同図(b)に示すように，NAを大きくしてもd_0は十分の数ミクロンでり，さらに実際に得られるd_0は1 μm前後になる。このため，触針法の分解能と同程度にしかならない。

また，焦点位置での傾斜角がある程度大きくなると反射光が戻らないために，その箇所がノイズになって現われてしまうという問題もある。図6(a)のθのほぼ4分の1が傾斜角の限界の目安になるようである。NAを大きくするとこの限界値も大きくなり，d_0も小さくなって性能は向上するが，反面作動距離は小さくなるので注意を要する。

焦点エラー法のもう一つの難点は，測定表面が急峻に形状変化する部分において，出力が大きくなってオーバシュート現象を起こすことである。これについては，測定データに補正をかけることで処理していることを知っておく必要がある。

最後に，焦点エラーの特徴ある使い方をしている方法に共焦点法がある。その原理は，図7に示すように測定表面上の高さがちょうど合焦点位置にあるとき，反射光がピンホールの位置に集束してフォトセンサ出力が最大になることを利用している。これによって測定表面の合焦点位置

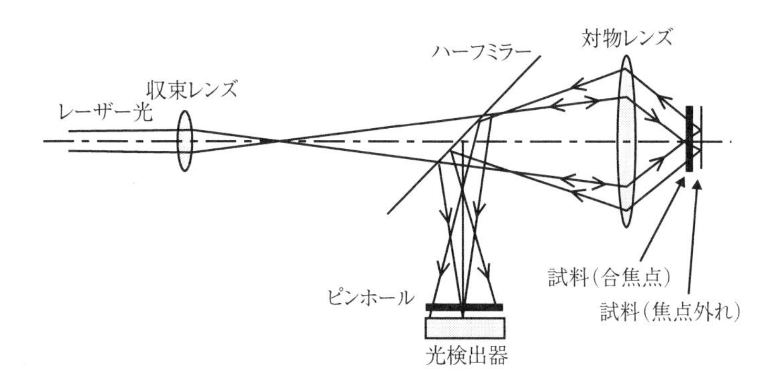

図7　共焦点法の測定原理

を識別するというものである。実際には，光束を偏向素子（AO素子）などを用いて測定表面上で走査して等高線を取得し，高さ方向にも逐次送ることで高速三次元測定ができるようにしている。とくに，ピンホールの機能によって，上述の焦点エラー法の難点がかなり緩和される。走査型レーザ顕微鏡にはこの方式が用いられており，焦点面でのレーザスポット径が0.4 μm程度と小さいため，触針法で懸念される触針先端形状の影響や測定面の変形・損傷に由来する測定誤差を軽減できる優位性があるといえる。

1.2.2　光波干渉法

光波干渉法の中でも最も一般的な縞走査干渉法の概要は次のようである。いま，図8(a)に示すように，たとえば測定面上のあるA点と，光軸方向に微小変位のできる参照鏡からの干渉光の強度$I(x, y)$は，$a(x, y)$，$\gamma(x, y)$ をそれぞれバイアス成分，コントラストとして次のように表わされる。

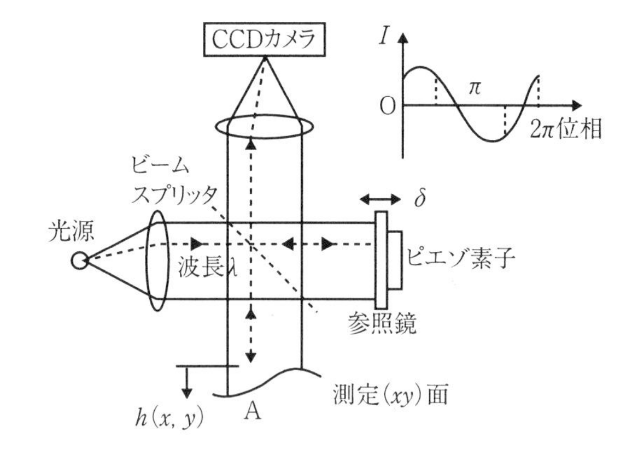

(a)　測定原理(マイケルソン方式)

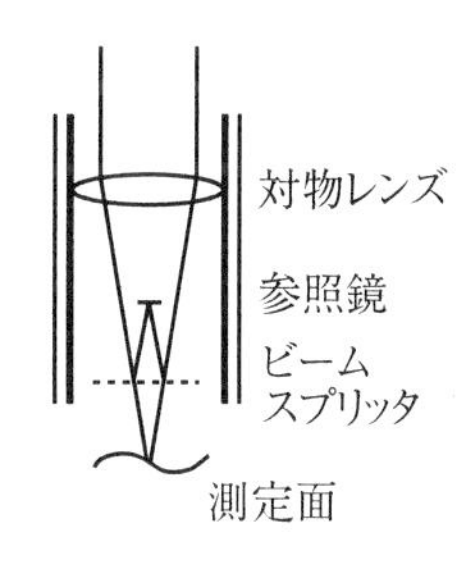

(b)　ミロー方式

図8　縦走査干渉法の測定原理

$$I(x,y)=a(x,y)\{(1+\gamma(x,y)\times\cos[\phi(x,y)+\delta]\} \qquad (7)$$

ここで，δは参照鏡の変位に対応する位相のバイアス項である。また，$\phi(x, y)$ は初期位相であり，これからA点の高さは，$h(x, y)=\phi(x, y)\times\lambda/4\pi$で求められる。たとえば，$\delta$が0，$\pi/2$,

$3\pi/2$になるように参照鏡を動かし，対応する強度をそれぞれI_1, I_2, I_3としてこれらをCCDカメラで求める。これによって$\phi(x, y)$は，$a(x, y)$や$\gamma(x, y)$に関係なく，$\phi(x, y) = (I_3 - I_2)/(I_1 - I_2)$で求められる。$x$, yの各位置で同時に測定することにより，三次元の高さ分布が得られる。0～2πの範囲で測定点を増やせば精度は向上するが，処理時間などが増える。図8(b)に示すものを含めて，干渉方式には様々なものがあり，低倍率では，マイケルソンやフィゾー方式，高倍率ではミローやりニック方式が用いられるようである。光源には，フィルタで抽出したものやレーザ光が用いられる。

以上の縞走査干渉法の他に，式(7)のバイアス位相項δを変調する方式として，波動特有のビート現象を利用するヘテロダイン干渉法，参照鏡にティルト（傾斜）を与えてできるキャリヤ周波数を利用する干渉法などがある。

光波干渉法の特徴としては，とくに縦方向の分解能がÅ以下で高いうえに横方向の測定範囲も大きく，測定時間もきわめて短いことである。反面，大きい粗さや急峻なこう配，段差のある形状の測定には難点がある。また，縦方向の分解能のわりには横方向の分解能が十分の数ミクロンと比較的低い。

1.3　SEM法

SEM（走査型電子顕微鏡）法について，測定原理の概要と特徴などについて概説する。SEM法の測定原理は，細く絞った電子ビームを試料表面に入射したときに飛び出す二次電子の量が，電子ビームの入射角に依存することを利用する。たとえば，図9に示すように検出器を対向して2個備え，電子ビームを測定表面上で走査しながら個々の測定点における傾斜角を$dz/dx = k(A^2 - B^2)/(An + Bn)^2$によって求め，さらにこれを積分して凹凸形状を求める。ただし，A, Bは検出器A, Bからの出力値，An, Bnは傾斜ゼロの位置からの出力値，さらにkは定数である。dz/dxの傾斜角は，実測値と0～75°の範囲で良い直線関係が得られている。実際には検出器を4個備えて，三次元測定もできるようになっている。また，$(A - B)$などの差信号を観察することにより，立体感のあるSEM観察もできる。

一般に，図6に示したように，開口数$NA = \sin\theta \fallingdotseq \theta$とすると，横方向の分解能や焦点深度$D_f$はそれぞれ$\lambda/NA$, $\lambda/(NA)^2$に比例し，光学的測定の場合両者とも1 μmから数μmになる。SEM法の場合，一般的に光の場合と比べて波長λは10^5分の1，NAは10^2分の1ほどになるため，高分解能で，D_fが大きくとれる。そのためこのSEM法は，縦横両方向の分解能がナノメートルのオーダできわめて高く，微細形状から比較的大きな凹凸まで測定できる優れた特性をもっている。しかし，装置がやや大がかりで測定環境が真空であること，測定面が導電性であることなどの難点もある。また，電子ビームを試料表面に入射したときに飛び出す二次電子は，測定面の物質（原子番号）に依存して，表面から10 nm程度までの領域から出てくるので，厳密な意味での表面形状をトレースしているのではないことも認識しておく必要がある。

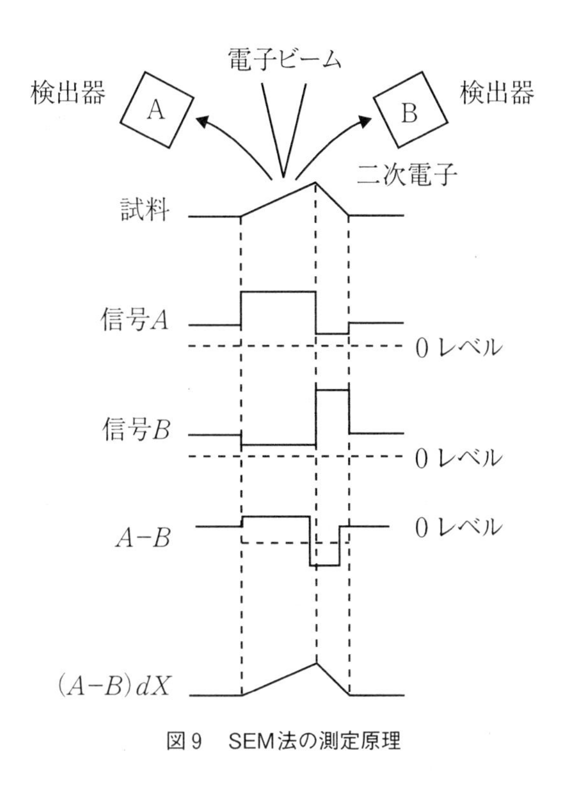

図9　SEM法の測定原理

1.4　SPM法

SPMの中でも表面形状を対象としているのはSTMとAFMであるが，ここではAFMを中心にその概要を述べる。

AFMの測定原理は，5～50 nmほどの先端曲率半径Rをもつ探針を測定表面に近づけ，そのとき働く探針と表面の原子間力（図10のFz）を検知し，これが一定になるように両者間の位置関係を制御しながら表面の凹凸を測定するものである。その概要を図11に示す。試料の送りには一般にピエゾ素子が用いられ，また探針の変位は，カンチレバーのたわみをレーザビームとフォトセンサを用いて測定されることが多い。

探針と試料表面間にはクーロン力やファンデルワールス力による斥力や引力が作用するため，両者の高さ方向（Z）の位置関係は一般に図11のようになる。ABCは表面を探針に対して近づける過程を表わし，CDEFが遠ざける過程を表わしている。測定に際しては，たとえばP点を動作点と定め，このときの接触荷重（ばね定数×ds）が一定になるように試料テーブルの送りを制御しながらXY方向に走査して，三次元形状測定を行なう。

以上は，コンタクトモードと呼ばれている最も一般的な方法であるが，この他に探針を300 kHzほどの高周波で強制振動させて測定するノンコンタクトモード，さらに表面を軽くたたきながら測定する方法がある。前者の場合は，探針が表面に接触する直前に，ファンデルワールス力の作用で共振点が下がり振幅が減衰することを利用して測定する。非接触であるため利用されること

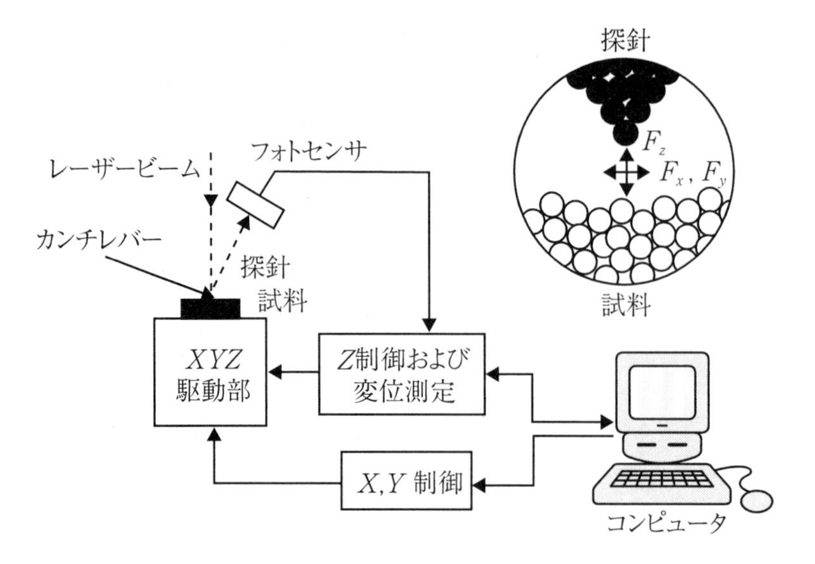

図10　AFMの基本構成

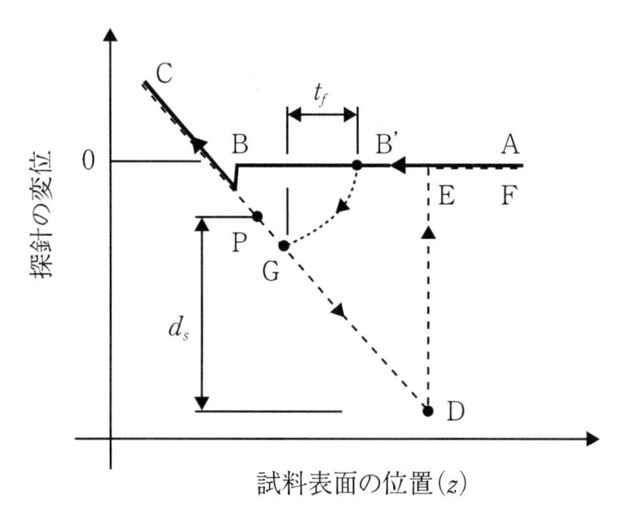

図11　試料表面と探針の位置関係

もあるが，探針と表面の距離が大きいこと，水などの膜に探針が捕まりやすいことなどにより，測定精度はコンタクトの場合より劣る。これに対して後者の場合は，強制振動を与えて探針を軽く表面に接触させ，振幅の減衰を一定に保って測定する。この場合の最大のメリットは，後に述べるようにコンタクトモードの場合に厄介な摩擦力の影響を避けられる点にある。表面形状の測定には近年この方法がよく用いられている。

コンタクトモードで柔軟な膜厚なども測定されている。たとえば図11において，探針をAから表面に向けて近づけるとき，メニスカス力によってB’点の位置で探針は引きつけられ，G点で固体表面に接触する。このときのt_fを膜厚として測定する。

次に，AFM測定の際のいくつかの問題点を挙げてみる。原理的には第２節で述べた触針法と似ているため，とくに①測定荷重による測定表面の変形（図１），②探針（触針）先端部の形状，大きさの影響（図２）などは共通した課題になる。まず，①についてAFMの一般的なRとWの範囲を示すと図１の左下の領域になり，塑性変形の可能性も考えられる。式(1)をAFMの場合に適用することには無理があり，微小な変形では塑性変形を起こしにくいという報告もある。しかしながら，硬いAl_2O_3が$R = 40$ nm，$W = 60$ μNで，Siが$R = 20$ nm，$W = 80$ μNでそれぞれマイクロ加工されている報告もある。次に，上記②の先端形状の問題について，触針法と併記してAFMの場合の例を図２(b)に示した。さらにAFMの場合は，先端の曲率半径Rの問題もさることながら，とくに頂角θの大きさによって探針の側面が測定表面と当たる〔図２(b)の破線の条件〕問題も重要視されている。とくに，半導体加工表面などの溝や段差の測定では問題になる。

コンタクトモードで測定する場合に起こるもう一つの問題として，探針と測定表面間の摩擦などの影響が挙げられる。図12に，レーザビームと四分割フォトセンサを用いてカンチレバーのた

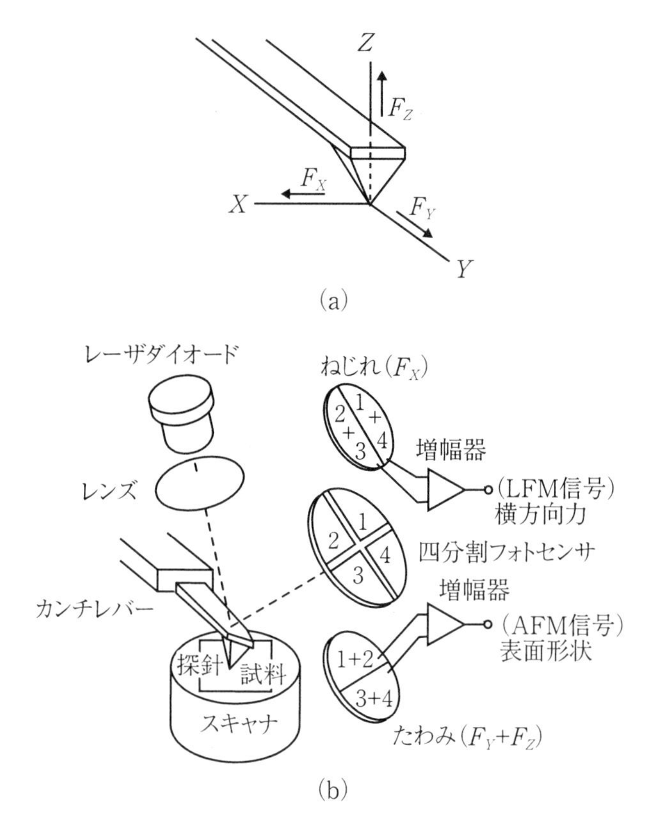

図12　探針に作用する力のX，Y，Z方向成分とその検出機構

わみとねじれから，表面の凹凸や摩擦力の分布を測定するAFM/FFM（摩擦力顕微鏡）の一般的な方法を示す。FFM〔図12(b)では，LFM〕は，たとえば同図(a)で平らな面上をX方向に走査するときに働く摩擦力を，X方向のカンチレバーのねじれ角を検出して測定する。これに対してAFMの場合は，凹凸面をXやY方向に走査して，探針の上下動をカンチレバーのたわみ角で検出して測定する。しかし実際に検出される信号θには，図13(a)に示すように高さ方向(Z)の信号θ_Z

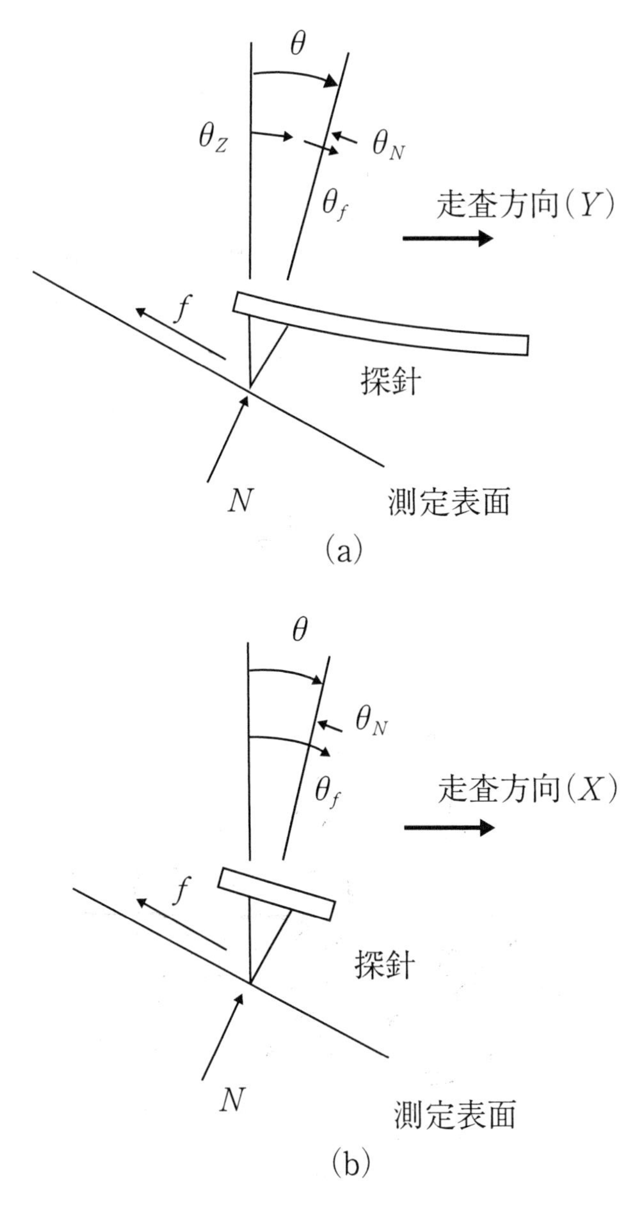

図13　表面凹凸，摩擦力，抗力によるカンチレバーの変形

の他に，摩擦力fによる信号θ_f，さらに測定面からの抗力Nによる信号θ_Nが混合される。θ_Zだけを取り出すことは厄介であるが，同一箇所について走査方向を逆にして2回測定し，和をとることで摩擦力の項θ_fを相殺したり，1.2項で述べた干渉計を用いて探針の上下動を直接測定する方法などが提案されている。図13(b)のFFM測定では，立場が逆になり，θからθ_fを取り出す方法として，先述の走査方向を変えた2回の測定値の差をとる方法も提案されている。実際の三次元凹凸面では，一方向に走査する過程で，探針には図13(a)と(b)が同時に起こる。表面の凹凸や抗力の影響が少ない原子的に平らな面について，摩擦の二次元分布が測定されている。これと関連して，探針まわりの変形機構の解析なども行なわれている。

1.5　表面形状の測定方法とその性能比較

表面形状の3次元計測技術の必要性は近年非常に高まってきており，どの測定法を用いるかは，その原理や特徴を十分に理解した上で，その評価対象の表面特性によって最適な選択をする必要がある。

以上述べた測定法について，市販されている測定機の資料などを参考にして，測定範囲などを中心にその性能を表2に示した。なお，同表において実線は常用の場合に対応し，破線は特別な測定条件やデータ処理条件などを付け加えた場合に対応している。これより，現在の表面形状計測技術において，高さ方向には10 pm～10 mmで10^9のオーダにも及ぶ範囲をカバーできる可能性のあることがわかる。経歴80年近い触針法がまだまだ改良が重ねられていることからすると，SPM法では20数年であり，表面形状の計測技術はこれからの進歩が大いに期待できるものと思われる。

表2　表面形状の測定方法とその性能

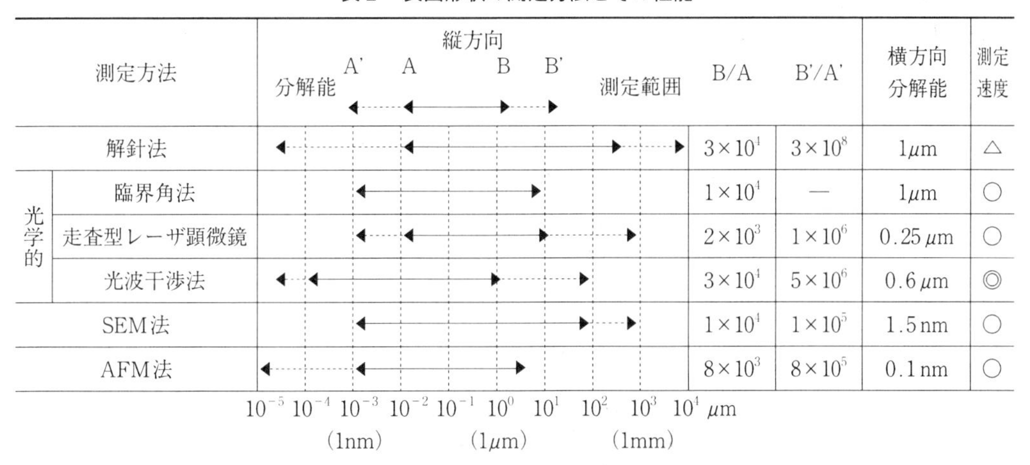

測定方法		縦方向（分解能 A' A — B B' 測定範囲）	B/A	B'/A'	横方向分解能	測定速度
解針法			3×10^4	3×10^8	1 μm	△
光学的	臨界角法		1×10^4	—	1 μm	○
	走査型レーザ顕微鏡		2×10^3	1×10^6	0.25 μm	○
	光波干渉法		3×10^4	5×10^6	0.6 μm	◎
SEM法			1×10^4	1×10^5	1.5 nm	○
AFM法			8×10^3	8×10^5	0.1 nm	○

10^{-5} 10^{-4} 10^{-3} 10^{-2} 10^{-1} 10^{0} 10^{1} 10^{2} 10^{3} 10^{4} μm
(1nm)　(1μm)　(1mm)

2　表面品位の評価技術

2.1　表面品位の評価技術の重要性

加工面には多かれ少なかれ，加工と雰囲気の影響を受け，その材料固有の物理的・化学的諸性質と密接かつ異質な特性をあわせもつ層が存在する。こうした層を加工変質層と呼んでおり，図14に示すような構造と特徴をなしている。

加工変質層の深さは，経験的には表面粗さのオーダの10倍程度といわれており，現在の超精密加工技術では数μmから10 nm前後がその達成限度となる。実際に，超精密切削・研削で実現しうる加工変質層の深さは数μm程度であり，化学的作用を併用した研磨技術でも10 nm程度である。すなわち，被削材表面から数μm以内の変質の種類と程度を高分解能で測定する技術が最も重要となってきている。

一方で，加工変質層は化学的変質層，金属組織学的変質層，機械的変質層と多岐にわたっているため，それらを高精度に分離・評価しうる計測技術が今のところ十分確立されているとはいえない。図14に示した加工変質層の特徴の多くは，各種顕微鏡による断面観察と化学エッチングなどの手法を組み合わせれば，比較的容易に評価できる。しかし，表面の化学現象に基づいた変質（吸着，酸化など），材料の結晶構造の変化に基づいた変質（非晶質化，相変態など），および内部応力による変質（表面残留応力，結晶ひずみなど）などの程度と深さを定量的に計測するには，表面分析機器を利用したキャラクタリゼーション技術が必要となってくる。この場合，1種類の分析機器のみで期待する事象を同定できるケースはまれで，いくつかの手法を組み合わせるのが普通である。

2.2　表面分析法の概要

固体表面層の性質を調べるためには，何らかの入射（一次）粒子（プローブともいう）を用い

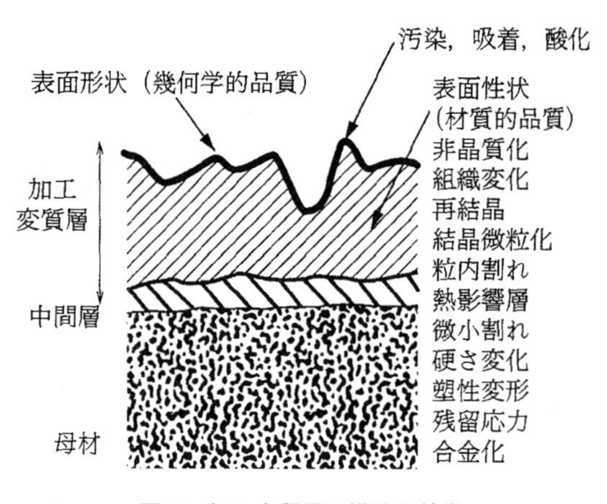

図14　加工変質層の構造と特徴

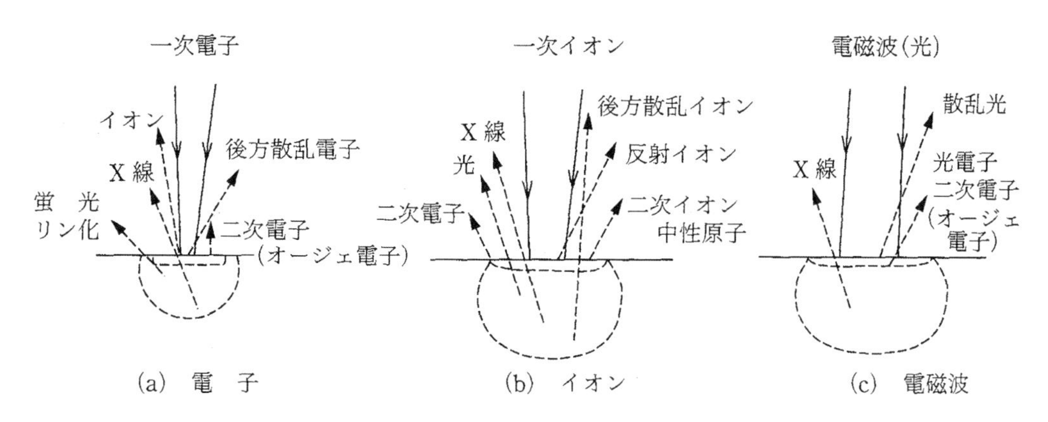

図15　電子・イオン・電磁波と固体表面の相互作用

て表面原子層との相互作用をみることが有効な手段であり，プローブにはイオン，電子，光子（電磁波）が一般に使用される。これらの入射粒子を固体表面に衝突させると入射粒子は固体との相互作用の結果として弾性散乱または非弾性散乱を起こし，その結果，図15に示すように電子，イオンあるいは光（X線）などの観測（二次）粒子を固体表面から放出させる。

入射粒子として電子を用いた場合には，観測粒子として特性X線，二次電子（オージェ電子を含む），後方散乱（反射）電子および透過電子などを用いる。また，イオンを入射粒子に用いた場合には，観測粒子として二次イオンおよび後方散乱イオンを，同様に光に対してはX線や光電子などを用いる。このうち加工表面層の評価に比較的多用されるいくつかの手法について，以下に示しておく。

2.2.1　電子関連分光法

①　AES（Auger electron spectroscopy：オージェ電子分光法）：1～10 keVの電子線を表面に当てると，原子の内郭準位から電子が放出される。特定のエネルギーをもったオージェ電子は，励起原子が基底状態に移る緩和過程の結果，放出される。AESは極表面（1 nmレベル）の化学組成の情報を与える。イオンスパッタを併用した深さ方向分析もできる。

②　XPS（X-ray photoelectron spectroscopy：X線光電子分光法）：X線を照射したときに発生する光電子の運動エネルギーを求めて，元素分析を行うことができる。また，そのエネルギーの化学シフトを利用して，元素の結合状態も調べられる。

③　TEM（transmission electron microscopy：透過電子顕微鏡）：100 nm程度以下の厚さに調整された材料を透過してくる電子像や回折像を用いて，表面層の原子レベルの微細構造が調べられる。転位や非晶質化の度合いも観察できる。

④　RHEED（reflection high energy electron diffraction：反射高速電子線回折法）：エネルギーのそろった高速電子ビームを単結晶表面に浅い角度で入射散乱させると，電子線の表面への侵入は極めて小さいから，その回折像から表面の原子配列が高感度で求められる。

2.2.2　X線関連分光法

① XRD（X-ray diffraction：X線回折法）：物質表面でのX線のブラッグ回折を利用した結晶構造の決定方法として最も代表的なもので，残留応力の非破壊測定法としても確立されている。

② XRF（X-ray fluorescence spectroscopy：蛍光X線分光法）：入射X線により原子の内部軌道の電子を放出させると，原子内の緩和により特性X線が現れる。これを利用して固体表面層の組成分析を行う。

③ EPMA（electron probe X-ray microanalyzer：X線マイクロアナライザ）：高エネルギー（10～100 keV）の電子ビームによりイオン化された原子は，緩和過程で特性X線を放出する。十分細く収束した電子線を用いて，微小部分の元素分析やその分布が得られる。

2.2.3　分子振動分光法

① FT-IR（Fourier-transform infrared spectroscopy：フーリエ変換赤外分光法）：分子振動による赤外光の吸収を測定し，分子の構造や吸着状態を調べる。

② RAMAN（Raman spectroscopy：ラマン分光法）：可視光レーザ（500～650 nm）の照射により分子振動が励起され散乱光が生じる（ラマン散乱）ことを利用して，物質の分子構造を同定できる。またラマン線のピーク位置とスペクトル半値幅の変化から，残留応力と結晶性を非破壊で評価できる。

2.2.4　イオン関連分光法

① RBS（Rutherford backscattering spectroscopy：ラザフォード後方散乱分光法）：エネルギーのそろった高エネルギー（～数MeV）の軽元素イオンを表面に照射し，散乱イオンのエネルギー分布を測定することにより，表面より深さ方向の組成や結晶性に関する情報を非破壊で得る唯一の手法である。

② SIMS（secondary ion mass spectrometry：二次イオン質量分析法）：イオンビーム（1～数十keV）を表面に当てて，表面から放出される二次イオンを質量分析で測定する。水素からウランまでの元素を極めて高い感度で検出できる。

2.3　残留応力および結晶性の評価法

残留応力や結晶性に関する評価手法としては，実用的にはX線応力測定法が最も有力な方法である。図16に示すように，結晶ひずみをブラッグの回折に基づいて計測することで，結晶性や残留ひずみ（応力）を直接的に測定できる代表的手法であり，最も広く利用されている。加工面を非接触かつ非破壊で簡便に測定できるうえ，最近では微小領域（ϕ50 μm）や極表面層（10 nm）の評価も可能となってきている。X線応力測定法については多くの成著があるので，ここでは省略する。

以下では，近年，局所領域の残留応力や結晶性の測定手法として注目されている顕微レーザラマン分光法，超音波顕微鏡およびラザフォード後方散乱分光法について解説する。

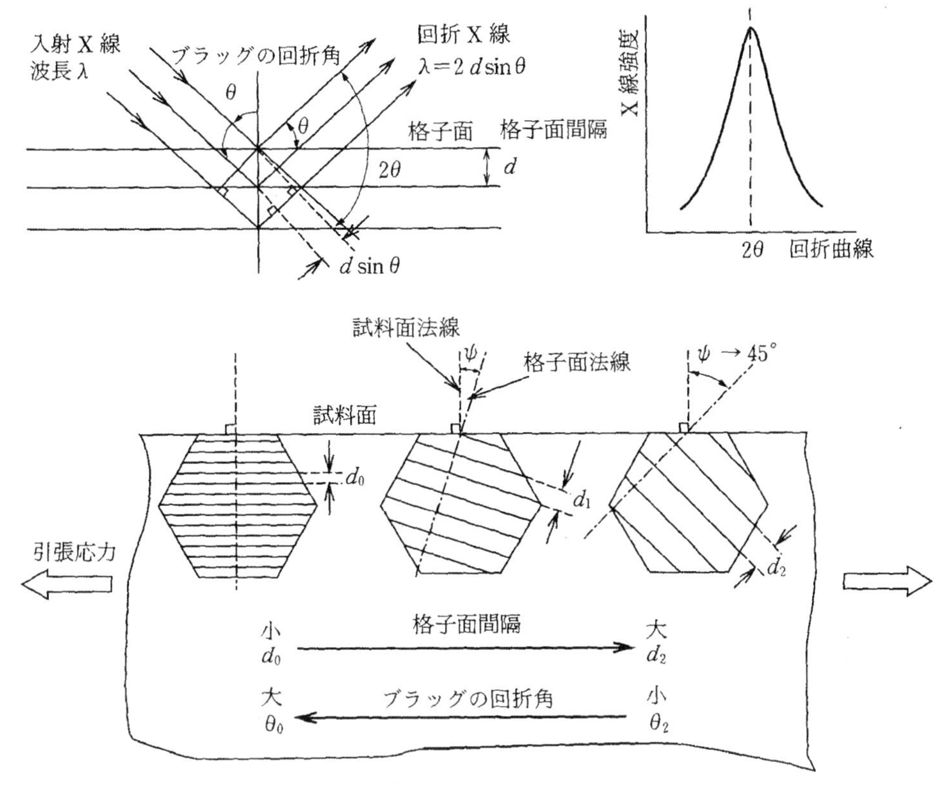

図16　Ｘ線応力測定法の原理

2.3.1　顕微レーザラマン分光法

顕微レーザラマン分光法は，物質の局所的な結晶性や分子構造などを高精度，非破壊かつ高い空間分解能で簡便に評価できる手法として，主に有機・無機化学および材料分野で常用されている。一方で近年，半導体製造分野を中心として，固体表面の残留応力の評価手法としても注目されている。以下に，その測定原理について，単結晶シリコンを例にとって説明する。

物質に単色光を入射すると，その反射光の中に入射波長と若干異なる波長の散乱光が含まれる。これをラマン散乱光という。光源にレーザ光を用いて光学顕微鏡下でレーザ光の照射とラマン散乱光の収光を行うことから，顕微レーザラマン分光法と呼ばれる。

無ひずみの単結晶シリコンでは，Si-Si結合に由来するラマン散乱光のスペクトルのピークが波数520cm^{-1}付近に観測される。これに圧縮応力や引張応力が負荷されると，ピーク波数は図17に示すようにそれぞれ正方向（高波数側）と負方向（低波数側）にシフトする。この波数シフトの方向から応力の正負が，シフト量から応力の大きさが評価できる。さらに，このスペクトルのピークの高さから結晶性が評価できる。

図18は，顕微レーザラマン分光システムの構成である。レーザ光源が波長488 nmのAr$^+$イオン

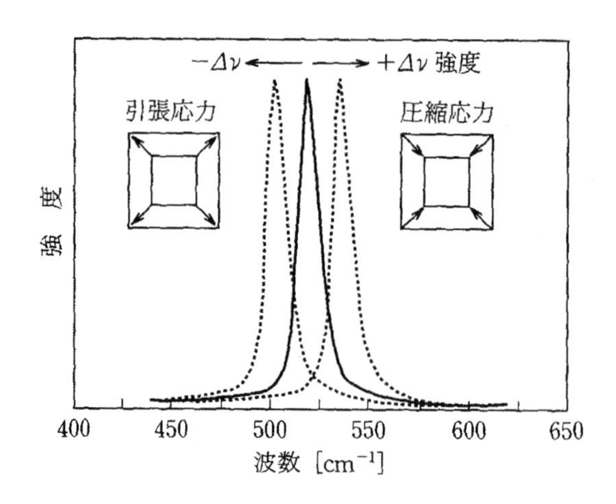

図17　ラマンスペクトルのピークシフトと応力の関係

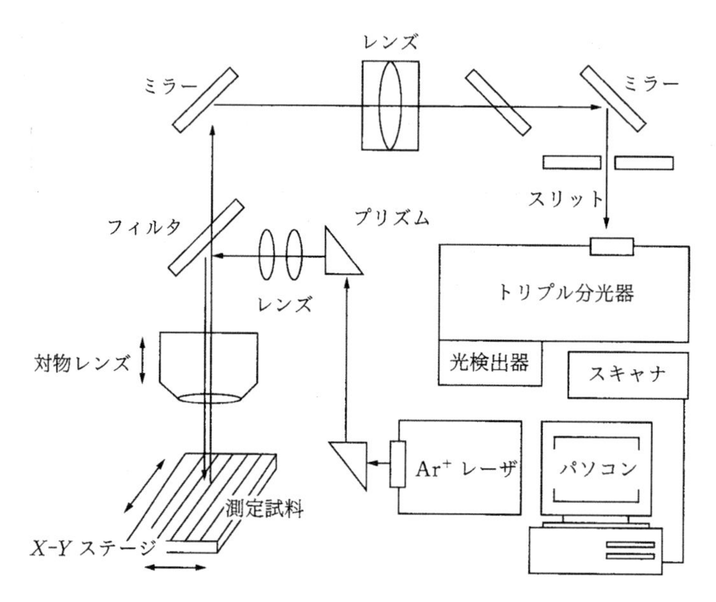

図18　顕微レーザラマン分光システムの構成

レーザの場合，表面からの侵入深さは単結晶シリコンの場合で約 1 μmと見積もられる。表面でのスポット径は100倍の対物レンズでおよそ 1 μmである。したがって，測定に関して 1 μm程度の空間分解能をもつことになる。

図19は，無ひずみ状態の単結晶シリコンのラマンスペクトルのピーク波数をリファレンスとして，光学顕微鏡下で四点曲げ試験を行った場合のピーク波数シフト量$\Delta\nu$［cm^{-1}］と負荷応力σ［MPa］の関係である。ピーク波数は負荷応力に対してほぼ直線的にシフトしており，その関係は次式で近似できる。

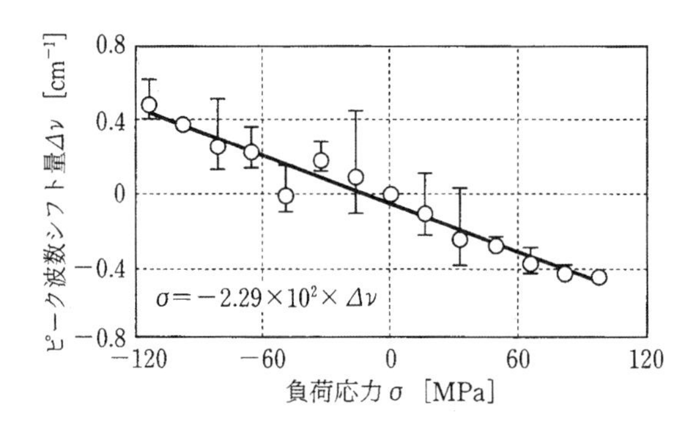

図19　単結晶シリコンに対するラマンスペクトルのピーク波数シフト量と負荷応力の関係

$$\sigma = -2.29\times10^{2}\times\varDelta\nu \quad [\mathrm{MPa}] \tag{8}$$

分光器の測定感度は0.1cm^{-1}程度であるので，約23 MPaの分解能で応力測定ができることになる。この関係を材料ごとに取得しておけば，加工前後の表面残留応力の変化を知ることができる。また，基板上に形成した薄膜を通して，基板からのラマン散乱光を測定することで，薄膜下の基板の応力測定も可能である。

顕微レーザーラマン分光法には，ほとんどの金属材料に適用できないなどの欠点があるものの，有機・無機材料や半導体材料の表面残留応力と結晶性を高い空間分解能で高精度に定量評価できるので，今後の進展が期待される。

2.3.2　超音波顕微鏡法

近年，超音波顕微鏡を利用した評価技術の進歩にはめざましいものがあり，漏洩表面弾性波速度を計測することで残留応力の深さ方向の評価も可能になってきている。ここではその測定原理と評価事例について，単結晶シリコンを例にとって説明するとともに，顕微レーザラマン分光法での測定結果と比較する。

図20は，超音波顕微鏡システムとその音響レンズから出る超音波の伝播経路である。材料表面でのスポット径は超音波周波数200 MHzの音響レンズでおよそ５μmである。この場合，漏洩表面弾性波の伝播深さは試料表面から約10μmと見積もられる。集束された超音波は媒質（主として純水）を介して材料表面に照射される。このとき材料内部への伝播波とは別に漏洩表面弾性波が生じる。この波と材料表面からの垂直反射波との干渉波強度のレンズ軸方向変化（$V(z)$曲線と呼ばれる）を受信することで，漏洩表面弾性波の速度を測定する。

図21は，単結晶シリコンに対して200 MHzの音響レンズで測定した$V(z)$曲線の一例である。$V(z)$曲線に生じる振幅変動の周期$\varDelta Z$から，漏洩表面弾性波の速度はスネルの法則を用いて計算できる。図22は，無ひずみ状態の単結晶シリコンの漏洩表面弾性波速度をリファレンスとして，超音波顕微鏡下で四点曲げ試験を行った場合の音速変化量$\varDelta V$［m/s］と負荷応力σの関係である。音速は負荷応力に対してほぼ直線的に変化しており，その関係は次式で近似できる。

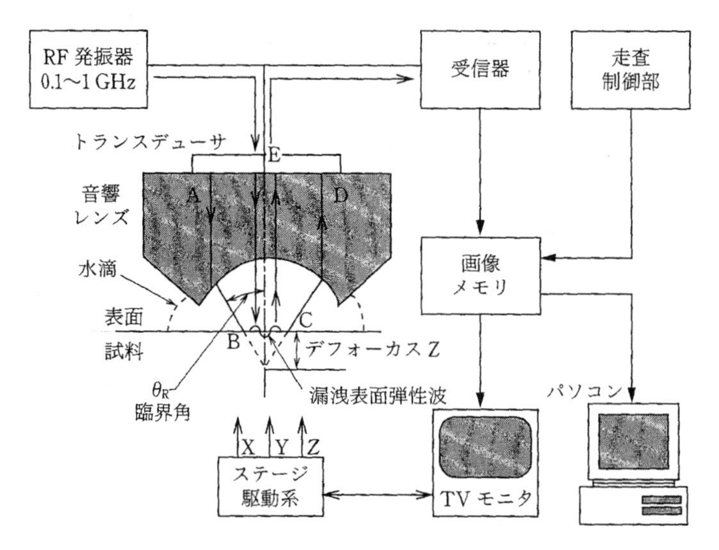

図20　超音波顕微鏡システムと超音波の伝播経路

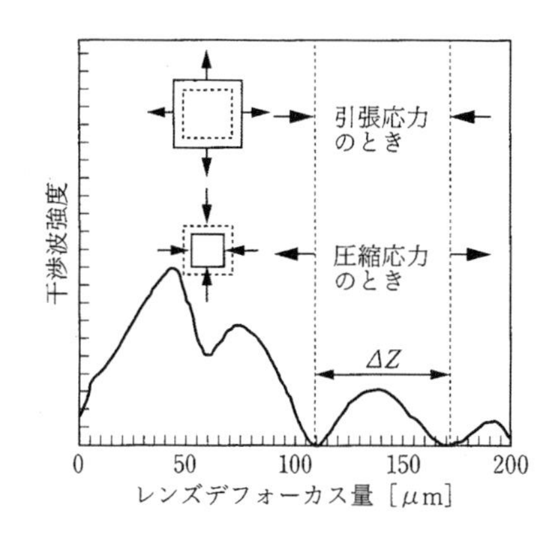

図21　単結晶シリコンに対する $V(z)$ 曲線

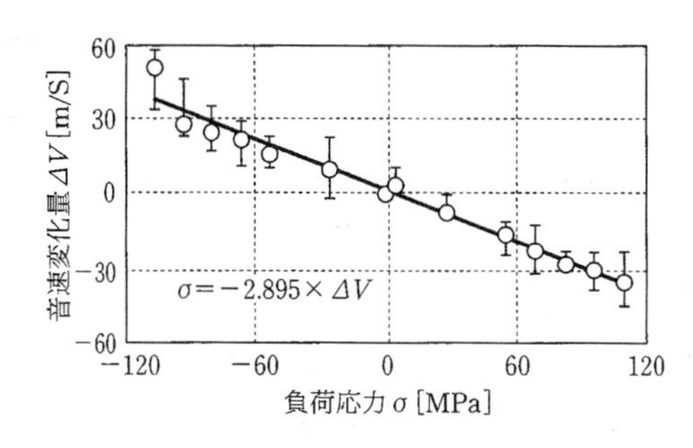

図22　単結晶シリコンに対する漏洩表面弾性波速度の変化量と負荷応力の関係

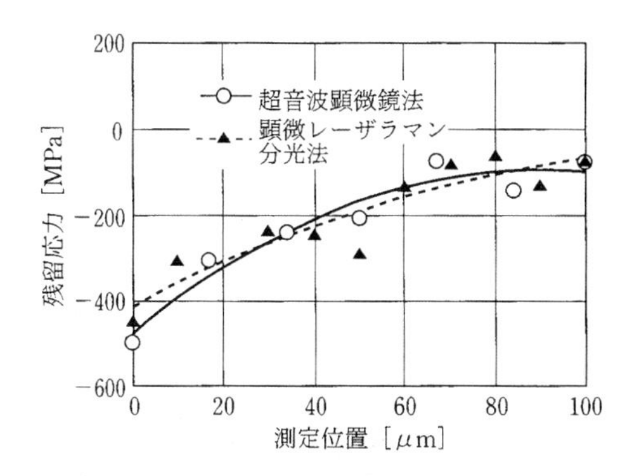

図23　単結晶シリコンの切削加工部の残留応力の測定結果

$$\sigma = -2.895 \times \Delta V \quad [\mathrm{MPa}] \tag{9}$$

音速変化量の測定感度は10 m/s程度であるので，約29 MPaの分解能で応力測定ができることになる。この関係を材料ごとに取得しておけば，加工前後の表面残留応力の変化を知ることができる。

超音波顕微鏡法では，音響レンズを交換することで超音波周波数を段階的に変えることができ，これによってスポット径と同時に漏洩表面弾性波伝播深さも変化する。これを利用して，残留応力層（加工変質層）の厚さ測定も可能である。

図23は，式(8)と式(9)の関係を利用して，単結晶シリコン（100）面の切削加工部の残留応力を測定した結果である。横軸は測定位置を示しており，原点で最も切込みが大きく，原点から離れると切込みが小さくなる。切削加工部には圧縮性の応力が残留しており，顕微レーザラマン分光法と超音波顕微鏡法で測定された結果はほぼ一致する。

2.3.3　ラザフォード後方散乱分光法

半導体や光学材料の加工において，表面下数μmまでの領域の結晶性や組成を精度よく（定量性よく，高感度で），しかも非破壊で分析評価することは，加工変質層の実態を究明し加工現象を理解するうえで重要な指針を与えてくれる。ここでは，単結晶シリコンの切削加工面の評価にラザフォード後方散乱分光法（RBS）を適用し，加工部の損傷の度合いとその深さを計測した事例について述べる。

図24は，ラザフォード後方散乱分光システムとその原理を示す模式図である。He^+などの高エネルギーイオンビームを物質に入射すると，入射イオンは物質の原子核と衝突し弾性散乱される。このとき，後方散乱イオンのエネルギーは物質の原子核の質量を正確に反映した値をとるので，そのエネルギースペクトルを測定すれば表面下数μm程度の領域の元素組成を知ることができる。

また，入射イオンは原子核と衝突するまで物質中の軌道電子を励起しながら進むので，その際の非弾性散乱によるエネルギー損失で，スペクトルは低エネルギー側に帯状にシフトする。このシフト量（スペクトルの幅）から，イオンが衝突した原子核の深さ方向の位置がわかる。

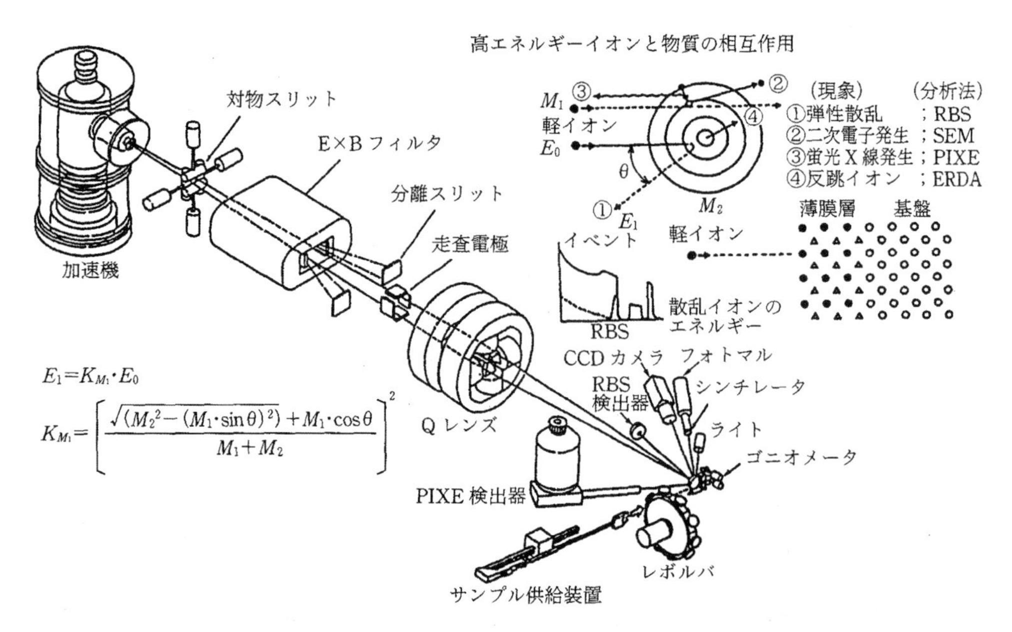

図24　ラザフォード後方散乱分光システムの構成と原理

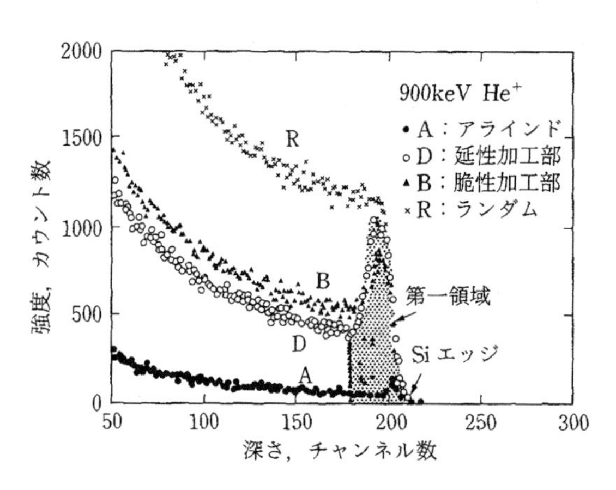

図25　単結晶シリコンの切削加工面に対する後方散乱スペクトル

さらに単結晶では，イオンの入射方向が主結晶軸と平行（アライン方向）な場合に，そうでない場合（ランダム方向）と比較して後方散乱が起こりにくい（チャネリング効果という）が，転位や格子欠陥により結晶内に乱れがある場合にはランダム方向に近い状態となり，散乱強度は大きくなる。この強度から結晶性を評価できる。

測定では，まず単結晶シリコン（100）のポリシング面で入射イオンビームに対する結晶の軸立て（アライン方向の設定）を行い，次に各部位をアライン条件で測定する（RBS/チャネリング法)。図25は切削面の後方散乱スペクトルである。入射イオンのエネルギーは900 keV，照射領域は40×150 μmである。記号Ａはアラインスペクトル，記号Ｒはランダムスペクトルを示す。記号ＢとＤは，それぞれ脆性的切削面と延性的切削面のスペクトルである。

切削面のスペクトルは２つの損傷形態に分離できる。ひとつは，最表面層で支配的となる損傷（以下，最表面損傷）で，もうひとつは，最表面層から少なくとも数千Åの深さにわたって存在する損傷（以下，内部損傷）である。図中に網掛けで示した第一領域が最表面損傷の情報を含んでおり，この領域の高さと幅はそれぞれ損傷の度合いと深さに対応する。延性的切削面と脆性的切削面のスペクトルの第一領域の高さを比較すると，ともにランダムスペクトルのそれに近く，最表面層はほとんど非晶質に近い状態と考えてよい。その深さは，第一領域の幅から判断して延性的切削面で約500 Å，脆性的切削面で約400 Åである。

一方，内部損傷の度合いは第二領域の高さで判断できる。延性的切削面の第二領域の高さは脆性的切削面のそれと比較して若干小さく，内部損傷度が延性面で小さいと解釈できる。その深さは，5000 Å（図のRBS測定の検出深さ）を超えている。また，損傷の物理的イメージはチャネリング測定のみからは明確に断定できないが，最表面層ではダメージが大きく非晶質化まで進み，内部ではダメージが緩和されて転位程度の損傷にとどまっているものと推定される。

ラザフォード後方散乱分光法は，金属／非金属を問わず材料表面層の微小領域の組成や結晶性を深さ方向に非破壊で，かつ高感度に定量評価できる唯一の手法であり，装置の小型化や操作性の改良が進めば，表面品位の有力な評価手法となりうる。

文　　献

1) Machining Data Handbook (3rd ed.) Metcut Research Associates. Machinability Data Center, **2**, pp.18-50, (1980)
2) 小林博文，水原和行，森田　昇，吉田嘉太郎，砥粒加工学会誌，**38**，4，p.205（1994）
3) 影山泰輔，水原和行，森田　昇，吉田嘉太郎，精密工学会誌，**64**，11，p.1679（1998）
4) 森田昇，機械の研究，**48**，10，p.1019（1996）

最新研磨技術《普及版》 (B1288)

2012年10月 1日 初 版 第1刷発行
2019年 6月10日 普及版 第1刷発行

監 修 谷 泰弘 Printed in Japan
発行者 辻 賢司
発行所 株式会社シーエムシー出版
東京都千代田区神田錦町 1-17-1
電話 03（3293）7066
大阪市中央区内平野町 1−3−12
電話 06（4794）8234
http://www.cmcbooks.co.jp/

〔印刷 柴川美術印刷株式会社〕

ISBN978-4-7813-1371-9 C3058 ¥5400E